COURS DE COSMOGRAPHIE

ALLIANCE DES MAISONS D'ÉDUCATION CHRÉTIENNE

COURS

DE

COSMOGRAPHIE

RÉDIGÉ SUR UN PLAN NOUVEAU

PAR M. E. LAURENT

PROFESSEUR DE SCIENCES PHYSIQUES ET MATHÉMATIQUES
A NOTRE-DAME D'AUTREY (VOSGES)

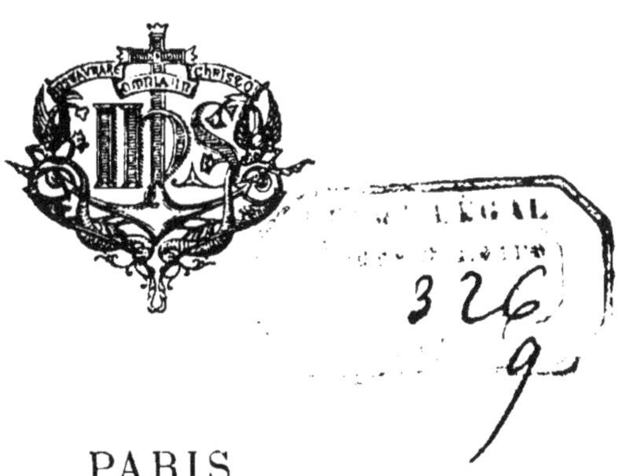

PARIS

LIBRAIRIE POUSSIELGUE FRÈRES

RUE CASSETTE, 15

1879

PRÉFACE

En présentant ce livre aux maîtres et aux élèves des séminaires et des collèges catholiques, nous croyons utile de dire quelques mots sur le plan général de l'ouvrage.

Dans l'*Introduction*, nous parcourons d'un vol rapide le champ tout entier de l'astronomie, de façon à donner de l'Univers visible, du Monde solaire, et spécialement de la Terre, une idée d'ensemble. Cette courte exploration, cette vue à vol d'oiseau, en faisant immédiatement connaître la disposition et les mouvements des astres, ainsi que la loi générale de ces mouvements, familiarise dès le début le lecteur avec la *réalité* et le prépare avantageusement à l'étude des phénomènes célestes.

Le premier livre est consacré à l'*attraction* et à la *lumière*. C'est par là, croyons-nous, qu'il convient de commencer l'étude du Ciel; car c'est à l'attraction qu'il faut rattacher la plupart des phénomènes astronomiques, et c'est la lumière qui nous fait connaître, par l'*analyse spectrale*, la constitution des corps célestes, ou du moins quelque chose de leur vraie nature.

C'est pourquoi nous présentons tout d'abord la théorie générale de la gravitation, déduite des trois lois de Képler; de là nous faisons sortir immédiatement, par voie de conséquence, le mouvement curviligne des astres et leurs perturbations.

Puis, après avoir donné sur la lumière les notions nécessaires à l'intelligence de certains passages de ce traité, nous exposons très succinctement ce qu'il importe le plus de connaître sur l'analyse spectrale pour l'étude des astres.

Ces préliminaires établis, nous abordons de plain-pied les différentes parties de l'Univers astronomique. Dans le second livre, nous nous occupons du monde sidéral, c'est-à-dire des *Nébuleuses* et des *Étoiles*. Les livres suivants sont consacrés au monde solaire, au *Soleil* d'abord, puis à la *Terre*, à la *Lune*, aux *Planètes*, enfin aux *Comètes* et aux *Météores cosmiques*.

Tel est notre plan ; pour en saisir les détails, il suffit de jeter les yeux sur la table des matières qui termine l'ouvrage. La marche que nous avons suivie diffère beaucoup de celle adoptée par les divers auteurs qui ont traité le même sujet, puisque nous commençons par où l'on a coutume de finir. Notre méthode est sans doute moins conforme à l'ordre chronologique des découvertes, mais elle donne à l'enseignement plus d'unité, plus de suite, plus d'intérêt, plus de solidité.

D'ailleurs ce n'est pas, croyons-nous, dans un livre élémentaire qu'il convient de présenter les diverses parties de la science des astres suivant l'ordre même que cette science a suivi dans sa formation, et nous ne comprenons pas que, depuis les découvertes des derniers siècles, l'on continue toujours d'enseigner la Cosmographie à peu près comme Ptolémée a dû l'enseigner de son temps, c'est-à-dire en commençant par la description minutieuse des apparences.

Notre soin spécial, dans tout le cours de cet ouvrage, a été d'éviter les longueurs et l'obscurité, de rendre les *définitions* claires et précises, les *descriptions* élégantes et succinctes, les *démonstrations mathématiques* lucides et concises tout à la fois. L'enseignement de la Cosmographie, quand il n'est pas trop superficiel, est une application continuelle des principes de la géométrie. Il est donc très important de bien posséder les éléments de cette dernière science pour avancer rapidement dans l'étude du Ciel. Notre cours ne demande pas d'autres connaissances préliminaires. Inutile de dire qu'il répond à toutes les exigences du baccalauréat ès sciences.

Nous avons donné place dans ce livre aux faits nouveaux les plus marquants, aux résultats les plus certains de la science, parfois même à des théories plus ou moins probables qui n'ont pas encore reçu la consécration d'une démonstration satisfaisante; mais nous avons eu soin de présenter ces théories comme de simples hypothèses.

Plusieurs fois, dans le cours de l'ouvrage, nous avons demandé des armes à l'histoire, à une science qui nous est chère, pour défendre le catholicisme contre des accusations aussi injustes que malveillantes : nous espérons qu'on ne nous en blâmera pas.

Nous avons fait en sorte que ce traité, sans cesser d'être *élémentaire,* fût aussi complet que possible. Malgré l'étendue de plusieurs chapitres, nous sommes certain, par expérience personnelle, que la science des astres, telle qu'elle est résumée et condensée dans ce modeste volume, peut être enseignée en très peu de temps.

C'est que, de toutes les sciences physiques, l'astronomie est sans contredit la plus belle et même — au moins dans sa partie élémentaire — la plus facile. Il n'en est point dont les principes puissent être saisis avec plus de facilité, lorsqu'ils sont exposés d'une façon claire, méthodique, intéressante. Il n'en est point surtout qui frappe plus vivement l'imagination et l'intelligence des jeunes gens, quand on sait leur présenter autre chose qu'une série plus ou moins bien ordonnée de réponses à un programme officiel, et qu'on ne réduit pas le majestueux édifice des cieux au simple énoncé d'un grand problème de mécanique.

Il y a dans l'astronomie un côté poétique et religieux

tout à la fois, qui tempère l'austérité de la science, et qui, lorsqu'on le fait ressortir *à propos* et *avec mesure*, séduit et entraîne la jeunesse studieuse. Copernic, Képler, Newton, et les deux plus grands astronomes de notre temps, Leverrier et le P. Secchi, dont l'Église et la science déplorent la perte récente, ont vu Dieu dans ses œuvres; la plupart des cosmographes modernes ne l'y voient pas ou n'osent pas l'y voir. S'ils parlent à la raison, ils ne disent rien au cœur; leurs ouvrages ne conviennent pas aux jeunes gens pour lesquels ils prétendent les avoir composés.

C'est un des résultats dont nous serions heureux pour ce livre, qu'il parvînt à faire aimer à nos élèves l'étude d'une science si belle, si utile, si propre à élever l'esprit et le cœur vers Dieu. C'est pour eux principalement que nous nous sommes mis à l'œuvre. Puissent-ils accueillir et étudier ce volume comme nous l'avons composé : avec plaisir, avec bonne volonté, *ad majorem Dei gloriam!*

Nota. Nous avons fait imprimer en petits caractères un certain nombre de chapitres et de paragraphes. Les uns contiennent des démonstrations ou des calculs qui seront omis par les lecteurs peu familiarisés avec les mathématiques. Les autres ne font pas partie des programmes d'enseignement; l'élève pourra se contenter de les lire, pour ne pas surcharger sa mémoire.

Au reste, ce traité est partagé en un si grand nombre de numéros qu'il sera toujours facile au professeur d'indiquer à ses élèves les articles qu'il jugera convenable d'omettre dans son enseignement.

PROGRAMME DU BACCALAURÉAT ÈS SCIENCES

COSMOGRAPHIE

(Les chiffres renvoient aux paragraphes où la question est traitée.)

Premières apparences que présente l'aspect du Ciel, 40-55, — Ascensions droites et déclinaisons, 57-61. — Description du Ciel, constellations et principales étoiles, 31-34.

De la Terre, 132-141. — Longitudes et latitudes géographiques, 150-154. — Forme d'un méridien, 133-140.

Cartes géographiques, 155-167. — Notions sommaires sur la carte de France, 166.

Du Soleil, 91-125. — Mouvement annuel apparent, 102-114. Diamètre apparent du Soleil, 110. — Mouvement elliptique, 109-114. — Principe des aires, 10, 112, 113.

Notions sur la mesure du temps, 201-212. — Année tropique, 209. — Calendrier, 272-282.

Distance du Soleil à la Terre, 92-97. — Rapport du volume du Soleil à celui de la Terre, 98-99.

Taches du Soleil, 115-118. — Rotation du Soleil sur lui-même, 119 et 120.

Inégalité des jours et des nuits, 183-194. — Saisons, 196 et 197.

Idée de la précession des équinoxes, 71, 74, 180.

Mouvements réels de la Terre, 168-177.

De la Lune, 221-229. — Phases, 238-241.

Révolutions sidérale et synodique, 226-228. — Orbite décrite par la Lune autour de la Terre, 230-236.

Distance de la Lune à la Terre, 221, 222. — Rapport du volume de la Lune à celui de la Terre, 223.

Taches, 267. — Rotation, 229. — Aperçu sur la constitution physique de la lune, 267-270.

Éclipses de Lune et de Soleil, 246-257.

Des planètes, 293-302. — Lois de Képler, 10. — Énoncé du principe de la gravitation universelle, 11, 12. — Notions sur les planètes principales, 304-311.

Notions sur les Comètes, 313-319. — Comètes périodiques les plus célèbres, 318.

Notions d'astronomie sidérale, distance des étoiles à la Terre, 35-39. — Étoiles doubles, 75-78. — Étoiles changeantes et colorées, 80-84. — Nébuleuses, 24-28. — Voie lactée, 30.

Notions sur le phénomène des marées, 259-263.

COURS
DE
COSMOGRAPHIE

INTRODUCTION

DESCRIPTION SUCCINCTE DE L'UNIVERS ASTRONOMIQUE

1. La *Cosmographie* (κόσμος, γράφω, décrire le monde), est la partie élémentaire de l'*Astronomie*, ou de la science qui étudie les astres, leurs mouvements, leur constitution physique, et en général tous les phénomènes célestes.

2. **Loi générale du mouvement.** — L'immensité de l'espace est parsemée d'une infinité d'astres ou corps célestes, sphériques pour la plupart, très différents de masse et de volume, et isolés, mais non indépendants les uns des autres. Dieu les a soumis à la loi générale du mouvement, qui établit entre eux une harmonieuse subordination. Tout se meut dans l'univers : pas un astre qui soit en repos; pas un atome qui n'oscille, tout au moins dans une certaine sphère.

Ce mouvement est produit par des forces mystérieuses, dont la nature échappe à notre intelligence, mais qui, envisagées dans leurs effets, peuvent se résumer en cette loi très simple : *La matière attire la matière proportionnellement à la masse et en raison inverse du carré de la distance.* C'est le grand principe de la gravitation ou *attraction universelle;* il règle tous les mouvements des corps célestes, au moins dans la partie de l'Univers la mieux connue.

3. **Groupes stellaires, nébuleuses.** — Les astres sont inégalement répartis dans l'immensité. Ils y forment des groupes nom-

breux, des *amas stellaires* laissant entre eux des intervalles vides ou moins peuplés. Comme ces groupes n'offrent à la simple vue que l'apparence de nuages blanchâtres, on leur a donné le nom de *nébuleuses.* On en connaît aujourd'hui près de 6 000, dont les moins éloignées se résolvent dans le télescope en des myriades d'étoiles. Exemple : les Pléiades, la Voie lactée. Il y en a qui se réduisent à des amas d'une matière diffuse, lumineuse, répandue çà et là dans le Ciel.

Chaque groupe stellaire est une agglomération d'étoiles. Nous appelons *étoiles* les corps célestes qui brillent, comme notre Soleil, de leur lumière propre, et *planètes* les astres qui, non lumineux par eux-mêmes, empruntent leur éclat à un Soleil quelconque, centre de leurs mouvements.

Chaque étoile d'un groupe stellaire est regardée comme le centre d'un système d'astres secondaires qui gravitent autour d'elle; c'est ainsi que la Terre tourne autour du Soleil. A leur tour, ces astres secondaires peuvent être accompagnés dans leurs révolutions par d'autres astres plus modestes que l'on nomme *lunes* ou *satellites.*

On peut regarder l'Univers visible comme constitué par quelques milliers de nébuleuses.

4. **Groupe stellaire de la Voie lactée.** — La plus considérable des nébuleuses, du moins en apparence, est la *Voie lactée,* sorte de ceinture lumineuse qui entoure le firmament. Vue au télescope, elle se décompose en étoiles amoncelées par millions.

L'étendue comparative de la Voie lactée et des nébuleuses conduit à cette conclusion très probable : les étoiles que nous apercevons dans le Ciel en dehors des autres nébuleuses composent le groupe stellaire de la Voie lactée; et c'est vers le centre de ce groupe qu'est placé notre Soleil avec la Terre et les autres planètes, de sorte que la Voie lactée est notre nébuleuse.

On a reconnu çà et là dans cet amas d'étoiles des systèmes stellaires formés de plusieurs astres circulant autour d'un centre commun; c'est ce qu'on appelle des *étoiles multiples.*

5. **Système solaire.** — Parmi les étoiles de la nébuleuse lactée, la plus rapprochée et la mieux connue est celle que nous appelons le Soleil. L'ensemble du Soleil et de son cortège de planètes constitue le *système solaire,* qui est la partie achevée de la science astronomique; et c'est par analogie principalement que l'on attribue aux systèmes stellaires la constitution du nôtre.

Le système solaire comprend un groupe de corps célestes que nous pouvons classer de la manière suivante :

1° Au centre, le Soleil, immense foyer de chaleur, de lumière et d'attraction pour tous les astres du système. Il est doué d'un mouvement de rotation sur lui-même et de translation dans l'espace.

2° Huit planètes principales, qui sont dans l'ordre des distances au Soleil : *Mercure, Vénus*, la *Terre*, *Mars, Jupiter, Saturne, Uranus* et *Neptune*. (Voir fig. 124.) Tous ces astres, beaucoup plus petits que le Soleil, circulent autour de lui à des distances et en des périodes de temps fort différentes. De plus, une vingtaine de satellites accompagnent ces planètes. Entre Mars et Jupiter se trouve un groupe de petits astres dits *planètes télescopiques*.

3° Un nombre considérable de *comètes*, les unes tournant autour du Soleil avec assez de régularité, les autres décrivant des courbes tellement excentriques qu'il est presque impossible de prédire leur retour avec certitude.

Signalons encore, pour compléter ce tableau du monde solaire, l'existence de ces petits corps qui, sous le nom de *bolides*, *étoiles filantes*, ou en général *météorites*, sillonnent parfois l'atmosphère terrestre.

Tous ces astres d'un même système, Soleil, planètes et satellites, subissent un double mouvement de rotation et de translation.

6. **Monde et Univers.** — Dans le langage ordinaire on confond souvent ces deux termes, mais au point de vue scientifique ils ne sont pas synonymes. Le *Monde* proprement dit, c'est le système solaire. L'*Univers* est l'ensemble des étoiles, des nébuleuses, des corps célestes répandus dans l'immensité. Peut-être existe-t-il entre le Soleil et les autres étoiles un lien invisible qui fait de tous ces astres un système unique régi par des lois communes.

7. **La Terre.** — Avant de commencer l'étude détaillée de la Cosmographie, il importe de jeter un rapide coup d'œil sur la Terre, qui est le seul observatoire d'où nous puissions contempler les phénomènes célestes.

La Terre, une des huit planètes principales, est un globe à peu près sphérique qui a 40000 kilomètres de circonférence, et par conséquent un rayon de 1590 lieues de 4 kilomètres. Plus exactement, le globe terrestre est un sphéroïde de révolution dont le plus petit rayon a 6356 kilomètres, et le plus grand (celui de l'équateur) 6377 kilomètres. C'est toujours le rayon équatorial qui est pris pour unité de longueur dans les mesures astronomiques.

La Terre est entourée de toutes parts d'une masse gazeuse appelée *atmosphère,* dont la hauteur atteint au moins 70 kilomètres. Cette atmosphère accompagne toujours et partout le globe terrestre, c'est-à-dire qu'elle fait corps avec lui et participe à tous ses mouvements.

La Terre n'est pas immobile dans l'espace : elle est animée de deux mouvements, l'un de rotation, l'autre de translation, dont la simultanéité produit les alternatives du jour et de la nuit et des saisons.

1° Le mouvement de rotation fait tourner la Terre sur elle-même d'occident en orient dans l'intervalle d'un jour. L'axe de rotation passe constamment par les mêmes points du globe; ses extrémités P et P' (fig. 1) sont les pôles terrestres.

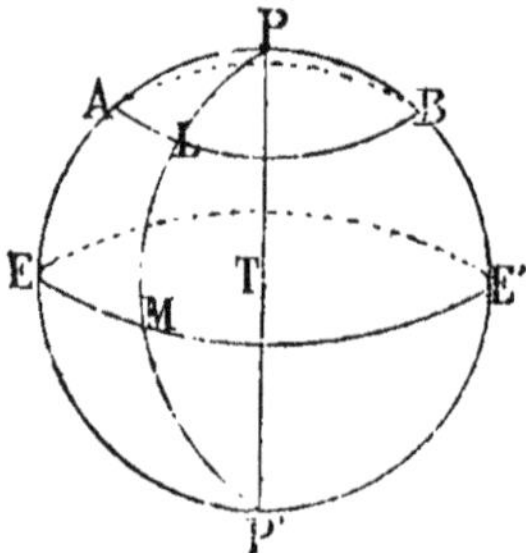

Fig. 1.

Le grand cercle EME' mené par le centre de la Terre, perpendiculairement à l'axe, s'appelle *équateur,* parce qu'il partage le globe en deux hémisphères égaux, l'un boréal au nord, l'autre austral au sud.

On appelle *parallèles terrestres* les petits cercles parallèles à l'équateur, tels que ALB. Les grands cercles menés par les pôles, tels que PMP', sont des *méridiens terrestres,* et celui qui passe par un lieu donné, M ou L, est dit méridien de ce lieu.

On détermine la position d'un point sur le globe en indiquant sa latitude et sa longitude, c'est-à-dire le parallèle et le méridien qui passent par ce point. La *latitude* d'un lieu L est sa distance à l'équateur, comptée sur le méridien de 0° à 90° au nord et au sud. La *longitude* du même lieu est la distance EM du méridien de ce lieu à un premier méridien PEP' pris pour origine; elle se mesure de 0° à 180°.

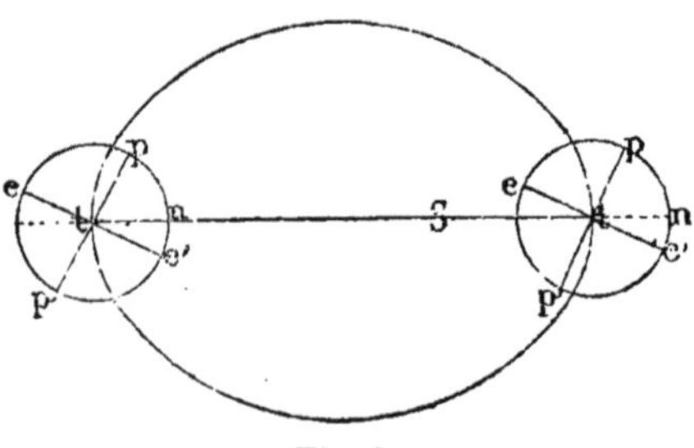

Fig. 2.

2° Le mouvement de *translation* fait décrire à la Terre autour du Soleil S une orbite elliptique dans l'intervalle d'un an. Cette orbite s'appelle l'*écliptique;* son plan fait avec l'axe de rotation un angle *ptn* de 66°33′ à peu près (fig. 2), et avec le plan de l'équateur terrestre un angle *nte′* de 23° 27′ qu'on nomme l'*obliquité de l'écliptique*.

Outre la rotation diurne et la révolution annuelle, la Terre possède encore deux autres mouvements qui nous sont moins familiers, parce qu'ils sont très lents et qu'ils modifient extrêmement peu la situation du globe dans l'espace. Ces deux mouvements sont désignés en astronomie sous les noms de *précession* et de *nutation*. Essayons d'en donner une idée.

1° L'axe de rotation ne conserve pas toujours la même direction. Tout en gardant à peu près la même inclinaison sur le plan de l'orbite terrestre, il décrit en réalité dans l'espace une surface conique POP′ (fig. 3), dont l'axe O*p* est seul perpendiculaire à l'écliptique *mn*. Ce mouvement de l'axe terrestre produit un mouvement correspondant du cercle équatorial, lequel constitue la *précession des équinoxes*. L'axe de la Terre emploie près de 26000 ans à l'entier accomplissement de sa révolution conique.

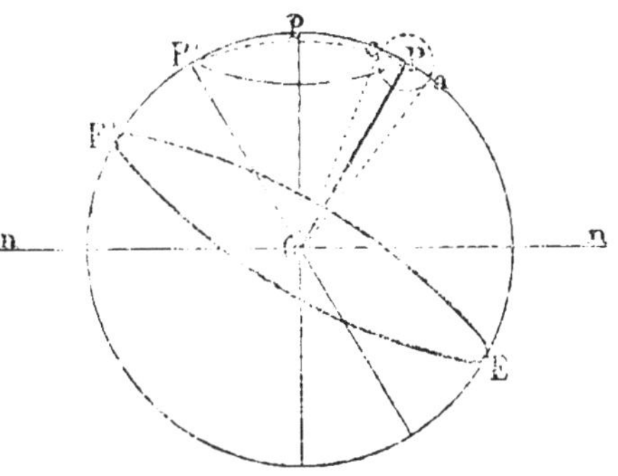

Fig. 3.

2° Ce mouvement de précession n'est pas aussi simple que nous venons de le dire. En réalité, l'axe terrestre n'effectue sa révolution conique qu'en décrivant en 18 ans $^2/_3$ un autre petit cône *a*O*c* autour de la génératrice OP du cône de précession. D'où il résulte que l'axe de rotation n'effectue son mouvement de précession qu'en décrivant à peu près 1390 petites révolutions coniques; c'est ce qu'on appelle le mouvement de *nutation*.

On peut assimiler ce double mouvement de précession et de nutation à celui d'une toupie qui tourne sur sa pointe. Si la toupie est mal centrée et lancée obliquement, non seulement son axe décrit un cône autour de la perpendiculaire au sol (mouvement de précession), mais il éprouve en même temps une sorte de balancement, de *nutation*, autour des génératrices successives de ce cône.

On verra plus loin les causes de ces différents phénomènes.

Ajoutons que la distance de la Terre au Soleil est égale à 23280 rayons terrestres, ou 37 millions de lieues. Notre globe est 1300 mille fois plus petit, et 325 mille fois moins pesant que le Soleil.

8. **Division générale du cours.** — Cet aperçu sur la constitution générale de l'Univers facilite notre entrée en matière et nous indique l'ordre naturel que nous devons suivre dans l'étude de la Cosmographie.

Nous nous occuperons d'abord de l'*attraction* et de la *lumière*, car c'est l'attraction qui règle les mouvements célestes, et c'est par la lumière que nous connaissons les astres. Nous étudierons ensuite et successivement les *Nébuleuses*, les *Étoiles*, le *Soleil*, la *Terre*, la *Lune*, les *Planètes*, les *Comètes* et les *Météorites*.

LIVRE I

ATTRACTION ET LUMIÈRE

Nous donnerons : 1° la théorie générale et les conséquences de l'attraction, et 2° quelques notions sur la lumière et sur l'analyse spectrale.

CHAPITRE I

ATTRACTION UNIVERSELLE

Lois de Képler. — Conséquences de Newton. — Loi générale de l'attraction. — Nature des orbites déterminées par l'attraction. — Attraction des planètes sur le Soleil. — Identité de la pesanteur avec la gravitation. — Perturbations planétaires.

9. Copernic, au XVIe siècle, reconnut le mouvement des planètes, y compris la Terre, autour du Soleil; Képler (1618) indiqua les lois de ce mouvement, et Newton (1687) en saisit le principe. Partant des travaux de Képler et des expériences de Galilée sur la chute des corps graves, l'astronome anglais établit définitivement la théorie de la gravitation universelle.

10. **Lois de Képler.** — Képler ramena les mouvements des planètes aux trois lois suivantes qui contiennent implicitement toute la théorie de l'attraction.

1° *Chaque planète se meut autour du Soleil dans une orbite plane, et le rayon vecteur, mené du centre de la planète à celui du Soleil, décrit des aires proportionnelles aux temps.* $\left(\frac{a}{a'}=\frac{t}{t'};\right.$ si t et t' sont égaux, a et a' le seront aussi; par conséquent les aires décrites sont égales dans des temps égaux.)

2° *L'orbite de chaque planète est une ellipse dont le Soleil oc-*

cupe un des foyers. (Le grand axe est dit parfois ligne des apsides; le sommet le plus rapproché du foyer solaire prend le nom de *périhélie,* περί et ἥλιος, près du Soleil; le plus éloigné s'appelle *aphélie,* ἀπό et ἥλιος, loin du Soleil.)

3° *Les carrés des temps des révolutions, pour les diverses planètes, sont proportionnelles aux cubes de leurs moyennes distances au Soleil,* c'est-à-dire aux cubes des demi-grands axes des orbites planétaires. $\left(\frac{t^2}{t'^2}=\frac{d^3}{d'^3}\right)$

Ces trois lois de Képler régissent non seulement les planètes, mais aussi les satellites, les comètes et même les astres dont on a pu constater les mouvements au delà du système solaire. Mais la conséquence la plus remarquable de ces lois est certainement la découverte du principe de la gravitation universelle.

11. **Conséquences des lois de Képler.** — Maintenant, quelle est la raison d'être de ces trois lois? Pourquoi cette forme elliptique des orbites? Pourquoi cette proportionnalité des aires aux temps? Pourquoi ce rapport spécial entre la durée des révolutions et la grandeur des orbites? En un mot, quel est le *principe actif général* qui force tous les astres à suivre un mouvement déterminé?

Tel est le problème étudié et résolu par Newton à l'aide d'une savante analyse qui ne saurait trouver place ici. Nous allons indiquer brièvement par quelles inductions il est parvenu à établir le principe de l'attraction.

1° D'abord la première loi de Képler conduit à admettre une force motrice qui semble *attirer* constamment les planètes vers le centre du Soleil.

En effet, les astres se meuvent, c'est certain; donc une cause première, une *impulsion initiale* a produit leur mouvement. Mais ce mouvement est curviligne; donc une seconde cause, une *force particulière,* doit sans cesse intervenir pour modifier la direction due à la première, direction qui serait nécessairement rectiligne. L'analyse, appliquée à la loi des aires, démontre que cette seconde force est constamment dirigée vers le centre du Soleil, lequel agit donc comme un *centre attractif.*

2° La loi du mouvement elliptique, combinée avec l'une des deux autres, fournit cette seconde conséquence : *La force attractive varie en raison inverse du carré de la distance.*

3° Enfin la troisième loi de Képler conduit à cette dernière conclusion : *A égalité de distance au Soleil,* toutes les planètes, grosses ou petites, tomberaient vers cet astre dans des temps égaux et avec la même vitesse. Donc la force attractive agit avec une égale intensité sur chacune des molécules matérielles qui les composent; en d'autres termes, *elle est proportionnelle à la masse de chaque planète, et indépendante de sa nature particulière.*

12. **Gravitation universelle, loi de Newton.** — L'ensemble des conclusions que nous venons d'énoncer constitue la loi générale de l'attraction. La pesanteur n'en est qu'un cas particulier, de sorte que la force qui fait tomber les corps vers le centre de la Terre est aussi celle qui retient les planètes dans leurs orbites en les ramenant sans cesse vers le centre attractif. Puis, en vertu du principe mécanique de la *réaction égale et contraire à l'action,* Newton admit que le Soleil est à son tour attiré par les planètes, que celles-ci sont attirées par leurs satellites et que la Terre est attirée par tous les corps qui l'environnent. Généralisant enfin cette idée de pesanteur, il put énoncer la loi suivante qui porte son nom : *La matière attire la matière proportionnellement à la masse et réciproquement au carré de la distance* [1].

$$\left(\frac{F}{f}=\frac{Mr^2}{mR^2}\right)$$

Il démontra de plus que l'attraction des corps sphériques composés de couches homogènes est la même que si toute la masse était condensée au centre de chacun d'eux. Or, en négligeant le petit aplatissement des pôles, on peut regarder les corps célestes comme des sphères sensiblement homogènes dans leur composition. C'est donc à partir des centres qu'il faut compter les distances entre les astres soumis à l'attraction.

13. **Mouvement curviligne des astres.** — Newton admit donc deux puissances motrices auxquelles, dès le principe, Dieu soumit les corps célestes : l'une est la force *centripète,* qui les attire vers l'astre principal, leur centre; l'autre est la force *centrifuge,* qui les en éloigne. Ces deux forces, contre-balancées l'une par l'autre, expliquent bien le mouvement curviligne des planètes.

Soient les deux lignes PB et PA (fig. 4), représentant, en direction et en intensité, les deux puissances motrices dans l'unité

---

[1] Voici l'énoncé textuel de Newton : *Gravitatem in corpora universa fieri, eamque proportionalem esse quantitati materiæ in singulis. — Si globorum duorum in se gravitantium materia undique, in regionibus quæ a centris æqualiter distant, homogenea fit, erit pondus globi alterutrius in alterum reciproce ut quadratum distantiæ inter centra.* (Princip. mathém.)

de temps. Sollicitée par ces deux forces, la planète parcourra nécessairement la diagonale PC; puis, en vertu de la vitesse et de la direction acquises, l'astre tendrait dans le second instant à s'échapper suivant la ligne CE (force centrifuge). Mais l'attraction (force centripète) le ramène, le fait *tomber* en I vers le Soleil, et ainsi de suite.

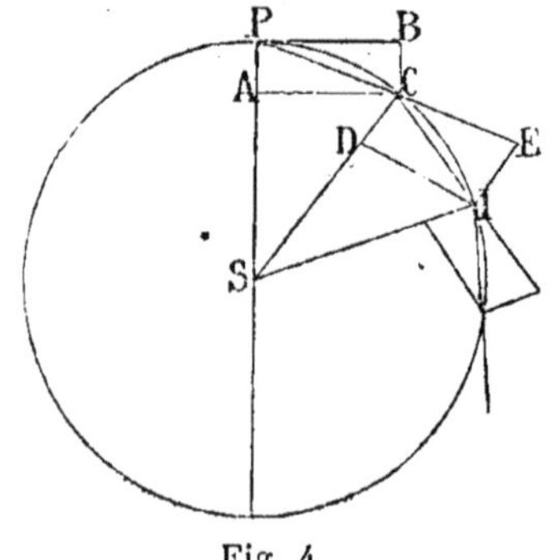

Fig. 4.

Or ce n'est pas seulement de seconde en seconde, c'est à chaque instant et continuellement qu'agissent les deux forces; dès lors les éléments de la trajectoire deviennent infiniment petits et forment une courbe continue représentant l'ellipse dont le Soleil occupe un des foyers.

Mais l'ellipse est-elle, comme on pourrait le supposer, la seule courbe que puissent décrire les astres soumis à l'attraction? Non, et la théorie newtonienne, aussi bien que la mécanique rationnelle, démontre que la courbe peut être un cercle, une ellipse, une parabole ou une hyperbole, c'est-à-dire une des sections coniques. Cela dépend du rapport entre la force centripète et la force centrifuge. Il est probable que certaines comètes se meuvent dans des trajectoires hyperboliques ou paraboliques, de sorte qu'après avoir paru une fois dans le voisinage du Soleil, elles s'en éloignent indéfiniment pour passer dans une autre sphère d'attraction.

14. **Action des planètes sur le Soleil.** — L'attraction étant réciproque, chaque planète agit à son tour sur le Soleil, et cette action mutuelle produit un mouvement elliptique des deux astres autour de leur centre commun de gravité. Le centre géométrique du Soleil n'est donc pas un point rigoureusement fixe se confondant avec le foyer commun des ellipses planétaires. Il y a un léger mouvement déterminé par les attractions qu'exercent en des sens différents les diverses planètes.

Cependant il s'en faut peu que le Soleil ne soit véritablement immobile; car sa masse est si prépondérante qu'en supposant même toutes les planètes placées d'un même côté, le centre de gravité de tout le système ne tomberait qu'un peu au delà de la surface du Soleil. S'il s'agit de la Terre, en particulier, le calcul montre que le centre de gravité du système des deux corps est situé dans l'intérieur du Soleil, à une distance de son centre égale à $\frac{1}{1600}$ du rayon solaire.

15. **Identité de la pesanteur avec l'attraction.** — Nous voyons tous les jours les corps pesants tendre dans leur chute vers le centre de la Terre. Il est naturel de se demander si la pesanteur qui les fait ainsi *tomber*, n'est pas une force de même nature que la gravitation. En cherchant, par exemple, quelle est la force qui maintient la Lune dans son orbite autour de nous, on trouve qu'elle est précisément égale à la pesanteur terrestre diminuée en raison inverse du carré de la distance. Donc l'attraction qui ramène à chaque instant la Lune vers la Terre, n'est pas autre chose que la force qui sollicite la pierre à tomber sur le sol.

Supposons circulaire l'orbite LCD, que la Lune parcourt dans le temps T (réduit en secondes) à une distance $R = OL$ de la Terre, et soit LC l'arc décrit en 1 s. sous l'action simultanée de l'impulsion initiale LA et de la force centrale LB ou f, qu'il s'agit d'apprécier (fig. 5).

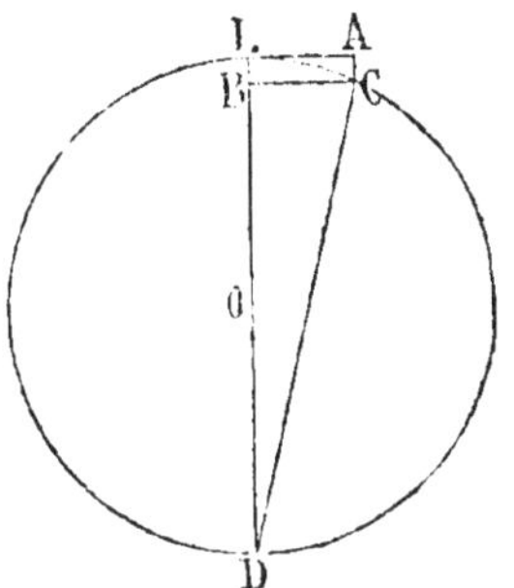

Fig. 5.

Nous avons : 1° L'arc LC, parcouru en $1^s = \frac{2\pi R}{T}$

2° On peut confondre cet arc avec sa corde, alors le triangle rectangle LCD donne

$$LC^2 \text{ ou } \left(\frac{2\pi R}{T}\right)^2 = 2Rf, \text{ d'où } f = \frac{2\pi^2 R}{T^2} \quad (a)$$

En portant dans cette formule la valeur de $R = 60$ rayons terrestres (7) et celle de $T = 27$ j. 32... (convertis en secondes), on trouve $0^m,00136$ pour la quantité dont notre satellite tombe vers la Terre dans une seconde. Mais à une distance 60 fois moindre du centre de la Terre, les corps placés à la surface de notre globe parcourent $4^m,9$ dans la 1re seconde de leur chute. Or

$$\frac{0,00136}{4,9} = \left(\frac{1}{60}\right)^2. \text{ Donc...}$$

Cette observation est le point de départ des travaux qui conduisirent Newton à la découverte de la gravitation universelle. Nous verrons plus tard que la loi de l'attraction fournit aussi le moyen de calculer la masse, le poids, la densité, etc., du corps du système solaire.

16. **Perturbations planétaires.** — On donne le nom de *perturbations* à toutes les irrégularités qui se produisent dans les mouvements des corps célestes. Les perturbations des planètes sont de deux ordres : celles qui proviennent de la forme imparfaitement sphérique des astres, et celles qui résultent de leurs attractions mutuelles.

1° Si une planète était rigoureusement sphérique et homogène, elle subirait dans les divers points de sa masse extérieure une égale attraction de la part des autres corps du système. Mais en général les planètes sont aplaties aux pôles et renflées à l'équateur; l'action des astres attirants agit dès lors sur le renflement équatorial avec plus d'intensité que sur les autres parties, et la résultante ne passe pas par le centre de gravité de la planète. De là résulte un mouvement particulier qui donne lieu pour la Terre, par exemple, aux phénomènes de *précession* et de *nutation* (7).

2° Si les planètes n'obéissaient qu'à l'action du Soleil, elles décriraient des ellipses conformément à la loi de Képler. Mais en raison de la gravitation *universelle et réciproque,* toutes les planètes exercent l'une sur l'autre une action qui varie d'après le changement des directions et des distances, et qui par conséquent doit produire des modifications dans les orbites elliptiques qu'elles parcourraient sans la seule influence du Soleil.

L'action des planètes les unes sur les autres n'étant pas négligeable, les belles lois de Képler ne sont pas l'expression tout à fait adéquate de la vérité. Toutefois, cette action perturbatrice est toujours très petite, à cause de la faible masse des planètes comparée à celle du Soleil, de sorte que les différences variables entre la trajection réelle et l'ellipse indiquée par Képler sont peu considérables. Ces différences, que la science détermine avec précision, forment l'objet du calcul des *perturbations* et la base des *prédictions astronomiques.*

17. **Perturbations séculaires et périodiques.** — Toutes les perturbations ou *inégalités* sont périodiques, c'est-à-dire que leur valeur oscille entre certaines limites déterminées, si bien que les choses reviennent au même état après un certain laps de temps. Suivant que la période est plus ou moins longue, les inégalités sont dites *séculaires* ou *périodiques.*

Pour faciliter l'étude des perturbations, les astronomes imaginent une planète fictive décrivant une orbite elliptique dont les éléments varient peu à peu, tandis que la planète réelle oscille de part et d'autre de cette planète idéale, mais d'une petite quantité à la fois. Or, les variations successives qui affectent les éléments de l'orbite de la planète fictive donnent lieu aux *perturbations séculaires;* telles sont les variations de l'excentricité de l'orbite terrestre, de l'obliquité de l'écliptique, le déplacement du périhélie, etc.

Les oscillations de la planète réelle autour de la planète fictive constituent les *perturbations périodiques;* telles sont les grandes inégalités de Saturne, de Jupiter, etc.

18. **Remarques**. 1° Toutes ces perturbations sont très régulières et n'entraînent point le désordre. Au milieu de toutes ces variations il est une chose qui reste constante, c'est le grand axe des orbites, et conséquemment la durée

des révolutions. C'est ainsi que l'attraction universelle suffit à garantir la stabilité du monde astronomique; car, après avoir causé les perturbations, elle leur assigne des limites restreintes, infranchissables sans la permission de Celui qui a posé les lois de la gravitation.

2° Bien loin donc de contredire le principe de l'attraction, toutes les perturbations le supposent et en sont une conséquence immédiate. Ainsi la théorie de la gravitation universelle explique parfaitement tous les faits relatifs aux mouvements célestes. Elle rend compte également de la figure des astres, du phénomène des marées, etc. etc. Toutes les études, tous les travaux astronomiques depuis Newton n'ont fait que confirmer cette belle théorie aujourd'hui si complète. Parfois même, devançant l'observation, elle a été le point de départ d'importantes découvertes, comme celle de la planète Neptune, par Leverrier.

3° Il ne faut pas se méprendre au sens qu'il convient d'attribuer au mot *attraction.* Dire qu'un corps en attire un autre, c'est déclarer simplement que les choses se passent comme si la matière pouvait exercer sur la matière une véritable *traction;* c'est énoncer le *fait apparent*, mais non définir la cause réelle du phénomène. Il serait absurde de considérer l'attraction comme une propriété essentielle à la matière, et telle n'a jamais été la pensée de Newton. Ce grand homme, comme tous les vrais savants, n'a pu voir dans la matière que deux choses, l'*inertie* et le *mouvement* primitivement imprimé par la volonté libre du Créateur. Et c'est avec ces deux grandes choses, dit M. l'abbé Moigno, que la science avancée doit pouvoir expliquer un jour tous les phénomènes du monde physique.

CHAPITRE II

LUMIÈRE ET ANALYSE SPECTRALE

Rayon visuel; angle optique. — Réfraction astronomique; ses effets. — Vitesse de la lumière. — Analyse spectrale.

19. **Rayon visuel, angle optique.** — On sait que la lumière, comme la chaleur, se propage en ligne droite dans un milieu homogène, et que son intensité varie avec l'obliquité du rayon lumineux et en raison inverse du carré de la distance.

Tout rayon lumineux qui, de l'objet en vue, parvient jusqu'à l'œil, est un *rayon visuel;* et l'angle AOB (fig. 6), formé par les deux rayons visuels extrêmes AO, BO, se nomme l'angle *optique* de l'objet AB. Cet angle, qui est la mesure du *diamètre apparent* de l'objet, varie évidemment en raison inverse de la distance et en raison directe du diamètre réel.

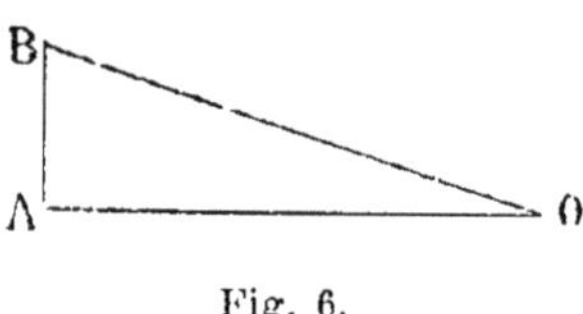

Fig. 6.

Nous jugeons de la position d'un point lumineux suivant la manière dont notre œil est affecté par la lumière qui en émane. L'expérience prouve que nous voyons toujours les objets sur le prolongement en ligne droite des rayons lumineux qui frappent la rétine. Si donc un rayon subit une déviation quelconque, le point qui l'émet ne sera pas vu à sa vraie place, mais dans la direction de la tangente menée par le dernier élément du rayon dévié.

20. **Réfraction atmosphérique.** — La lumière des astres, en traversant notre atmosphère, éprouve une déviation ou *réfraction* qui nous fait voir les corps célestes hors de leur place véritable. L'atmosphère se compose, en effet, de couches concentriques superposées par ordre de densités décroissantes de bas en haut. Soit alors un rayon lumineux arrivant de l'étoile A (fig. 7). En

passant du vide éthéré dans les couches successives 1, 2, 3, il éprouve une série de déviations qui le rapprochent chaque fois de la normale, de sorte que l'œil placé en O voit l'astre dans la direction OA'.

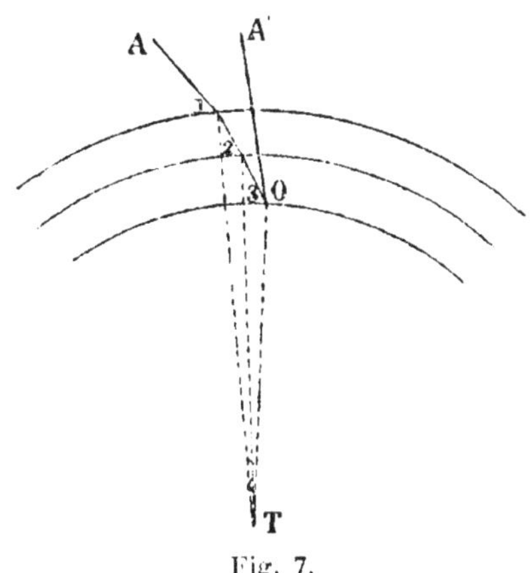

Fig. 7.

En réalité, comme les densités des couches d'air vont en augmentant par degrés insensibles, la lumière ne suit pas une ligne brisée, mais bien une courbe dont la concavité est tournée vers le centre T de la Terre, et on voit l'étoile dans la direction de la tangente à cette courbe.

21. **Effets de la réfraction sur les astres.** — 1° La réfraction élève les astres, c'est-à-dire les fait paraître plus hauts au-dessus de l'horizon qu'ils ne le sont réellement. Le déplacement est d'autant plus fort que les couches traversées sont plus épaisses et plus obliques par rapport aux rayons lumineux. La table suivante donne la valeur de la réfraction pour un état moyen de l'atmosphère, c'est-à-dire par la température de 10° et la pression de 0,76.

Hauteur apparente.	Réfraction.	Hauteur apparente.	Réfraction.	Hauteur apparente.	Réfraction.
90°	0″,0	40°	1′ 9″,4	4°	11′ 48″,8
80	10 ,3	30	1′ 40 ,7	2°	18′ 23 ,1
70	21 ,2	20	2′ 38 ,9	1°	24′ 22 ,3
60	33 ,7	10	5′ 20 ,8	0° 20′	30′ 10 ,5
50	48 ,9	6	8′ 30 ,3	0° 0′	33′ 47 ,9

Ainsi, quand la hauteur apparente d'un astre est nulle, cet astre, vu au bord de l'horizon, se lève ou se couche en apparence, tandis qu'il est en réalité à 34′ au-dessous de l'horizon.

2° C'est aussi la réfraction qui fait paraître aplatis le Soleil et la Lune à l'horizon, parce que le bord inférieur du disque lumineux se relève plus que le bord supérieur.

3° Enfin la réfraction altère les distances apparentes des étoiles entre elles, et il faut en tenir compte dans les calculs astronomiques.

22. Vitesse de la lumière. — La lumière est douée d'une prodigieuse vitesse. C'est par l'observation des éclipses d'un satellite de Jupiter que Rœmer parvint, en 1675, à trouver une valeur approchée de cette vitesse.

En comptant combien de fois, dans l'espace de plusieurs années, s'éclipse ce satellite de Jupiter, et en divisant le temps écoulé par le nombre des occultations, on obtient l'intervalle précis qui sépare constamment deux éclipses consécutives. Cet intervalle est de 42 h. 28 m. Or on remarque qu'à mesure que la terre, par suite de sa translation annuelle, s'éloigne de Jupiter, l'instant de l'éclipse s'éloigne de plus en plus, et que ce retard se change en avance, quand la terre se rapproche de cet astre. Ce sont précisément ces retards et ces avances qui rendent possible la détermination du temps que la lumière met à franchir le diamètre de l'orbite terrestre, et par suite celle de la vitesse du rayon lumineux.

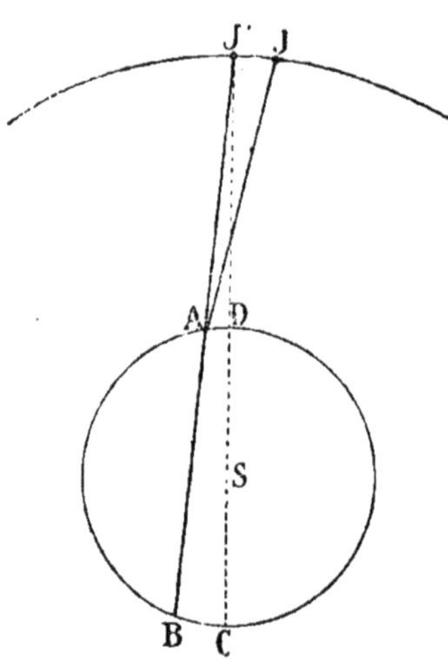

Fig. 8.

Soient en effet ABC (fig. 8) l'orbite terrestre et JJ' une portion de l'orbite de Jupiter, dont on connaît le déplacement angulaire journalier. Supposons qu'on note les instants précis de l'immersion *apparente* du satellite, lorsque la Terre et Jupiter occupent, à plusieurs mois d'intervalle, les positions respectives A et J, B et J'. Appelons t le temps écoulé entre les deux observations, n le nombre de révolutions accomplies par le satellite dans l'intervalle, r la durée de chacune d'elles (42 h., 28 m.), et t' le temps mis par la lumière à parcourir la distance BJ' — AJ ou $d' - d$, sensiblement égale à la corde AB.

Nous aurons évidemment $t = nr + t'$, d'où $t' = t - nr$. Pour obtenir ensuite le temps T employé par la lumière à franchir le diamètre $2a$ de l'orbite terrestre, il suffit de multiplier la valeur de t' par le rapport $\frac{2a}{d' - d}$, qui se déduit des nombres fournis par les tables des planètes. On aura donc

$$T = \frac{(t - nr)\,2a}{d' - d}$$

On a trouvé que la lumière parcourt le diamètre de l'écliptique en 16 m. 26 s.; sa vitesse est donc de $\frac{37\,000\,000}{493 \text{ s.}} = 75000$ lieues environ.

M. Fizeau, en 1849, L. Foucault, en 1862, et plus récemment M. Cornu, sont parvenus à déterminer la vitesse de la lumière par d'ingénieuses expériences faites sur des objets terrestres sans le secours d'observations astronomiques. La valeur la plus probable qui résulte de la discussion de ces diverses expériences, est à peu près de 300000 kilomètres par seconde ou 75000 lieues.

23. **Analyse spectrale.** — Une branche nouvelle des sciences physiques, l'*analyse spectrale*, est venue enrichir l'astronomie de brillantes découvertes. L'analyse d'un simple rayon de lumière fournit au savant des indications précises sur la nature du corps qui le produit, sur les éléments qui le composent et les changements qui s'y opèrent. Nous croyons utile, en vue de ceux de nos lecteurs qui n'auraient pas encore étudié la physique, d'exposer succinctement ce qu'il importe le plus de connaître de cet admirable procédé d'investigation.

Quand on reçoit sur un écran un rayon solaire réfracté par un prisme, les différents rayons simples dont il est composé se séparent, par suite de leur inégale réfrangibilité, et l'on obtient une image, un *spectre*, présentant les vives couleurs de l'arc-en-ciel.

Ce spectre, étudié attentivement à l'aide d'une lunette grossissante, apparaît sillonné d'un très grand nombre de raies obscures transversales (plus de 3000), inégalement distantes les unes des autres et formant huit groupes principaux, que l'on désigne par les premières lettres de l'alphabet (fig. 9).

Fig. 9.

Chacune de ces raies occupe une position déterminée; mais entre toutes, la raie D, placée dans le jaune, est la plus apparente.

Ce n'est pas seulement la lumière du Soleil qui est susceptible de donner un spectre par sa décomposition, mais toute lumière naturelle ou artificielle. Seulement, chose remarquable, les divers spectres diffèrent par la couleur, le nombre et la position des raies, ou même par leur absence complète. Ils peuvent donc servir à déterminer l'état et la nature de la source lumineuse.

Or, l'étude des corps par l'analyse de leurs spectres constitue précisément l'*analyse spectrale*, et les différents spectres peuvent se ramener à trois ordres :

1° Les spectres *continus* à bandes colorées, sans raies brillantes ni obscures. La source lumineuse est alors un corps solide ou liquide en ignition, sur la nature duquel l'absence de toute raie empêche de rien prononcer.

2° Les spectres *discontinus* formés uniquement de raies brillantes et colorées sur un fond obscur. Ici la source lumineuse est une substance volatilisée et complètement gazeuse. Comme les lignes brillantes ont une couleur et une position caractéristiques pour chaque gaz en particulier, un spectre de cet ordre peut révéler la nature du corps incandescent qui le produit.

3° Enfin les spectres *inverses*, dans lesquels la continuité des bandes colorées est interrompue par des raies obscures; tel est le spectre solaire. Ces spectres sont fournis par les corps solides ou liquides incandescents dont la lumière a traversé un gaz ou une vapeur. Alors le spectre continu, qu'aurait donné le corps solide ou liquide agissant seul, présente des raies obscures parfaitement identiques, en nombre et en position, avec les raies brillantes que montrerait le spectre discontinu de la vapeur lumineuse agissant isolément. Ainsi en D, où la vapeur du sodium, par exemple, agissant seule, produit une raie jaune très brillante, cette même vapeur produit une raie noire par l'absorption qu'elle exerce sur une lumière étrangère qui vient la traverser; on dit alors qu'il y a *renversement du spectre.*

L'existence de telle ou telle raie dans le spectre étant intimement liée avec la nature de la source qui émet les rayons lumineux, chaque substance en ignition donne un spectre caractéristique. Le spectre du fer n'est ni celui de l'or ni celui de l'argent, etc. Et telle est la sensibilité de ce procédé d'investigation, qu'il permet de distinguer la présence, dans la source lumineuse, de métaux réduits à des quantités représentées par des millionièmes de milligrammes. Aussi l'analyse spectrale a-t-elle fait découvrir plusieurs substances terrestres inconnues; il n'est donc pas étonnant qu'elle puisse aussi, par l'étude des spectres que fournit la lumière des astres, nous révéler quelques-uns des éléments constitutifs de ces mondes lointains.

LIVRE II

LE MONDE SIDÉRAL. — NÉBULEUSES ET ÉTOILES

CHAPITRE I

DES NÉBULEUSES ET DE LA VOIE LACTÉE

Différentes sortes de nébuleuses. — Forme, nombre, situation, nature des nébuleuses. — Divers états de la matière nébuleuse. — Voie lactée.

24. **Différentes sortes de nébuleuses.** — On peut diviser les nébuleuses en trois classes :

1° Les *nébuleuses résolubles*, ce sont des amas d'étoiles tellement serrées en apparence, qu'il faut recourir au télescope pour les séparer. Les plus remarquables sont les *Pléiades* et les *Hyades* dans le Taureau, la *Crèche* dans le Cancer, etc. Ces nébuleuses méritent plutôt le nom d'*amas stellaires* (fig. 10).

Fig. 10.

2° Les nébuleuses proprement dites, ou *non résolubles*, ce sont celles qui résistent aux plus puissantes lunettes : la nébuleuse du *Lion*, par exemple. Leur lumière est vague, faible, et en général uniforme. On avait espéré d'abord, en voyant s'accroître le nombre des nébuleuses résolubles à mesure qu'on les étudiait avec de plus forts instruments, que toutes finiraient par se décomposer en étoiles. Mais l'analyse spectrale a dissipé cette illusion en prouvant l'existence de nébuleuses réellement non résolubles, constituées par une matière à l'état gazeux, et non par des étoiles distinctes (fig. 11).

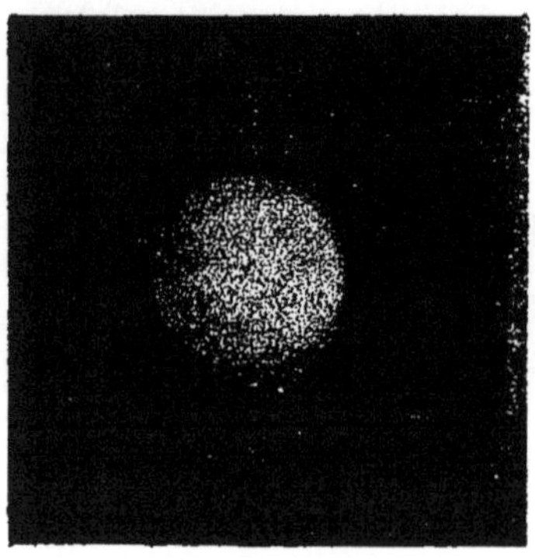

Fig. 11.

Fig. 12.

3° Les nébuleuses *partiellement résolubles*, celles-là se décomposent en partie et offrent vers le centre de leur nébulosité des points brillants comme des étoiles. Telles sont les nébuleuses d'*Andromède* et d'*Orion*. Il faut y joindre les *étoiles nébuleuses* qui montrent une étoile brillante au centre du disque

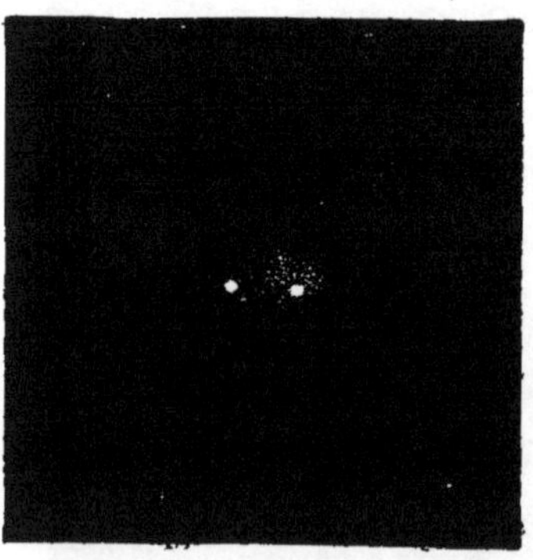

Fig. 13.

Fig. 14.

nuageux, et les *nébuleuses doubles* ou *triples*, qui semblent formées de la réunion de deux ou trois étoiles nébuleuses disposées symétriquement (fig. 12, 13, 14).

25. **Forme des nébuleuses.** — Elles présentent une grande variété de formes. Cependant les amas stellaires sont le plus souvent circulaires, et leur éclat, qui va en augmentant du bord au centre, prouve qu'en réalité ils sont sphériques. Quelques-uns sont annulaires, d'autres en spirales, etc.

Parmi les nébuleuses non résolubles, les plus grandes affectent des formes très diverses et parfois très bizarres, les plus petites approchent de la forme circulaire, et quand leur disque est d'un éclat uniforme, elles prennent le nom de *nébuleuses planétaires.*

Enfin, les nébuleuses partiellement résolubles sont d'une forme plus ou moins régulière; il y en a de rondes, d'ovales, d'elliptiques, de coniques; d'autres, très allongées et très étroites, ressemblent à de simples lignes lumineuses.

26. **Nombre et situation des nébuleuses.** — C'est seulement depuis l'invention du télescope que les nébuleuses ont attiré l'attention des astronomes. On n'en comptait encore que 6 en 1716, une centaine en 1783. W. Herschell en porta le nombre à plus de 2500. Aujourd'hui les astronomes en ont catalogué près de 6000, parmi lesquelles plus de 500 amas stellaires.

Leur répartition dans le Ciel n'est pas égale. Les régions qui en contiennent le plus sont celles où se trouve la Grande Ourse, Cassiopée, la Vierge et la Chevelure de Bérénice. Dans l'hémisphère austral, il y a deux espaces très riches en nébuleuses, le petit et le grand nuage de Magellan.

Par une sorte de compensation, les régions voisines des nébuleuses renferment peu d'étoiles. Ainsi dans la constellation du Scorpion il y a un trou large de 4° et vide d'étoiles, mais sur le bord se trouve une nébuleuse très riche. Ne dirait-on pas que cette nébuleuse s'est formée de la matière stellaire primitivement disséminée dans cet espace?

Le nombre des étoiles contenues dans certaines nébuleuses est très considérable, puisque les observations d'Herschell prouvent que dans une nébuleuse de 10′ de diamètre, c'est-à-dire dans une étendue égale à la dixième partie du disque lunaire, on ne compte pas moins de 20000 étoiles.

27. **Distances et mouvements des nébuleuses.** — A en juger par la fixité de leur position dans le Ciel, par les petites dimensions qu'elles nous présentent, par la faible lumière qu'elles nous envoient, les nébuleuses doivent être prodigieusement éloignées les unes des autres et de notre monde solaire. Les astronomes, qui ont tenté l'appréciation de leurs distances, sont arrivés à des nombres effrayants. Nous ne serons certainement pas taxés d'exagération en estimant à des centaines de siècles le temps que les rayons lumineux, ces

rapides courriers de 75 000 lieues à la seconde, mettent à s'élancer d'une nébuleuse à l'autre et à nous arriver des profondeurs de l'espace.

L'on conçoit qu'une si prodigieuse distance ait rendu tout mouvement propre des nébuleuses insaisissable jusqu'ici à l'œil des astronomes. C'est à peine, il est vrai, s'ils ont essayé de résoudre cette question. Cependant M. Laugier croit pouvoir estimer à 1″ 1/2 les mouvements propres annuels de trois amas stellaires qu'il a étudiés avec le plus grand soin. Mais quelle serait, en kilomètres, la valeur de ces mouvements angulaires? c'est ce qu'on ne saurait dire, tant que la distance de ces nébuleuses n'est pas déterminée avec quelque approximation. Selon M. Huggins et M. Vogel, aucune des nébuleuses observées n'aurait une vitesse supérieure à 30 kilomètres par seconde; c'est celle de la Terre sur son orbite. La suite des siècles permettra sans doute de vérifier ces résultats hypothétiques.

28. **Nature des nébuleuses.** — Ce n'est pas au télescope, mais à l'analyse spectrale qu'il faut demander des indications précises sur la constitution des nébuleuses. Voici les principaux résultats obtenus :

1° Toutes les nébuleuses que les lunettes ont pu résoudre et qu'on savait être formées par un amas d'étoiles distinctes ont donné, à l'analyse spectrale, des spectres *inverses,* c'est-à-dire des spectres continus, sillonnés seulement de raies obscures. Leur constitution physique est donc semblable à celle du Soleil et des étoiles, qui donnent des spectres analogues. Ainsi les amas stellaires sont des groupes d'étoiles présentant entre elles une certaine liaison et obéissant sans doute à la loi générale d'attraction.

2° Les nébuleuses proprement dites, celles que les lunettes les plus grossissantes n'ont pu décomposer jusqu'ici, fournissent un spectre *discontinu,* formé de quelques raies brillantes qui semblent, par leur position, appartenir surtout à l'azote et à l'hydrogène. Ces spectres ne pouvant être produits que par une matière à l'état gazeux, il existe donc réellement des nébuleuses *non résolubles.*

3° Enfin, les nébuleuses partiellement résolubles donnent à la fois, outre les raies brillantes, un spectre continu excessivement faible, ce qui indique l'existence d'un petit noyau plus brillant et plus condensé que le reste de la masse.

29. **Divers états de la matière nébuleuse.** — Herschell, longtemps avant la découverte de l'analyse spectrale, conçut une théorie développée ensuite par Laplace et admise aujourd'hui par tous les astronomes. L'espace, indépendamment des corps célestes, serait rempli d'une manière subtile et lumineuse à laquelle on a donné le nom de *matière nébuleuse* ou *cosmique.* Cette substance, élément primordial du monde créé, pourrait, en se condensant par refroidissement et par attraction, être amenée graduellement à l'état de matière solide; de là des condensations successives, des formations de centres attractifs, en un mot, la formation de véritables étoiles.

Dans cette hypothèse, les *nébuleuses planétaires*, également brillantes dans toutes leurs parties, nous montreraient la matière cosmique dans le premier état, c'est-à-dire en voie d'organisation. Le deuxième état correspondrait à cette même matière déjà organisée et se manifesterait par des condensations locales, progressives, par des points brillants destinés à devenir plus tard des étoiles nébuleuses. Enfin l'étoile nébuleuse, continuant d'attirer et de condenser la matière diffuse qui l'entoure, finirait par passer à l'état d'étoile proprement dite. Quant aux nébuleuses doubles, triples, elles tendraient à devenir des étoiles doubles, triples. Les figures 11, 12, 13 et 14 mettent sous les yeux ces divers états de la matière nébuleuse.

L'accord entre les résultats de l'analyse spectrale et des observations télescopiques, et les variations d'éclat et de couleur observées dans certaines nébuleuses donnent assez de poids à cette conjecture [1].

30. **Voie lactée.** — La plus apparente des nébuleuses est pour nous la Voie lactée. C'est une zone blanchâtre, un peu irrégulière, qui divise le Ciel en deux parties presque égales. Elle se dédouble en un certain point, en émettant un arc secondaire de 120° de longueur qui s'écarte peu de l'arc principal. La largeur de cette zone varie entre 5 et 16 degrés. (Voir le planisphère.)

Cette lueur laiteuse est produite par une multitude d'étoiles qu'on ne distingue pas à la vue simple, mais que les grands télescopes font découvrir.

La Voie lactée est une nébuleuse presque complètement résoluble; on y trouve de nombreux millions d'étoiles, soit isolées, soit réunies par groupes, et de la matière lumineuse qui n'a pu être résolue jusqu'ici par les meilleurs instruments.

Quand on compare la richesse en étoiles des différentes parties du Ciel, on reconnaît que le nombre des étoiles diminue à mesure qu'on s'éloigne de la Voie lactée. Herschell, étudiant minutieusement l'espace avec son grand télescope, voyait en un quart d'heure défiler devant l'appareil immobile jusqu'à 116 000 étoiles

---

[1] Il est évident que l'hypothèse de la matière cosmique, comme élément primordial des globes célestes, ne peut exclure en rien et demande même avant tout l'action organisatrice du Créateur. Ni l'atome ni les soleils ne peuvent sortir du néant sans un acte de la toute-puissance divine, et la matière une fois créée obéit encore à l'action incessante de Dieu quand se produisent, sous l'influence des lois physiques et mathématiques, les phénomènes de condensation, de formation, de mouvement, etc. C'est ainsi que, pour passer à un autre ordre de phénomènes, la végétation est l'ensemble des conditions et des lois providentielles en vertu desquelles s'effectue le développement des végétaux. L'on sourit de pitié à la lecture de certains ouvrages où l'on semble vouloir expliquer la formation de l'Univers sans l'intervention du Créateur. Nier la cause souveraine, méconnaître l'action incessante de Dieu, l'auteur de ce monde et des belles lois qui le régissent, c'est manquer *essentiellement* à la logique, au sentiment, à l'intelligence et même à la science.

dans certaines parties de la Voie lactée; et bientôt à ces étincelantes richesses succédaient des régions presque dépeuplées.

Pour expliquer l'aspect général et la composition stellaire de la nébuleuse lactée, on lui suppose la forme d'une tranche sphérique, d'un disque aplati, vers le centre duquel se trouverait le Soleil avec la Terre et les planètes. Alors, quand nos regards pénètrent dans la nébuleuse, suivant le grand diamètre du disque, ils rencontrent des files interminables d'étoiles serrées les unes contre les autres par un pur effet de perspective; tandis que, dans toute autre direction, nos rayons visuels s'écartent bientôt de la tranche et franchissent des espaces de moins en moins fournis d'étoiles.

Ainsi notre Soleil serait une des étoiles de cette nébuleuse, et les autres astres étincelants que nous apercevons çà et là dans les différentes régions du Ciel, appartiendraient aussi au groupe de la Voie lactée. S'ils nous paraissent isolés et plus brillants, c'est à cause de leur faible éloignement comparé à l'énorme distance des étoiles télescopiques. D'ailleurs, la Voie lactée, qui nous semble si grande, se réduirait, pour un observateur suffisamment éloigné, à une nébuleuse ordinaire, à une tache d'aspect blanchâtre, tranchant sur le fond du Ciel. Cette apparence, on la retrouve dans d'autres nébulosités que les fortes lunettes montrent éparpillées au firmament et qui, pour la Terre, sous-tendent des angles très petits.

D'où l'on peut conclure que l'Univers accessible à nos regards, se compose de quelques milliers d'amas stellaires comparables à notre nébuleuse. Mais rien, sinon l'insuffisance de nos télescopes, ne prouve que l'Univers créé se limite aux cinq ou six mille nébuleuses que l'on a déjà cataloguées. Il est permis de penser, au contraire, que des instruments plus puissants reculeraient encore les frontières de l'espace et nous révéleraient des régions inconnues.

La Voie lactée est composée de 20 millions au moins d'étoiles visibles, indépendamment de celles plus nombreuses peut-être que nous ne pouvons y apercevoir. Abordons maintenant l'étude de ces étoiles.

CHAPITRE II

DISTRIBUTION ET CLASSIFICATION DES ÉTOILES

Distinction entre étoiles et planètes. — Étoiles de diverses grandeurs. — Principales constellations. — Nombre des étoiles visibles.

31. **Distinction entre les étoiles et les planètes.** — Les astres qui brillent à la voûte céleste se divisent en deux grandes classes, *étoiles* et *planètes*, qu'il importe de ne pas confondre.

Les étoiles (sauf le Soleil), paraissent conserver dans le Ciel, et assez longtemps, les mêmes positions relatives, tout en obéissant au mouvement diurne apparent produit par la rotation de la Terre; les planètes (πλανάω, errer) ont un mouvement propre qui leur fait occuper successivement différentes places parmi les corps célestes. Les étoiles sont dites *fixes*, et les planètes *astres errants*.

Les étoiles *scintillent*, les planètes *peu* ou *point*.

Les étoiles restent toujours, dans les meilleures lunettes, de simples points lumineux dont la grande distance rend impossible le grossissement; les planètes présentent un disque sensible dont les dimensions augmentent avec le pouvoir amplifiant des télescopes.

Les étoiles, centres d'attraction pour d'autres astres, sont lumineuses par elles-mêmes, très éloignées et indépendantes de notre monde solaire, tandis que les planètes sont dans le voisinage et sous la dépendance du Soleil, auquel elles empruntent chaleur, lumière, vie et mouvement.

Dans la pratique, il est un moyen très simple de distinguer une étoile d'une planète. Si l'astre observé n'a pas sa place marquée sur les cartes célestes dans la constellation où il est aperçu, on peut conclure que c'est une planète.

Quant aux comètes, elles se distinguent facilement de tous les astres à leur marche et à leur forme particulières.

32. Classification des étoiles. — On range les étoiles d'après leur grandeur *apparente* ou leur éclat. Suivant qu'une étoile est plus ou moins brillante, elle est dite *primaire, secondaire, tertiaire,* etc., ou de 1re, 2e, 3e grandeur. On ne compte pas moins de 17 ou 18 ordres de grandeur. Au delà du 6e ordre, les étoiles cessent d'être visibles à l'œil nu et s'appellent *télescopiques.* Mais il est évident que cette classification est assez arbitraire, car il n'y a pas de démarcation bien tranchée entre une grandeur et la suivante.

Pour étudier plus facilement les étoiles, qui sont inégalement distribuées dans le Ciel, on les a classées aussi par groupes distincts ou *constellations,* auxquelles on a attribué des dénominations particulières n'ayant souvent aucun rapport de forme avec les animaux ou les objets dont elles portent les noms.

On désigne les différentes étoiles d'une même constellation, soit par les lettres de l'alphabet grec et romain, en attribuant les premières lettres aux plus brillantes, soit par des numéros d'ordre, soit enfin par les coordonnées qui fixent leur position dans le Ciel.

Les étoiles les plus remarquables ont aussi reçu des noms particuliers rappelant parfois les positions qu'elles occupent dans la constellation. Ainsi l'on dit : *Sirius* ou α du *Grand Chien, Aldébaran,* α ou l'*Œil du Taureau; Rigel,* β ou le *Pied gauche d'Orion,* etc.

33. **Principales constellations.** — Les anciens n'en connaissaient que 48; les modernes, depuis la découverte du télescope et des constellations australes, en ont porté le nombre à 117. La forme de certaines constellations suffit pour les faire reconnaître dans le Ciel. Mais il est utile, pour faciliter cette reconnaissance, de recourir à des alignements conventionnels dont nous allons donner quelques exemples.

On peut diviser les constellations en trois classes :

1° *Constellations boréales,* au nord du zodiaque. Citons principalement :

La *Grande Ourse* ou *Chariot de David.* En se tournant vers le nord, on reconnaît facilement cette belle constellation formée de sept étoiles secondaires, dont quatre figurent un trapèze $\alpha\beta\gamma\delta$ (le corps de l'Ourse ou les quatre roues), et les trois autres une ligne courbe (la queue ou le timon).

La *Petite Ourse.* En prolongeant de cinq fois sa longueur la ligne menée par les *gardes* α et β de la Grande Ourse, on arrive près de l'*étoile polaire* à l'extrémité de la queue de la Petite Ourse, constellation semblable à la grande, mais plus petite, moins brillante et placée en sens inverse. La Polaire est une belle étoile secondaire, située actuellement à $1^\circ\,{}^1/_2$ du pôle céleste.

Céphée. La ligne des gardes de la Grande Ourse, prolongée au delà de la Polaire, traverse *Céphée* composée de trois étoiles tertiaires disposées en arc et de cinq étoiles quartaires.

Cassiopée, voisine de la précédente, se distingue facilement par ses cinq étoiles tertiaires en forme d'une M très ouverte.

Le *Dragon,* longue file sinueuse d'étoiles peu brillantes, entre les deux Ourses;

sa tête est formée de quatre étoiles très visibles qu'atteint une ligne menée par les milieux de Céphée et de Cassiopée.

Ces cinq constellations restent toujours sur notre horizon. Plus loin on trouve :

Persée avec son étoile changeante *Algol*, sur le prolongement de la diagonale tirée par γ et α de la Grande Ourse.

Le *Cocher*, grand pentagone irrégulier, à l'orient de Persée; il contient la Chèvre, étoile de première grandeur.

Le *Cygne*, qui forme une croix dans la Voie lactée.

Ces trois dernières constellations tantôt rasent notre horizon, tantôt montent au sommet de la voûte céleste.

Parmi les constellations boréales qui ont un lever et un coucher à notre latitude, nous citerons :

La *Lyre*, non loin du Cygne, avec une magnifique primaire *Véga*, qui fait, avec la Polaire et *Arcturus* du Bouvier, un grand triangle isocèle.

Pégase et *Andromède*, gigantesque constellation située du côté du pôle tout opposé à la Grande Ourse, avec laquelle elle a beaucoup de ressemblance.

2° *Constellations zodiacales*. — Elles sont au nombre de douze, et le Soleil semble les parcourir dans sa révolution annuelle. Voici les noms de ces constellations :

Le Bélier,	le Taureau,	les Gémeaux,	le Cancer,	le Lion,	la Vierge,
♈	♉	♊	♋	♌	♍
♎	♏	♐	♑	♒	♓
La Balance,	le Scorpion,	le Sagittaire,	le Capricorne,	le Verseau,	les Poissons.

La tête du Taureau forme un V très visible dont les branches se dirigent vers la Voie lactée. On y trouve *Aldébaran*, étoile de première grandeur.

Les *Gémeaux*, au sud-est du Cocher, forment un parallélogramme dont l'un des petits côtés a pour sommets *Castor* et *Pollux*, de première et de deuxième grandeur.

Le *Lion*; la ligne des gardes de la Grande Ourse, prolongée vers β, à l'opposite du pôle, traverse le trapèze qui contient la belle étoile *Régulus*.

La *Vierge*, située sur le prolongement d'une grande ligne diagonale tirée par α et γ de la Grande Ourse, renferme l'*Épi*, belle étoile primaire.

Les deux hexamètres suivants, du poète Ausone, aident à retenir l'ordre et les dénominations des douze signes du zodiaque :

Sunt Aries, Taurus, Gemini, Cancer, Leo, Virgo,
Libraque, Scorpius, Arcitenens, Caper, Amphora, Pisces.

3° *Constellations australes*, au sud du zodiaque. Mentionnons simplement :

Orion, la plus belle constellation du Ciel, grand quadrilatère au centre duquel sont trois étoiles secondaires formant les *Trois Rois*, le *Râteau* ou le *Baudrier* d'Orion. Deux étoiles primaires, *Bételgeuse* et *Rigel*, appartiennent à Orion.

La ligne des Trois Rois, prolongée au sud-est, atteint *Sirius*, dans le *Grand Chien*. C'est la plus brillante étoile du Ciel.

Le *Petit Chien*, au-dessous des Gémeaux; il offre une belle étoile de première grandeur, *Procyon*, au nord de Sirius.

Enfin le *Poisson austral*, avec son étoile principale *Fomalhaut*.

Remarques. 1° Régulus, Aldébaran, Antarès du Scorpion, et Fomalhaut, que les anciens appelaient les quatre *étoiles royales*, partagent le Ciel en quatre parties à peu près égales.

2° La *Voie lactée* ou *Chemin de saint Jacques* traverse le Cygne, l'Aigle, le Scorpion, le Grand Chien, les Gémeaux, le Cocher et Cassiopée. Sa bifurcation commence au Cygne pour finir au Scorpion.

Inutile d'ajouter d'autres détails. L'étude comparative du Ciel étoilé et d'une bonne carte céleste suffit pour familiariser rapidement avec les principales constellations. (Voir le planisphère à la fin du volume.)

34. **Nombre des étoiles visibles.** — A l'œil nu, l'on ne distingue aisément dans le Ciel entier que 5000 étoiles, dont 1000 ne paraissent jamais sur notre horizon. Ce nombre est certainement bien inférieur à l'évaluation que l'on pourrait faire au premier abord. Ces 5000 étoiles comprennent à peu près :

20	étoiles	de 1re	grandeur.
65	«	de 2e	«
190	«	de 3e	«
425	«	de 4e	«
1100	«	de 5e	«
3200	«	de 6e	«

Mais le nombre des étoiles télescopiques croît beaucoup plus rapidement, d'autant plus que la lunette est plus puissante. Ainsi l'on compte, d'après Argelander, 19900 étoiles de 7e grandeur, 68338 de 8e, 533000 de 9e, etc.

Le nombre total des étoiles visibles dépasse certainement 20000000. On a compté, dans une partie de la constellation d'Orion, jusqu'à 50000 étoiles; ce qui, proportion gardée, en donnerait 50000000 pour le Ciel entier.

Mais il y a des régions où les astres sont beaucoup plus serrés, indépendamment des myriades d'étoiles amoncelées dans les nébuleuses. Et comme les instruments les plus parfaits n'atteignent encore que les couches stellaires les plus rapprochées de nous, il est permis de conclure que le nombre réel des étoiles visibles et invisibles est incalculable.

CHAPITRE III

DISTANCE DES ÉTOILES

Parallaxe en général. — Parallaxe annuelle des étoiles; méthode des lieux absolus. — Limite inférieure de la distance des étoiles. — Méthode des lieux relatifs. — Parallaxes et distances de quelques étoiles.

35. **Parallaxe.** — La distance des astres à la Terre se mesure au moyen de leur parallaxe.

La parallaxe (παράλλαξις, changement de position, diversité d'aspect) résulte d'un déplacement dans l'espace. Nous savons par expérience qu'en changeant de position par rapport à un objet, nous le voyons se projeter dans une nouvelle direction.

Soit un observateur allant de B en D. De la station B (fig. 16), il verra le point O se projeter en B′ sur le point MN; et s'il se transporte en D, le point O paraîtra se mouvoir en même temps pour se projeter finalement en D′.

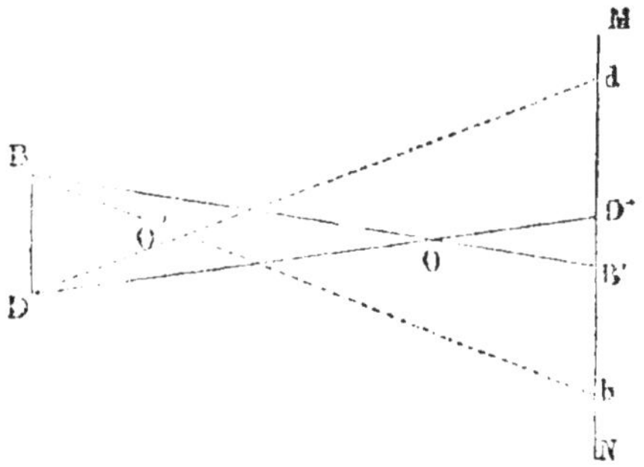

Fig. 16.

L'angle D′OB′, ou son égal DOB, est ce qu'on appelle la parallaxe du point O par rapport à la ligne BD; en d'autres termes, c'est la distance angulaire des deux stations vues du point O.

Il est évident que l'angle de parallaxe diminue rapidement à mesure que la distance augmente (comparer les parallaxes de O et de O′; et cette distance peut être telle par rapport aux deux stations, que les deux rayons visuels BO et DO deviennent sensiblement parallèles. Alors la parallaxe n'existe plus.

La connaissance de l'angle parallactique et de la distance OB ne dépend que de la résolution du triangle OBD déterminé par la base BD et les angles adjacents.

Ce procédé très simple est applicable à la recherche de la distance des astres; d'où l'on voit, en résumé, que cette distance, comme celle de tout point inacessible, se mesure par les propriétés du triangle. L'important ici est de trouver une base d'opération suffisamment grande.

Or, quand les stations B et D sont deux points de la surface terrestre, la base BD, qui peut être prise assez grande pour donner une parallaxe appréciable aux astres du système solaire, est toujours trop petite pour les étoiles, à cause de leur prodigieux éloignement. En effet, quoi qu'on fasse, les deux angles en B et en D épuisent constamment les 180°, de sorte qu'il n'y a ni triangle ni parallaxe appréciable.

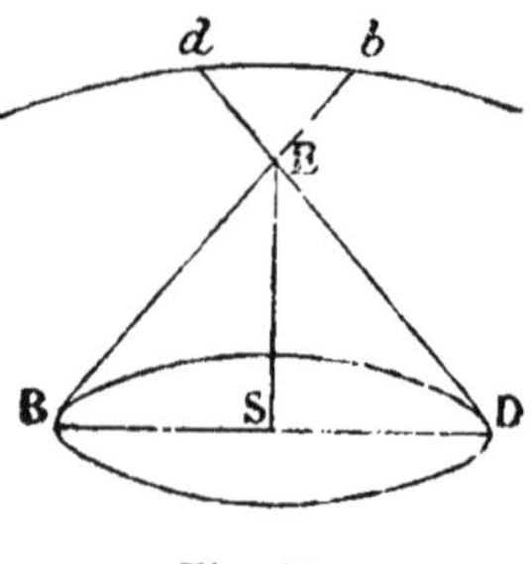

Fig. 17.

36. **Parallaxe annuelle. — Méthode des lieux absolus.** — Il faut donc chercher une autre base; elle est fournie par le diamètre de l'orbite terrestre, lequel vaut 74 millions de lieues. A six mois d'intervalle, la Terre en occupe les deux extrémités et l'on calcule les distances angulaires EBS, EDS, dont le supplément fait connaître la valeur de l'angle BED double de la parallaxe (fig. 17). Cette méthode est dite des *lieux absolus*.

La parallaxe d'une étoile se définit alors, l'*angle sous lequel, d'une étoile, on verrait de face le rayon de l'orbite terrestre.* Cette parallaxe est dite *annuelle*, pour la distinguer de la parallaxe du Soleil et des planètes, dont nous nous occuperons plus tard.

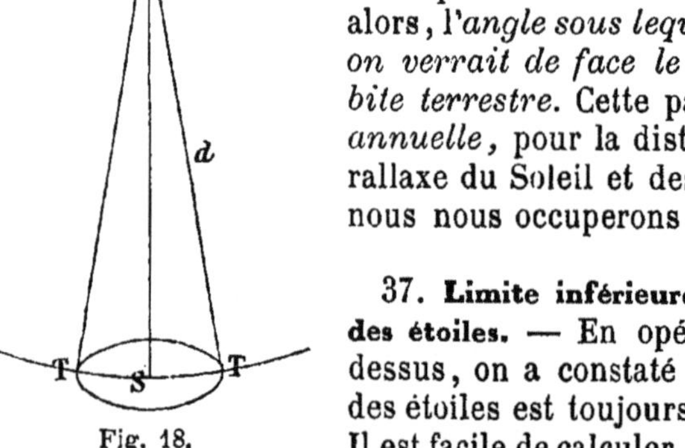

Fig. 18.

37. **Limite inférieure de la distance des étoiles.** — En opérant comme ci-dessus, on a constaté que la parallaxe des étoiles est toujours inférieure à 1″. Il est facile de calculer au delà de quelle limite cette valeur recule les étoiles. En effet, la distance ET (fig. 18), d'un astre dont la parallaxe égale 1″, n'est autre

chose que le rayon d d'une circonférence décrite de l'étoile E comme centre. Mais l'arc ST est si petit qu'on peut évidemment le confondre avec le rayon R de l'orbite terrestre; et puisque ce rayon ou ST, vu de l'étoile, est égal à 1'', nous pouvons poser :

$$(a) \quad 2\pi d = 1\,296\,000\,\mathrm{R}\,^{1}, \quad \text{d'où} \quad d = \frac{1\,296\,000\,\mathrm{R}}{2\pi} = 206\,265\,\mathrm{R}.$$

Aucune étoile n'offrant une parallaxe de 1'', il s'ensuit que la plus rapprochée est encore au-delà de 206265 fois 37 millions de lieues, c'est-à-dire à plus de 7 $^1/_2$ trillions de lieues.

Remarque. Une étoile qui aurait une parallaxe 2 fois, 3, 4... n fois plus petite que 1'', serait à une distance 2, 3, 4... n fois plus grande, et la formule (a) deviendrait :

$$d = \frac{1\,296\,000\,\mathrm{R}}{2\pi n} = \frac{648\,000\,\mathrm{R}}{\pi n} \quad (b).$$

Telle est la formule générale qui sert à calculer la distance de tout astre dont la parallaxe est connue.

38. **Méthode des lieux relatifs.** — Les observations de parallaxe par la méthode absolue sont toujours très difficiles, en ce qu'elles ont lieu à six mois d'intervalle et qu'il y a dès lors à craindre les erreurs provenant de la réfraction, de la nutation de l'axe terrestre et de l'inégale dilatation des instruments.

Aussi préfère-t-on la méthode des *lieux relatifs*, qui consiste à fixer son attention, non plus sur une seule étoile, mais sur deux ou trois d'un éclat très différent, très voisines en *apparence* et situées dans les mêmes régions du Ciel, ce qui élimine en grande partie les causes d'erreur que nous venons d'indiquer. De plus, cette méthode n'exige pas des instruments aussi compliqués et d'une invariabilité aussi absolue que l'autre.

Il est évident que si ces étoiles sont fort inégalement éloignées de nous, leur distance angulaire doit varier périodiquement selon que nous nous approchons ou que nous nous éloignons de ces astres dans notre marche annuelle. Tel est le principe de la méthode *relative*.

En mesurant pendant tout le cours d'une année les distances angulaires de la 61e du Cygne à deux étoiles voisines dont la fixité lui paraissait absolue, Bessel constata, le premier, que sa position apparente se déplace dans le Ciel, et par suite qu'elle offre une parallaxe appréciable. Ses observations et ses calculs

---

[1] On sait que la circonférence $= 360° = 1\,296\,000''$.

repris plus tard par Struve, Johnson, etc., assignent à cette étoile une parallaxe de 0″511, et conséquemment une distance de 15 trillions de lieues.

39. **Parallaxes et distances de quelques étoiles.** — Depuis on a déterminé les parallaxes d'une trentaine d'étoiles, soit par l'une, soit par l'autre méthode; mais les résultats obtenus ne présentent pas toujours une bien grande certitude. Le tableau suivant contient les parallaxes mesurées avec quelque précision; et comme notre imagination ne saurait se figurer l'immense distance des étoiles, nous prenons pour unité de mesure, non seulement la lieue de 4 kilomètres, mais aussi le rayon de l'orbite terrestre et la prodigieuse vitesse de la lumière.

Étoiles.	Parallaxes.	Rayons de l'orbite terrestre.	Milliards de lieues.	Trajet de la lumière.	
α du Centaure . .	0″,919	224 000 R.	8 300	3 ans 6. .	invisible p. nous.
61e du Cygne. . .	0 ,511	404 000	15 000	6 4. .	d'après les mesures les plus récentes.
Véga de la Lyre. .	0 ,206	1 000 000	37 000	16 0. .	
Sirius.	0 ,193	1 069 000	39 600	17 0. .	
Polaire	0 ,076	2 700 000	100 000	43 0. .	résultats plus ou moins certains.
Chèvre.	0 ,046	4 500 000	166 000	71 0. .	

Ce tableau montre que les étoiles les plus brillantes ne sont pas nécessairement les plus rapprochées de nous : la 61e du Cygne, qui n'est que de 6e grandeur, est moins éloignée que Sirius.

Nous ne voyons l'étoile la Chèvre, par exemple, que telle qu'elle était il y a 71 ans; réciproquement, de cette étoile, on n'apercevrait notre monde solaire que tel qu'il était à cette époque.

Il y a sans doute des étoiles 10 fois, 100, 1 000 fois plus éloignées que α du Centaure; leur lumière nous arrive par conséquent en 30 ans, en 300 et 3000 ans... En outre, les étoiles, vrais soleils qui brillent par eux-mêmes, doivent être en général aussi distantes les unes des autres qu'elles le sont de notre système solaire.

Bien que les dimensions des étoiles soient complètement inappréciables, il est naturel de penser que ces astres, par cela même qu'ils restent visibles pour nous à de telles distances, sont des corps aussi volumineux que le Soleil. Car l'astre du jour reculé seulement à la distance des étoiles les plus voisines ne nous apparaîtrait plus que sous la forme d'un point lumineux sous-tendant à peine un centième de seconde. A la distance de la Polaire, il ne serait plus qu'une étoile télescopique.

CHAPITRE IV

MOUVEMENT DIURNE APPARENT DES ÉTOILES

Le mouvement diurne résulte de la rotation de la Terre. — Sphère céleste. — Quelques définitions. — Hauteur, azimut. — Lois du mouvement diurne. — Pôles et parallèles célestes. — Jour sidéral. — Méridien et méridienne. — Hauteurs correspondantes. — Étoiles circompolaires.

Détermination du méridien. — Direction de l'axe du monde. — Hauteur du pôle. — Orientation. — Sphère droite, oblique, parallèle.

40. Tous les astres se déplacent dans le Ciel en obéissant, soit à des mouvements propres, soit à des mouvements apparents. Nous étudierons d'abord ces derniers.

Les mouvements *apparents* proviennent de plusieurs causes : 1° De la rotation de la Terre ; 2° de sa translation dans l'espace ; 3° d'un mouvement particulier de l'axe terrestre [1] ; 4° de l'aberration de la lumière ; 5° d'un mouvement général de tout le système solaire.

41. **Mouvement diurne apparent.** — La Terre, isolée dans l'espace, exécute chaque jour une révolution complète autour de son axe, et ce mouvement de rotation détermine un mouvement général *apparent*, en sens inverse, de toute la voûte céleste. C'est ce qu'on appelle le *mouvement diurne*. Pour bien saisir la nature et les lois de ce mouvement, il faut recourir à quelques définitions préliminaires.

42. **Sphère céleste. — Distance angulaire.** — Chaque observateur se croit placé sur la Terre comme au centre d'une immense

[1] Les divers mouvements de la Terre sont une conséquence nécessaire de la loi d'attraction. Si néanmoins l'on désirait dès maintenant d'autres preuves, l'on pourrait lire les chapitres V, VI et VII du livre IV.

sphère transparente, d'un rayon arbitraire, sur laquelle il projette les astres dans la direction du rayon visuel. C'est ce qu'on appelle la *sphère céleste,* dont la voûte céleste ou le firmament est la partie visible au-dessus de l'horizon. Inutile de dire que cette voûte n'est qu'une simple apparence, le résultat d'une illusion produite par les propriétés optiques de l'atmosphère terrestre.

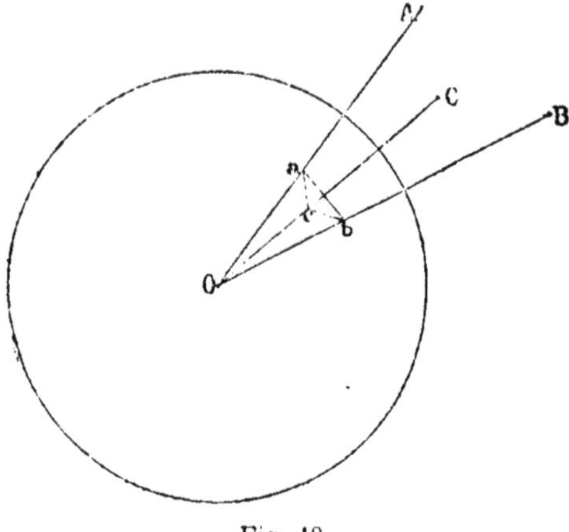

Fig. 19.

Toutes les étoiles, qu'elles soient en dehors ou au dedans de cette sphère idéale, quelque distantes qu'elles soient de la Terre, paraissent fixées et se projettent pour nous à la surface de la voûte céleste. Or, lorsqu'il s'agit de directions, et non de distances *rectilignes* absolues, on peut sans inconvénient substituer aux positions réelles des astres A, C, B, leurs perspectives ou positions apparentes *a, b, c* (fig. 19); de sorte que l'angle AOB, par exemple, se trouve remplacé par son égal *aob,* et ainsi des autres.

Cet angle, formé par les rayons visuels OA, OB, est ce qu'on appelle la *distance angulaire* de deux étoiles, laquelle, s'exprimant en degrés, ne doit rien faire préjuger des distances absolues. Les distances angulaires des étoiles restent constantes pendant une révolution diurne.

43. **Verticale, plan vertical ; zénith, nadir.** — La *verticale* est la direction du fil à plomb, ou mieux de la pesanteur en un lieu quelconque. Tout plan mené par la verticale est dit *plan vertical,* ou simplement *vertical.* Verticales et verticaux sont toujours perpendiculaires à la surface des eaux tranquilles et passent par le centre de la Terre supposée sphérique.

On appelle *zénith* et *nadir* les deux points où la verticale, prolongée de bas en haut ou de haut en bas, rencontre la sphère céleste.

44. **Horizon.** — C'est en général tout plan perpendiculaire à la verticale. Mais pour préciser, distinguons :

1° L'horizon *physique*, c'est la ligne qui sépare dans tous les sens le Ciel de la Terre. On l'appelle aussi quelquefois horizon *sensible*.

2° L'horizon *mathématique*, c'est le plan tangent au sphéroïde terrestre par le point de station de l'observateur.

3° L'horizon *rationnel* ou *astronomique*, c'est tout plan parallèle à l'horizon mathématique. Quand on fait passer ce plan par le centre de la Terre, il prend quelquefois le nom d'horizon *géocentrique*.

Ces différents horizons peuvent être pris indifféremment l'un pour l'autre, quand on étudie les étoiles dont la distance est pour ainsi dire infiniment grande par rapport aux petites dimensions du globe terrestre ; car alors tous ces horizons se confondent en un seul.

45. **Hauteur, azimut, distance zénithale.** — La *hauteur* d'une étoile E (fig. 20) est sa distance angulaire à l'horizon, c'est-à-dire l'angle EOH' formé avec l'horizon par le rayon visuel OE.

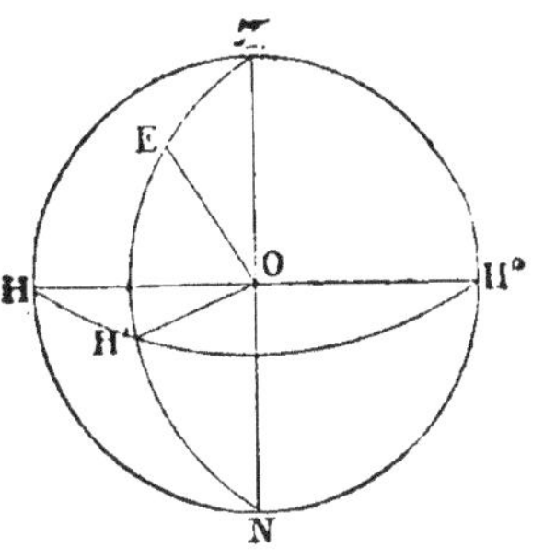

Fig. 20.

L'*azimut* d'une étoile est l'angle dièdre fait par le vertical de cette étoile avec un autre vertical convenu (le plan méridien). Ainsi soit ZHN le plan méridien du lieu O, et ZEN le vertical mené par l'étoile E, son azimut est mesuré par l'arc HH' intercepté sur l'horizon.

La distance d'une étoile au zénith s'appelle *zénithale*, c'est l'angle EOZ complémentaire de la hauteur.

La position d'une étoile est complètement déterminée sur la sphère céleste, quand on mesure à un instant donné sa hauteur et son azimut.

46. **Lois du mouvement diurne.** — Si, pour un certain nombre d'étoiles, on mesure les hauteurs et les azimuts correspondant aux différents points du parcours de chacune d'elles, et qu'ensuite on porte sur un globe quelconque ces hauteurs et ces azimuts, on obtient des points A, A'..., B, B'..., qui appartiennent à un arc de cercle (fig. 21) et l'on constate que le mouvement diurne est 1° *circulaire;* 2° *isochrone* (ἴσος, χρόνος, temps égal), c'est-à-dire que toutes les révolutions s'exécutent dans le même espace de temps; 3° *uniforme,* c'est-à-dire que des arcs égaux

sont parcourus en des temps égaux; 4° *parallèle*, c'est-à-dire que les plans des circonférences diurnes sont tous parallèles entre eux ; 5° *invariable*, c'est-à-dire que les distances angulaires et les positions relatives des étoiles restent les mêmes; 6° *rétrograde*, c'est-à-dire d'orient en occident.

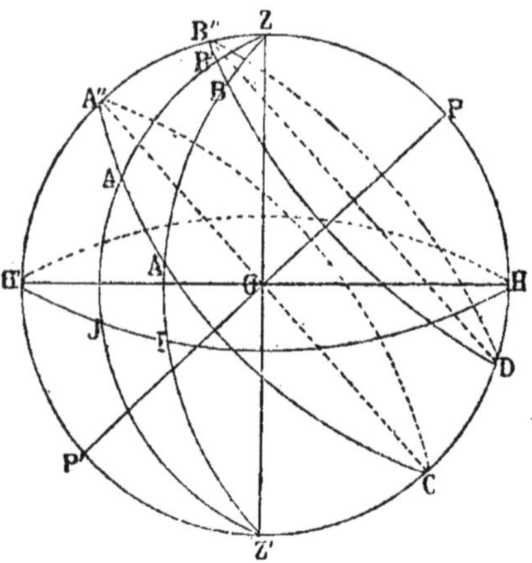

Fig. 21.

Remarque. Pour définir le sens du mouvement des corps célestes, les astronomes supposent un observateur couché sur l'axe terrestre, la tête tournée vers le pôle nord et les astres. Si, dans cette position, il voit un astre aller de droite à gauche, on dit que le mouvement est *direct;* dans le cas contraire, il est *rétrograde;* ce dernier mouvement est, si l'on veut, celui des aiguilles d'une montre.

47. **Axe du monde. — Pôles et parallèles célestes.** — Nous venons de dire que les plans des circonférences diurnes sont tous parallèles; par conséquent ils sont tous perpendiculaires à un même diamètre PP′ de la sphère céleste (fig. 22), lequel est le lieu géométrique des centres de toutes les trajectoires stellaires. Ce diamètre, autour duquel le Ciel paraît tourner tout d'une pièce, s'appelle *axe du monde* ou *ligne des pôles;* les points où l'axe rencontre la sphère céleste sont, l'un P le pôle *boréal, nord, arctique;* et l'autre P′ le pôle *austral, sud, antarctique*. L'axe du monde n'est que le prolongement de l'axe terrestre.

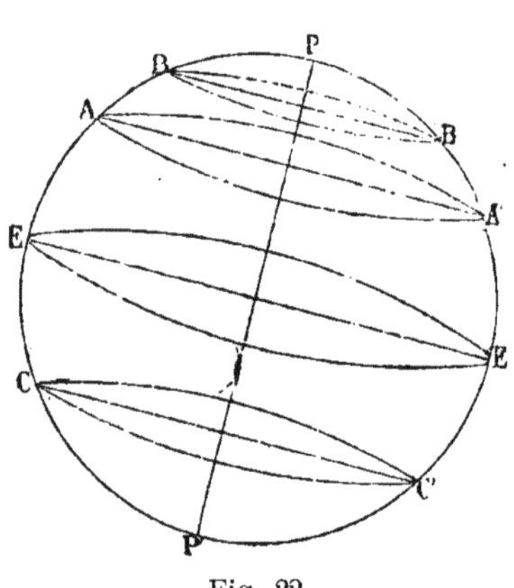

Fig. 22.

On appelle *parallèles célestes* les cercles décrits par les étoiles perpendiculairement à l'axe du monde. L'un d'eux, EE′, situé à égale distance des deux pôles, passe par le centre de la sphère qu'il coupe en deux parties égales; c'est l'*équateur céleste*, prolongement de l'équateur terrestre.

Il est utile de remarquer que les parallèles célestes ne peuvent pas être regardés comme les prolongements des parallèles terrestres.

48. **Jour sidéral.** — C'est le temps que chaque étoile met à décrire son parallèle tout entier autour de l'axe du monde. Le jour sidéral ne subit aucune inégalité, et sa durée, depuis les plus anciennes observations, n'a jamais varié. Il est d'à peu près 4 minutes plus court que le jour solaire, ce qui produit des changements d'aspect dans le Ciel étoilé selon les diverses saisons; car, sans le retard quotidien du Soleil sur les étoiles, nous ne verrions jamais, durant la nuit, celles qui traversent la voûte céleste pendant le jour et nous n'aurions pas l'avantage de contempler successivement toutes les constellations dans le cours de l'année.

Le jour sidéral est subdivisé en 24 heures sidérales, l'heure en 60 minutes, la minute en 60 secondes. En une heure sidérale, les étoiles parcourent donc $\frac{360^\circ}{24} = 15^\circ$; un arc de 15′ par minute, et un arc de 15″ par seconde sidérale. C'est ce qu'on appelle *vitesse angulaire* du mouvement diurne. Les astronomes mesurent le temps sidéral au moyen de l'horloge sidérale réglée de façon que son pendule exécute 86400 oscillations d'une seconde entre deux passages consécutifs d'une étoile au méridien.

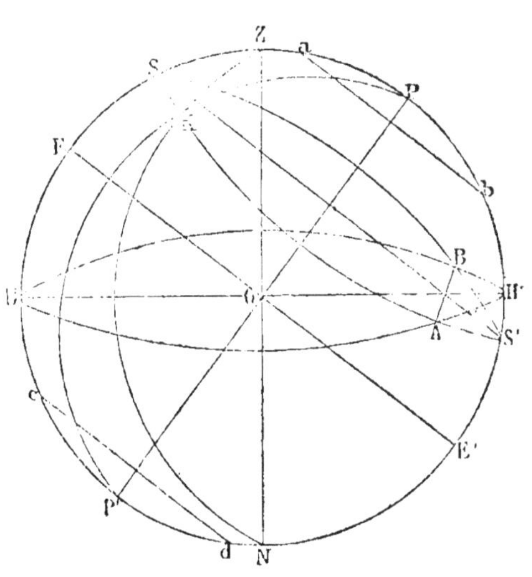

Fig. 23.

49. **Méridien et méridienne.** — On appelle *méridien* le plan vertical PNHZ (fig. 23) passant par l'axe du monde, plan supposé fixe par rapport à la sphère céleste en mouvement. La trace du

méridien sur l'horizon, en d'autres termes, l'intersection HH' de ces deux plans porte le nom de *méridienne*.

De la définition donnée, résultent pour le méridien les propriétés suivantes :

1° Il est *perpendiculaire à l'horizon*, puisqu'il contient la verticale du lieu.

2° Il est *perpendiculaire à l'équateur*, EE' et à *tous les parallèles* SS', *ab*, etc., puisqu'il contient la ligne des pôles.

3° Il partage en *deux parties égales et symétriques* la voûte céleste et chacune des courbes décrites par les étoiles, c'est-à-dire $AS = SB$ et $AS' = S'B$.

4° Il partage en *deux parties égales* la course d'une étoile au-dessus ou au-dessous de l'horizon, puisque le mouvement diurne est uniforme.

5° Il contient le *point culminant*, c'est-à-dire le point le plus élevé de chaque parallèle au-dessus de l'horizon.

Soient en effet le parallèle SS', le vertical ZKN et le grand cercle PKP' (fig. 23). Le triangle sphérique ZKP donne $PK < PZ + ZK$.

Mais $PK = PS = PZ + ZS$; par conséquent $PZ + ZS < PZ + ZK$, ou bien $ZS < ZK$, c'est-à-dire que le point S sur le méridien est plus près du zénith que le point K hors de ce méridien. Donc la hauteur de l'étoile est plus grande en S qu'en tout autre point K du parallèle décrit.

50. **Hauteurs correspondantes.** — Le mouvement diurne étant uniforme, chaque étoile doit nécessairement, dans un même temps avant et après sa culmination, décrire des arcs égaux et repasser, en descendant vers l'horizon, successivement par les mêmes hauteurs qu'en montant. Le plan méridien divise donc en deux parties égales, et l'angle dièdre des verticaux menés par deux hauteurs égales, et l'arc céleste compris entre les deux positions correspondantes de l'étoile.

Deux hauteurs égales à droite et à gauche du méridien sont dites correspondantes.

Remarque. Les diverses propriétés du méridien autorisent ces deux nouvelles définitions : 1° *Le méridien est le plan bissecteur de l'angle de deux verticaux correspondants;* 2° *c'est le lieu géométrique des points culminants des étoiles.*

51. **Cercles de perpétuelle apparition. — Étoiles circompolaires.** — Pour un horizon donné, certaines étoiles sont toujours visibles; d'autres ne le sont jamais, d'autres enfin sont tantôt visibles et tantôt invisibles.

1er *cas*, ce sont les étoiles les plus voisines du pôle ; on les appelle *circompolaires*, et leur zone est limitée par le cercle de *perpétuelle apparition* SH' (fig. 24).

2e *cas*, à cette zone des étoiles circompolaires correspond une autre zone de même étendue, dont les étoiles restent constamment invisibles. Elle a pour limite le cercle de *perpétuelle occultation* AH.

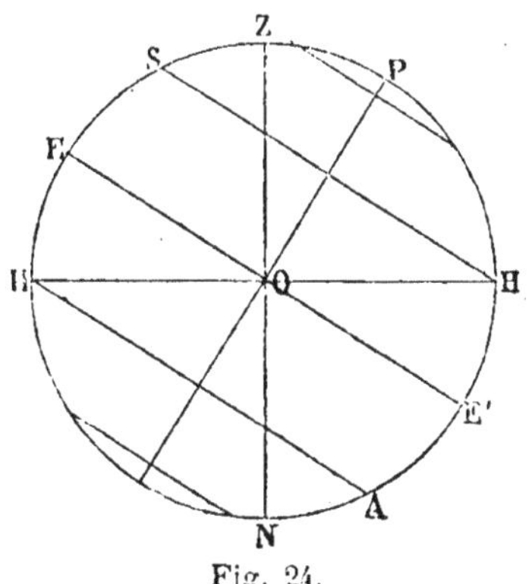

Fig. 24.

3e *cas*, entre ces deux cercles sont comprises les étoiles qui parcourent en dessous de l'horizon le complément de l'arc décrit au-dessus. Ces étoiles ont donc un lever et un coucher (toujours aux mêmes points de l'horizon). Évidemment les deux cercles d'apparition et d'occultation ne sont pas fixes. Ils se déplacent quand on s'avance vers le nord ou vers le sud.

Chaque étoile traverse deux fois le méridien; le point le plus élevé s'appelle le *passage supérieur;* l'autre est le *passage inférieur*. Quoique décrits dans le même temps, les parallèles deviennent de plus en plus petits en s'éloignant de l'équateur. Tout près du pôle apparaît la Polaire, presque immobile dans le Ciel.

Le méridien et la ligne des pôles jouent un grand rôle en astronomie. Nous allons indiquer la manière de déterminer ces deux éléments dont la connaissance est indispensable.

52. **Détermination du méridien.** — Puisque ce plan passe déjà par une ligne connue, la verticale, il suffit, pour fixer la position du méridien d'un lieu donné, de déterminer une autre ligne contenue aussi dans ce plan, c'est la *méridienne*. Pour cela, on peut employer les deux méthodes suivantes :

1o *Méthode des hauteurs correspondantes*. D'après ce que nous avons dit précédemment, le méridien d'un lieu est le plan bissecteur de l'angle des deux verticaux menés par les hauteurs correspondantes d'une même étoile. Donc, si l'on détermine la trace horizontale de chacun de ces verticaux, la bissectrice de l'angle ainsi formé sera la méridienne cherchée.

2o *Méthode des ombres égales*. Elle est fondée sur l'observation des mouvements du Soleil. Par un point O pris sur un plan horizontal on décrit plusieurs circonférences concentriques et l'on fixe au centre un style ou gnomon bien vertical (fig. 25).

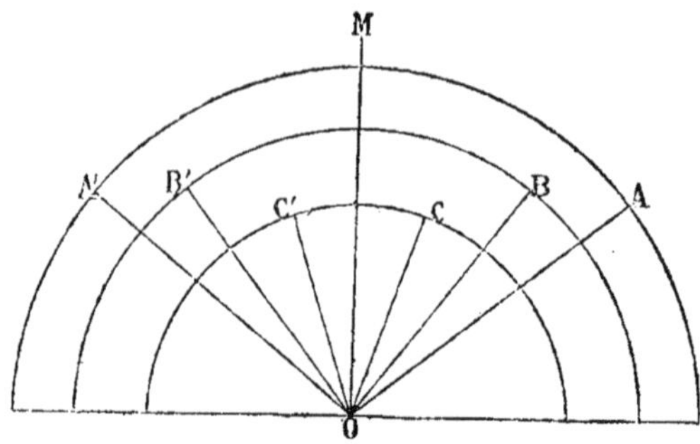

Fig. 25.

A certains moments de la matinée on note le point où l'ombre coupe successivement chacune des circonférences. On répète cette opération dans l'après-midi aux heures correspondantes. Alors, en menant du centre les bissectrices de ces différents arcs AA', BB', etc., elles devront se confondre en une seule qui sera la méridienne OM.

Il est rare que l'extrémité de l'ombre du style soit nettement accusée. Pour remédier à cet inconvénient, on dispose en haut de la tige une plaque de métal percée d'un trou, qui projette sur le plan horizontal un petit cercle de lumière dont il est facile de marquer le centre.

Remarque: A cause du mouvement propre du Soleil qui ne décrit pas exactement un cercle parallèle à celui des étoiles, il vaut mieux, pour opérer, choisir le jour du solstice, ou bien encore tracer la méridienne un même nombre de jours avant et après le solstice, de façon que, si l'on a deux lignes distinctes, leur bissectrice donne la vraie méridienne.

53. **Direction de l'axe du monde. — Hauteur du pôle.** — La direction de l'axe du monde se détermine en chaque lieu par la *hauteur du pôle,* c'est-à-dire par l'angle aigu que fait l'axe avec l'horizon. Or, pour connaître cet angle, il suffit de mesurer les hauteurs d'une même étoile circompolaire, lors de ses deux passages au méridien, et d'en prendre la demi-somme.

En effet, représentons par les angles AOH, A'OH, ou par

leurs arcs AH, A'H (fig. 26), les deux hauteurs mesurées. Nous pouvons écrire :

$$AH = PH + AP$$
$$A'H = PH - AP \quad (\text{car } AP = A'P).$$

Ajoutons $AH + A'H = 2PH$, d'où $PH = \frac{AH + A'H}{2}$.

Si, au lieu des hauteurs méridiennes, on mesure les distances zénithales AZ et A'Z, l'on obtient pour la distance du pôle au zénith la valeur $\frac{AZ + AZ}{2}$, et la hauteur du pôle est le complément de cette distance.

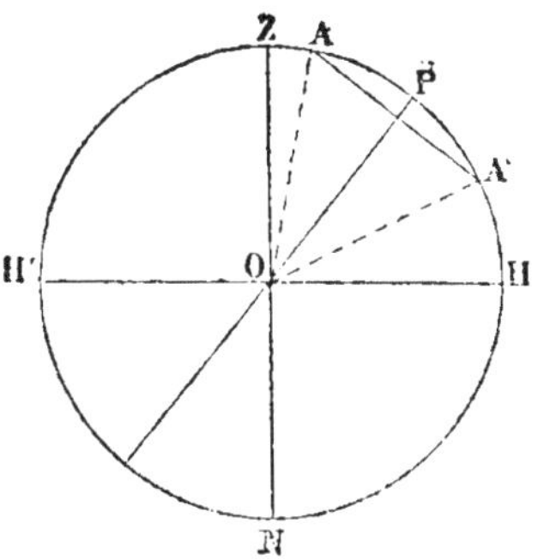

Fig. 26.

Ainsi la hauteur du pôle est la moyenne arithmétique des hauteurs méridiennes d'une étoile circompolaire, ou bien le complément de la demi-somme des distances zénithales.

A Paris, la hauteur du pôle est de 48° 58′ 49″. Nous verrons plus loin que la latitude d'un lieu est égale à la hauteur du pôle pour ce lieu.

On peut aussi trouver la hauteur du pôle en un lieu au moyen de l'ombre GM projetée par un gnomon sur la méridienne une fois déterminée. En mesurant la longueur GM, on pourra, dans le triangle GMO, calculer soit la hauteur OMG du soleil, soit $GOM = SOZ$ sa distance zénithale. Si l'on cherche ensuite, dans les éphémérides, la distance polaire du même astre pour le jour de l'observation, on en déduira facilement la hauteur du pôle.

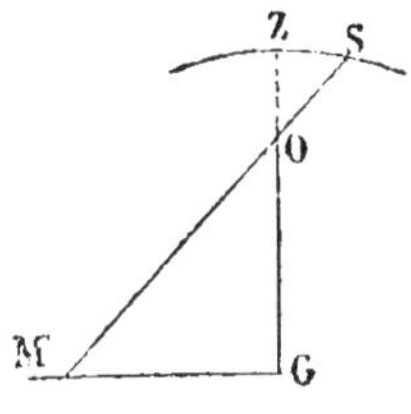

Fig. 27.

54. **Points cardinaux, orientation.** — La méridienne et sa perpendiculaire dans le plan de l'horizon, rencontrent la sphère céleste aux quatre points cardinaux, qui sont le *nord*, vers le pôle boréal, le *sud*, l'*est* et l'*ouest* (fig. 28).

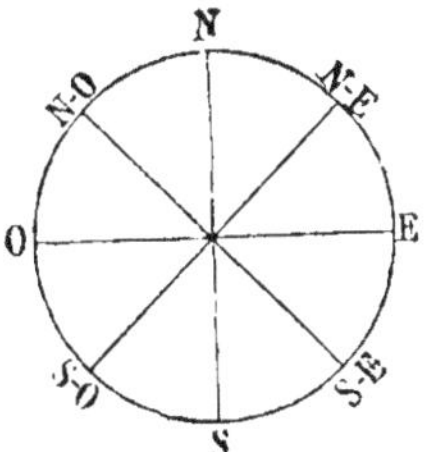

Fig. 28.

En divisant successivement par des bissectrices les angles formés par ces directions principales, on partage la circonférence de l'horizon en 32 parties égales qui constituent la *Rose des vents*.

La nuit on peut s'orienter sur l'étoile polaire; en lui faisant face, on a le nord devant soi, l'est à droite. Le jour, quand on se tourne vers le Soleil, à midi, on a le sud en face et l'orient à gauche.

55. **Sphère droite, oblique, parallèle.** — La hauteur du pôle varie avec la latitude; par conséquent, l'aspect du mouvement de la sphère céleste par rapport à l'*horizon*, doit changer avec les différents lieux d'observation.

Théoriquement, l'observateur peut occuper sur le globe trois positions *distinctes* : 1° Être sur l'équateur; 2° entre l'équateur et les pôles; 3° à l'un des pôles. A ces trois positions principales correspondent les trois sphères *droite, oblique, parallèle*.

Nous appellerons *jour* et *nuit* des astres le temps pendant lequel ils restent au-dessus et au-dessous de l'horizon.

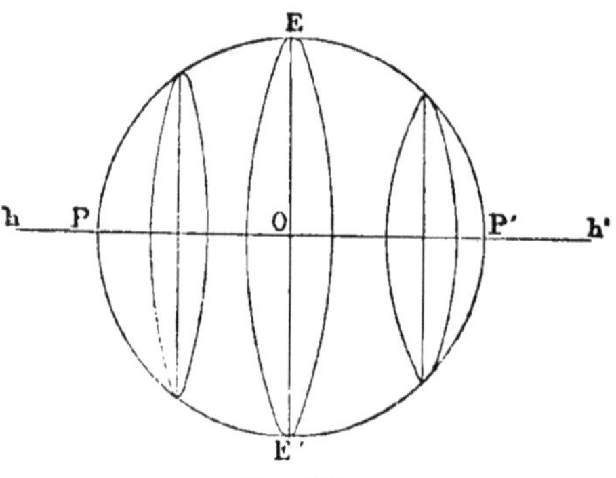

Fig. 29.

1° *Sphère droite* (fig. 29). Lorsque l'observateur est situé sur l'équateur, la hauteur du pôle est nulle, l'horizon rationnel se confondant avec l'axe du monde, qui est perpendiculaire à la verticale du lieu. Dès lors, aucune étoile n'est circompolaire, tous les parallèles sont divisés par l'horizon en deux parties égales, tous les astres de la sphère céleste sont visibles, et pour chacun d'eux le jour est égal à la nuit.

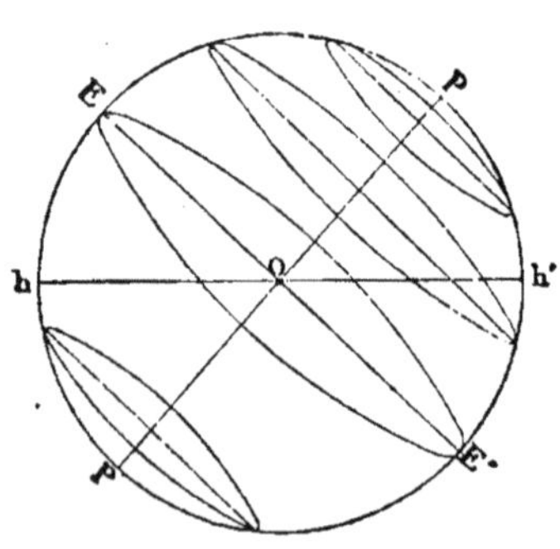

Fig. 30.

2° *Sphère oblique* (fig. 30). Entre l'équateur et les pôles, les parallèles sont plus ou moins inclinés à l'horizon; un certain nombre d'étoiles sont circompolaires, d'autres ne sont jamais visibles, d'autres enfin ont un lever et un coucher. Pour ces dernières le jour n'est pas égal à la nuit (sauf pour celles qui décrivent l'équateur).

3° *Sphère parallèle* (fig. 31). Quand l'observateur est à l'un des pôles, sa verticale se confond avec l'axe du monde, et son horizon avec l'équateur; par conséquent toutes les étoiles parcourent des cercles parallèles à l'horizon. Que l'on soit au pôle nord ou au pôle sud, on n'aperçoit jamais que les astres d'un hémisphère, et pour ceux-là il y a constamment jour; tandis que les astres de l'hémisphère opposé restent perpétuellement invisibles (abstraction faite de la réfraction pour quelques-uns).

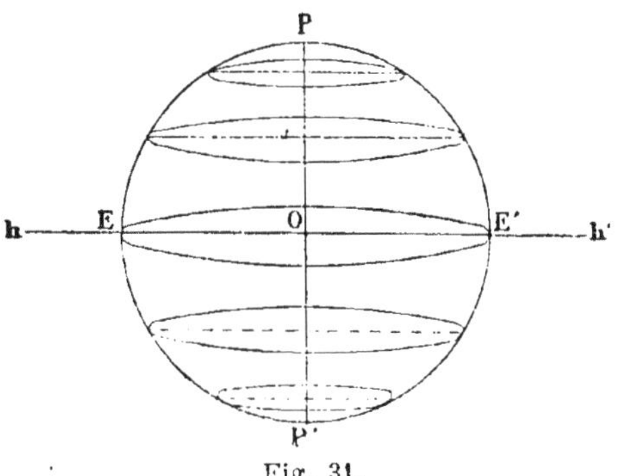

Fig. 31.

Remarque. Bien que la hauteur du pôle varie d'une station à une autre, l'axe du monde paraît néanmoins passer toujours par l'œil de l'observateur. Cela tient aux infiniment petites dimensions de la Terre par rapport à l'immense distance des étoiles. La Terre, comparée à l'immense étendue de la sphère céleste, n'est qu'un point matériel imperceptible [1]. Il n'est donc pas étonnant que tous les points de la surface terrestre se confondent avec la station de l'observateur. En réalité, l'axe du monde est unique, il passe par le centre de notre globe.

---

[1] La Terre apparaît à l'étoile la plus rapprochée comme un grain de poussière ayant un rayon d'un millième de millimètre, vu à la distance de cinq kilomètres.

CHAPITRE V

COORDONNÉES ASTRONOMIQUES

Trois systèmes de coordonnées : 1° Azimut et hauteur. — 2° Déclinaison et ascension droite. — 3° Latitude et longitude célestes.

56. **Coordonnées.** — Les géomètres appellent en général *coordonnées* les éléments qui servent à déterminer la position d'un point, soit sur un plan, soit dans l'espace. Or, l'on peut rapporter la position d'un astre sur la sphère céleste à trois grands cercles principaux : l'*horizon*, l'*équateur*, l'*écliptique*. Donc trois systèmes de coordonnées astronomiques.

57. **1er Système, azimut et hauteur.** — Quand on rapporte ses mesures à l'horizon, les coordonnées sont la hauteur et l'*azimut*, que nous avons suffisamment fait connaître (n° 45).

Ce système, employé par les anciens, offre un grave inconvénient; il ne détermine la position des astres dans le Ciel que pour un instant donné et pour une même station. Mieux vaut donc employer d'autres coordonnées.

58. **2e Système, déclinaison et ascension droite.** — Lorsqu'on rapporte à l'équateur la position des étoiles, les deux coordonnées sont la *déclinaison* et l'*ascension droite.*

La *déclinaison* d'un astre est sa distance angulaire à l'équateur. Elle se compte de 0° à 90° sur un grand cercle passant par l'étoile et par les pôles, et que l'on nomme *cercle de déclinaison.*

Ainsi soient PP′ (fig. 32) la ligne des pôles, E′E l'équateur, A la position d'un astre. L'angle AOB ou l'arc AB sera la déclinaison de cet astre. L'arc complémentaire AP s'appelle la *distance polaire.*

La déclinaison est *boréale* ou *positive*, *australe* ou *négative*, selon que l'étoile est au nord ou au sud de l'équateur.

Par suite de la rotation de la Terre, le méridien de chaque lieu vient coïncider successivement avec les différents cercles de déclinaison; ou, ce qui revient au même, les cercles de déclinaison, à ne consulter que les apparences, viennent se placer dans le méridien du lieu les uns après les autres [1].

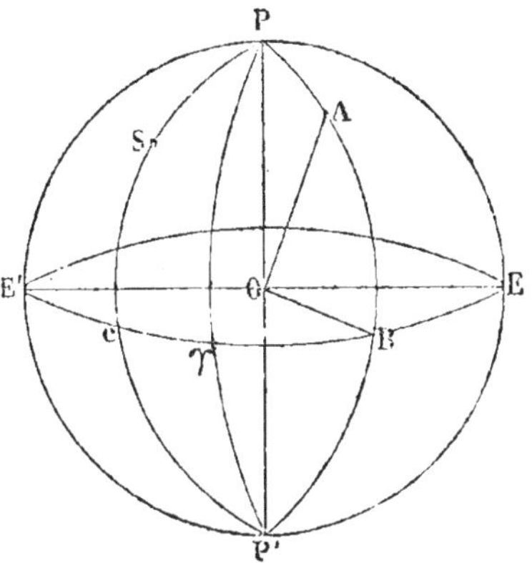

Fig. 32.

L'ascension *droite* est l'angle dièdre compris entre le cercle de déclinaison d'une étoile et celui du point *vernal*. Ce point γ est celui où le Soleil traverse l'équateur tous les ans lors de l'équinoxe du printemps [2].

L'ascension droite se compte sur l'équateur de 0° à 360° dans le sens direct. Ainsi l'ascension droite de l'astre A (fig. 32) est γB, et celle de l'astre S est γEE'C.

On désigne souvent la déclinaison par la lettre D ou δ, l'ascension droite par AR (*ascensio recta*) ou par α.

Il est évident que ces deux coordonnées suffisent pour déterminer la position d'un astre dans le Ciel. Car la connaissance de l'ascension droite γB entraîne celle du cercle de déclinaison PBP′, et la déclinaison AB fixe définitivement la position de l'étoile A.

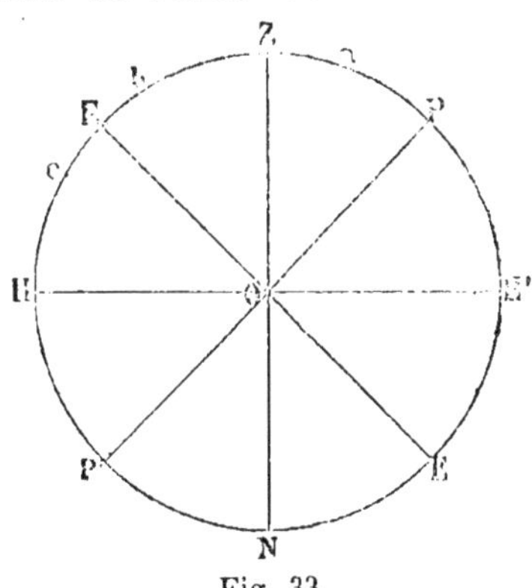

Fig. 33.

59. **Mesure de la déclinaison.** — *La déclinaison d'une étoile est égale à la hauteur du pôle augmentée de la distance zénithale méridienne de l'astre.* Elle est donnée par la formule générale $D = h + z$.

Trois cas peuvent se présenter.

1° Soit l'étoile *a* (fig. 33)

---

1 On donne souvent aux cercles de déclinaison le nom de *méridiens célestes* et de *cercles horaires*, parce qu'ils passent au méridien d'un lieu donné tous les jours à la même heure sidérale. Mais il est préférable, pour éviter toute confusion, de n'employer que l'expression que nous avons adoptée.

2 Le cercle de déclinaison du point vernal passe à peu près par l'étoile α d'Andromède.

passant au méridien entre le pôle et le zénith. Sa déclinaison $D = ZE + Za$. Mais $ZE = PH'$ comme mesurant des angles égaux à côtés perpendiculaires. Donc $D = h + z$.

2° Soit l'étoile b entre le zénith et l'équateur. $D = ZE - Zb = h - (-z) = h + z$. Car la distance zénithale comptée cette fois à l'opposé du pôle est négative.

3° Soit l'étoile c entre l'équateur et l'horizon. $D = cZ - ZE = -z - h$. Mais la déclinaison étant australe, change de signe, ce qui donne encore $-D = z + h$.

60. **Mesure de l'ascension droite.** — Comme les différents cercles de déclinaison, par suite du mouvement diurne apparent, viennent tour à tour passer au méridien du lieu d'observation, l'ascension droite se détermine par le temps écoulé entre le passage du point vernal et celui de chaque étoile au méridien.

Or la vitesse angulaire (48) du mouvement diurne étant de 15° par heure, il suffit de multiplier par 15 le temps sidéral observé, pour traduire les ascensions droites en degrés, minutes et secondes. Mais dans la pratique on peut se dispenser de cette multiplication et se contenter de l'évaluation en *temps*, de sorte que l'ascension droite s'exprime indifféremment en temps ou en degrés.

Par exemple, si une étoile a passé au méridien 2 h. 28 m. 35 s. après le point vernal, on dira que son ascension droite est égale à 37° 8′ 45″, ou simplement à 2 h. 28 m. 35 s.

Pour faciliter la réduction des arcs en temps et réciproquement, on pose :

15° = 1 heure; donc 1° = 4 m., et 1′ = 4 s. de temps.

Et vice versa 1 m. = 15′, et 1 s. = 15″ d'arc.

Remarque. Si l'instant du passage du point vernal n'était pas connu, ou si on voulait rapporter les ascensions droites à un autre point remarquable, Sirius, par exemple, on pourrait se régler sur le passage de cette belle étoile, et la différence $t' - t$ de temps serait encore la mesure des ascensions droites par rapport à Sirius.

61. **3e Système, latitude et longitude célestes.** — Quand le plan fondamental, au lieu d'être l'équateur, est le plan de l'écliptique, les deux coordonnées s'appellent *latitude* et *longitude*.

L'écliptique, inclinée sur l'équateur d'environ 23° 27′, est ce grand cercle de la sphère céleste que le Soleil paraît décrire tous les ans, par suite du mouvement de translation de la Terre. Il a ses pôles p et p', et son axe qu'il ne faut pas confondre avec l'axe du monde PP′ (fig. 34), et tous les grands cercles passant par les pôles de l'écliptique sont des *cercles de latitude*.

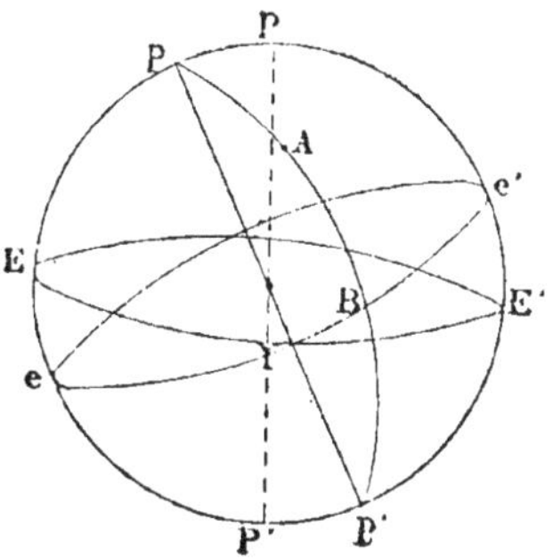

Fig. 34.

La *latitude* d'une étoile est sa distance angulaire à l'écliptique *ee′*. Elle se compte de 0° à 90° sur le cercle de latitude mené par l'astre ; elle est boréale et australe.

La *longitude* est l'arc compté sur l'écliptique de 0° à 360°, depuis le point vernal γ jusqu'au cercle de latitude de l'étoile.

Ainsi l'étoile A a pour latitude l'arc AB, et pour longitude l'arc γB.

On ne mesure pas directement ces nouvelles coordonnées. La trigonométrie fournit entre elles et les coordonnées équatoriales une relation qui donne la valeur des latitudes et des longitudes en fonction de D et de Æ, et réciproquement.

62. Catalogues d'étoiles. — Ce sont des tables qui contiennent la position des étoiles par longitude et latitude, ou par ascension droite et déclinaison. On y ajoute ordinairement l'heure du passage au méridien.

Les plus célèbres de ces catalogues sont ceux d'Hipparque (150 ans av. J.-C.), de Flamsteed (1712), de Lalande (1800), de Bessel (1838) et d'Argelander (1875).

Ces divers catalogues, en permettant aux astronomes de comparer entre eux les états du Ciel correspondant aux différentes époques, facilitent la découverte de nouvelles planètes et l'étude des mouvements propres des étoiles, etc. En outre, ils sont très utiles pour la construction des globes et des cartes célestes. (Voir livre IV, chap. IV.)

On observe les astres, leurs positions, leurs mouvements, au moyen d'instruments spéciaux, tels que la *lunette méridienne*, le *cercle mural*, le *théodolite*, l'*équatorial*, etc.

CHAPITRE VI

INSTRUMENTS D'OBSERVATION

Horloge sidérale. — Lunette méridienne. — Cercle mural. — Théodolite. — Équatorial.

63. Toutes les observations astronomiques concernant le mouvement et la position des astres dans le Ciel se réduisent à trois principales : 1° *Mesurer des temps écoulés ; 2° déterminer l'instant précis d'un passage au méridien ; 3° évaluer des distances angulaires.*

1° Mesure des temps.

64. **Horloge sidérale.** — Le phénomène qui sert à l'évaluation du temps est le mouvement uniforme d'un corps. La rotation de la Terre, mouvement d'une rigoureuse uniformité, offre l'idéal de la perfection; aussi le mouvement diurne du Ciel sert-il à l'évaluation du temps qui, ainsi mesuré, prend le nom de *temps sidéral.*

C'est à l'aide de la *pendule astronomique* ou *horloge sidérale* que les astronomes mesurent le temps. Cet instrument, qui doit être d'une grande précision, est réglé de manière à marquer 0 h. chaque fois que le point vernal passe au méridien ; ce qui revient à dire que l'on compte exactement 24 heures sidérales ou 86400 oscillations du pendule à seconde, entre deux culminations successives d'une même étoile.

Une bonne horloge sidérale est un instrument des plus indispensables à un observatoire.

2° Détermination des passages méridiens.

65. **Lunette méridienne.** On détermine l'heure, la minute et la seconde du passage d'un astre au méridien, au moyen de la

lunette méridienne appelée aussi, pour cette raison, *instrument des passages*.

C'est une lunette astronomique[1] mobile autour d'un axe horizontal exactement perpendiculaire à la méridienne, de sorte que

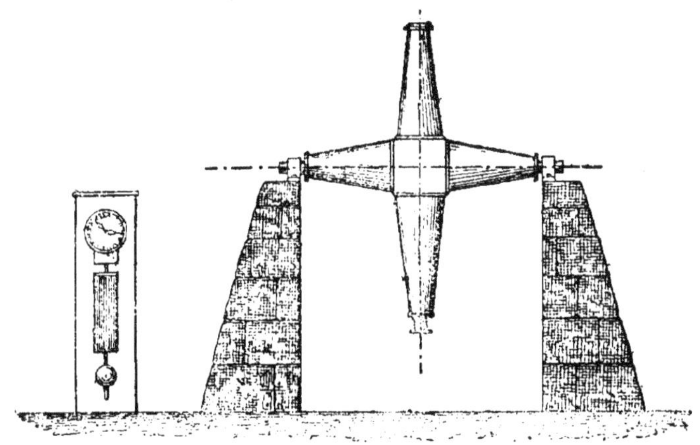

Fig. 35.

l'axe optique de l'instrument, quelle que soit sa position, reste toujours dans le plan méridien et ne peut pas en sortir.

La lunette est munie intérieurement d'un *réticule* formé de plusieurs fils verticaux très fins, traversés par un fil horizontal. L'instant précis du passage au méridien correspond à l'occultation de l'étoile par le fil vertical moyen. Pour plus d'exactitude, on note l'instant du passage derrière chacun des fils verticaux ou *horaires*, et l'on prend la moyenne.

On se sert de la lunette méridienne pour déterminer l'ascension droite des astres. Cet appareil, dans son installation, doit remplir les conditions suivantes :

Avoir : 1° *L'axe de rotation parfaitement horizontal;*

2° *L'axe optique de la lunette perpendiculaire à l'axe de rotation;*

3° *L'axe optique dans le plan méridien;*

4° *Les fils horaires dans une position bien verticale.*

Une horloge sidérale très exacte est l'accompagnement indispensable de la lunette méridienne.

---

[1] Nous renvoyons aux traités de physique pour la description détaillée des lunettes et l'explication des phénomènes de la vision.

3° Mesure des distances angulaires.

66. **Cercle mural.** — C'est un cercle fixé à un mur exactement dirigé suivant le méridien. Il porte à son centre une lunette méridienne mobile autour d'un axe horizontal. Le limbe est gradué de 0° à 180° autour de la verticale qui correspond ainsi à 90°. Cet instrument sert à mesurer la hauteur des astres au moment de leur culmination, et par suite, leur distance zénithale et leur déclinaison.

67. **Théodolite.** — Pour observer un astre dans ses diverses positions, on emploie le *théodolite,* qui peut servir également à mesurer d'un seul coup sa hauteur et son azimut.

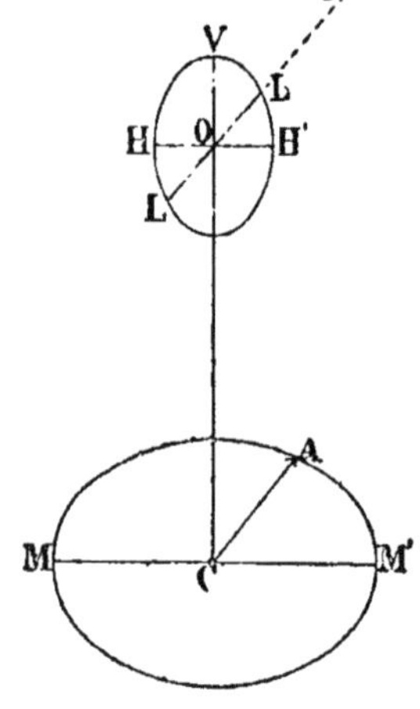

Fig. 36.

Cet instrument se compose essentiellement de deux cercles gradués, l'un horizontal et fixe de position, l'autre vertical, muni d'une lunette et pouvant tourner autour d'un axe CO perpendiculaire au plan du premier (fig. 36).

A la partie inférieure de cet axe est fixée une aiguille CA, dont le mouvement angulaire sur le limbe horizontal mesure le mouvement angulaire du cercle vertical.

Supposons, par exemple, que la lunette, mobile autour du centre O, soit dirigée sur une étoile *e;* l'angle L'OH' que fait l'axe optique avec l'horizon est la hauteur de l'astre, tandis que l'angle ACM', formé par l'aiguille et par le méridien, en est l'azimut.

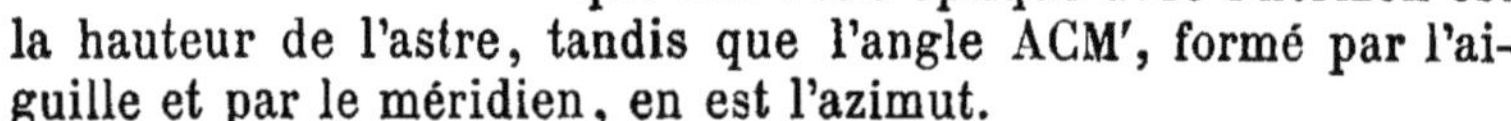

68. **Équatorial.** — Quand le théodolite, au lieu d'être vertical, est couché suivant l'axe du monde, il prend le nom d'*équatorial,* parce que le limbe inférieur se trouve alors dans le plan de l'équateur (fig. 37). Il sert à déterminer simultanément l'ascension droite et la déclinaison d'un astre à un moment donné.

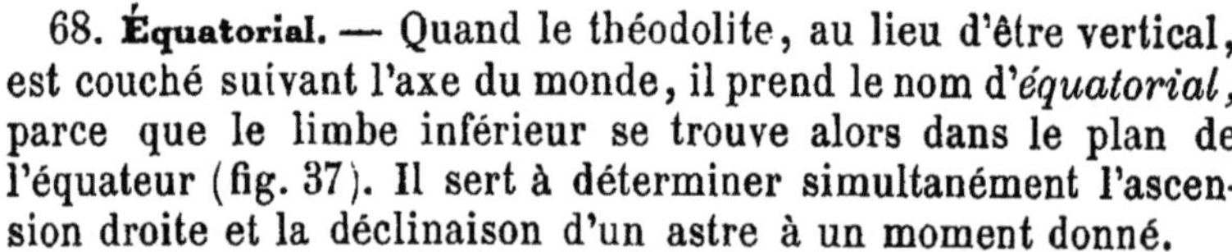

L'équatorial permet aussi de vérifier directement les lois du mouvement diurne. Pour cela, il suffit d'imprimer à l'appareil, par un mécanisme d'horlogerie, un mouvement de rotation uniforme qui fait voir constamment une étoile quelconque au bout de la lunette. L'instrument s'appelle alors *machine parallac-*

tique, parce que une fois réglé il décrit exactement un parallèle à l'équateur.

Il y a encore dans les observatoires d'autres appareils : le cercle

Fig. 37.

répétiteur, des télescopes plus ou moins puissants, etc. Nous n'avons pas à en faire ici la description ; d'ailleurs, les instruments dont nous venons de parler suffisent pour l'étude des mouvements célestes.

CHAPITRE VII

DÉPLACEMENTS APPARENTS DES ÉTOILES

Ces déplacements résultent : 1° de la translation de la Terre ; 2° de la précession et de la nutation ; 3° de l'aberration de la lumière ; 4° d'un mouvement général de tout le système solaire. — Explication et conséquence de ces phénomènes.

69. A la rotation de la Terre correspond le mouvement diurne de la sphère céleste que nous venons d'étudier.

Aux autres mouvements de notre globe correspondent de même d'autres mouvements apparents des étoiles, plus ou moins lents, plus ou moins sensibles.

70. 1° **Parallaxe annuelle.** — Le mouvement annuel de translation de la Terre dans l'espace doit produire des variations dans les positions apparentes des étoiles. En effet, si la courbe ABCD (fig. 38) représente l'orbite terrestre, il est évident que nous verrons l'étoile E, pourvu qu'elle ne soit pas trop éloignée, se projeter successivement en *a, b, c, d;* de sorte que, dans l'espace d'une année, elle paraîtra décrire autour de la position moyenne *n* une petite ellipse absolument semblable à celle que la Terre parcourt dans le même temps autour du Soleil.

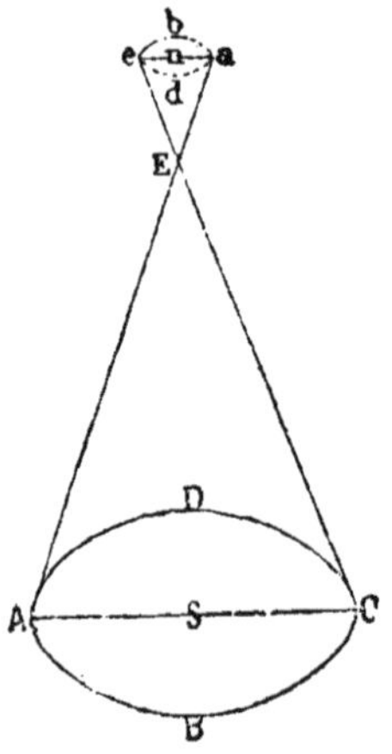

Fig. 38.

Or, le demi-grand axe de cette ellipse apparente est ce qu'on appelle la parallaxe annuelle des étoiles, laquelle est nécessairement d'autant plus petite que l'étoile est moins rapprochée de nous. Nous avons vu (37) qu'elle n'atteint jamais la valeur d'une seconde.

71. 2° Déplacements dus à la précession et à la nutation. — Les mouvements les plus lents du globe terrestre s'accusent dans le Ciel par des mouvements correspondants. Ainsi, pour représenter le double mouvement apparent de l'axe du monde produit par la précession et par la nutation (7), concevons une petite ellipse *abc* tangente à la sphère céleste en P (fig. 39); imaginons ensuite le cercle PP′ parallèle à l'écliptique SS′, le rayon sphérique de ce cercle étant égal à 23° 27′ (inclinaison de l'écliptique sur l'équateur).

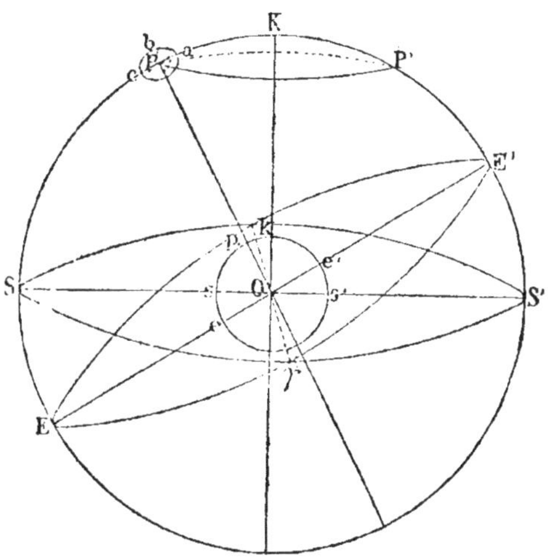

Fig. 39.

Le phénomène de la précession, s'il était seul, ferait décrire au pôle P de l'équateur, dans le sens rétrograde, le cercle PP′ en 26 000 ans environ. Si, au contraire, il n'y avait que la nutation, le pôle parcourrait en 18 ans $^2/_3$ la petite ellipse *abc*.

Mais sous l'action simultanée de ces deux causes, le pôle du monde tourne autour du pôle K de l'écliptique, non en décrivant un cercle, mais bien une courbe sinueuse ou *épicycloïdale*, de sorte que l'angle POK n'est que la valeur moyenne de l'obliquité de l'écliptique, laquelle oscille entre des limites qui ne dépassent pas $\frac{18''}{2} = 9''$ (demi-grand axe de l'ellipse de nutation).

Ces divers mouvements de l'axe du monde ne pouvant pas s'effectuer sans que l'équateur se déplace lui-même par rapport à l'écliptique, il s'ensuit que ces deux plans se coupent chaque année en des points différents, et que le point vernal γ fait le tour entier de l'écliptique en 26000 ans.

Or, puisque c'est au point vernal, à l'équateur et à l'écliptique qu'on rapporte les positions des étoiles, ces positions se trouvent nécessairement modifiées par le déplacement de ces plans. De là, dans les coordonnées équatoriales et écliptiques, certaines variations dont les lois peuvent ainsi se résumer :

1° En vertu de la précession, les étoiles paraissent décrire, dans le sens direct, des circonférences parallèles à l'écliptique dans une période de 26 000 ans, ce qui fait varier les ascensions droites et les longitudes d'environ 50″ par an.

2° Par suite de la nutation, les étoiles paraissent décrire en 18 ans $^2/_3$ une petite ellipse dont les axes sont 18″ et 14″ environ. Ces oscillations produisent nécessairement une légère variation dans la position du point vernal, et par suite dans les longitudes; conséquemment la variation annuelle de 50″ ne doit être considérée que comme la valeur moyenne de la précession véritable.

3° La nutation n'influe pas seulement sur la position du point vernal, mais aussi sur l'inclinaison de l'équateur par rapport à l'écliptique; de là résultent une augmentation et une diminution progressives des déclinaisons des étoiles, dont la quantité est d'à peu près 9″ en plus ou en moins dans la même période de 18 ans $^2/_3$.

72. **3° Aberration de la lumière.** — Le mouvement annuel de la Terre combiné avec la vitesse de la lumière, produit un autre déplacement apparent des étoiles, plus sensible que les précédents. C'est le phénomène de l'aberration, que l'on peut énoncer ainsi d'une manière générale :

Les étoiles paraissent décrire annuellement dans le Ciel, autour de leur position vraie, de petites ellipses dont le grand axe égale constamment 40″ 9.

Ce déplacement résulte de ce que la vitesse de la Terre sur son orbite n'est pas négligeable par rapport à la vitesse de la lumière. Ce rapport $\frac{v}{V} = \frac{7,4}{74\,500} = \frac{1}{10\,000}$ à peu près.

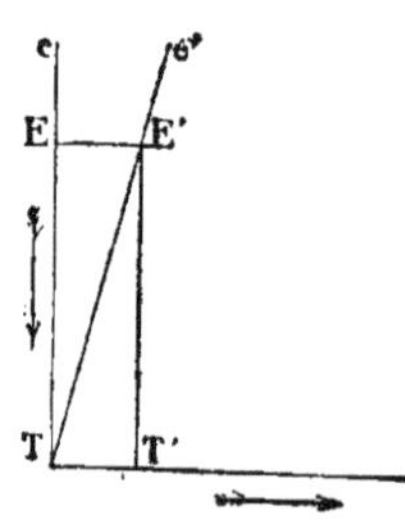

Fig. 40.

Si donc on représente par TT′ et par ET les chemins parcourus dans l'unité de temps par la Terre et par la lumière dans le sens des flèches (fig. 40), la diagonale du parallélogramme ETT′E′ représente la *direction et la vitesse relative* de la lumière; par suite, l'observateur situé en T reçoit l'impression du rayon lumineux suivant la direction TE′ et croit voir l'étoile *e* en *e′*, c'est-à-dire en avant de sa position réelle.

L'angle ETE′ fait par la direction réelle de l'étoile avec sa direction apparente, se nomme l'*angle d'aberration*. Il est toujours fort petit, parce que la vitesse de la lumière est très grande comparativement à celle de la Terre, et il varie d'un jour à l'autre selon les positions du globe sur l'écliptique. Mais il a, pour toutes les étoiles, un maximum de 20″ 45, qui constitue le demi-grand axe de leur ellipse annuelle. Quant au petit axe, il varie suivant la latitude de l'étoile; il est même nul pour celles qui sont situées dans le plan de l'écliptique. Dans ce cas, l'astre paraît osciller sur une ligne droite.

On serait d'abord porté à ne voir dans ce déplacement qu'un effet de parallaxe, et c'est même en cherchant opiniâtrément à déterminer la parallaxe annuelle des étoiles, que l'illustre Bradley (1728) fut conduit accidentellement à la découverte et à l'explication de l'aberration. Mais deux raisons établissent une différence marquée entre ces deux phénomènes.

1° La parallaxe annuelle d'une étoile ne dépend que de sa distance, tandis que l'éloignement plus ou moins grand n'a point d'influence sur l'aberration de la lumière.

2° La parallaxe nous fait voir l'astre dans la partie du cercle annuel *diamétralement opposée* à celle que la Terre occupe au même moment sur son orbite (fig. 38). L'aberration, au contraire, nous le fait voir à 90° seulement de cette position, comme l'indique la figure 41, qui nous montre pour les quatre positions A, B, C, D, de la Terre sur l'écliptique, les aberrations *a, b, c, d* correspondantes.

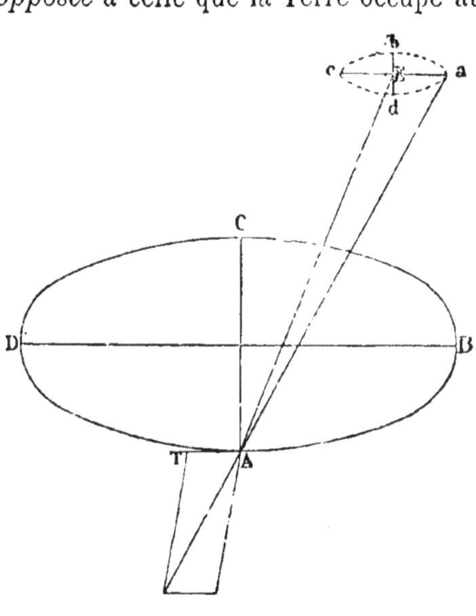

Fig. 41.

Relativement à l'aberration des étoiles, il faudrait, pour être absolument exact, tenir compte non seulement de la translation, mais aussi de la rotation de la Terre et de la vitesse propre que peut posséder la source lumineuse.

Mais 1° la vitesse de rotation étant, même à l'équateur, plus de 60 fois moindre que celle de translation, l'aberration maximum due à cette cause n'égale que $\frac{20'',45}{60}$ ou $1/3$ de seconde.

2° La vitesse propre de la source lumineuse, en raison de l'immense éloignement des étoiles, ne peut produire qu'un déplacement insignifiant.

Ces deux causes influant donc très peu sur l'aberration des étoiles, on n'a égard dans les calculs qu'à la vitesse du mouvement annuel de translation.

Remarques. Le phénomène de l'aberration, une fois constaté, a été le point de départ d'importantes vérifications dans la science astronomique. Ainsi la mesure de son effet peut servir soit à déterminer la vitesse de la lumière, soit à calculer la vitesse de la translation de la Terre, et, par suite, le rayon de son orbite ou la distance de la Terre au Soleil. (Voir livre III, chap. Ier.)

C'est en même temps une des preuves les plus saisissantes du double mouvement de notre globe, et nous verrons plus loin, en traitant cette question, que le calcul s'accorde parfaitement avec l'observation pour assigner au grand axe de l'ellipse d'aberration la valeur constante de 40",9.

73. **4° Déplacement apparent dû au mouvement général de tout le système solaire.** — Il est aujourd'hui parfaitement établi que le Soleil, escorté de ses planètes, obéit à un mouvement de translation qui le porte vers une région déterminée du Ciel. Ce mouvement doit à la longue altérer les coordonnées des étoiles et leurs positions relatives. Aussi les astronomes constatent-ils une certaine augmentation des dimensions de la constellation d'Hercule vers laquelle est dirigé ce mouvement, et une diminution correspondante de la constellation opposée, le Lièvre.

74. **Conséquences du déplacement des étoiles.** — Il n'est sans doute pas nécessaire de corriger chaque année les cartes célestes, parce que les coordonnées des étoiles restent sensiblement les mêmes pendant fort longtemps. Mais dans les calculs astronomiques il est indispensable de tenir compte, avec beaucoup de soin, des variations même les plus insensibles (y compris celles résultant de la réfraction atmosphérique). D'ailleurs, les mouvements apparents que nous avons signalés, ont pour effet de modifier dans la suite des siècles l'aspect du Ciel pour l'observation terrestre.

C'est ainsi, par exemple, que, grâce à la précession, le pôle du monde se déplace continuellement parmi les étoiles. Maintenant il est voisin de α de la Petite Ourse; il continuera de s'en approcher jusqu'à un demi-degré pendant 250 ans environ, puis il s'en éloignera pour passer successivement dans les constellations de Céphée, du Cygne, de la Lyre, d'Hercule et du Dragon, et revenir enfin, au bout de 26000 ans, à sa position actuelle.

En même temps les zones des étoiles circompolaires se déplaceront pour un horizon donné. Ainsi Cassiopée, comme autrefois, il y a 4000 ans, ne sera plus dans notre cercle de perpétuelle apparition; tandis que la Croix du Sud, aujourd'hui invisible, aura pour nos régions un lever et un coucher.

Nous reviendrons plus tard sur ces différents phénomènes; il est temps maintenant de passer à l'examen des mouvements propres des étoiles.

CHAPITRE VIII

MOUVEMENTS PROPRES DES ÉTOILES

Mouvement réel des étoiles. — Étoiles doubles, triples, multiples.

75. **Mouvement réel des étoiles.** Ces astres ont dû perdre le nom de *fixes*, depuis que les progrès de la science ont permis de déterminer leurs positions avec une exactitude à peu près mathématique. En tenant minutieusement compte des mouvements apparents on est parvenu à reconnaître que les étoiles subissent en outre de légers mouvements propres qui deviennent sensibles avec le temps. C'est un fait aujourd'hui si parfaitement constaté qu'on a pu donner une liste de plusieurs milliers d'étoiles présentant des mouvements propres calculés.

Voici quelques-unes des étoiles dont les déplacements réels sont calculés avec le plus de précision :

La 2151e de la *Poupe du Navire*,	de 6e	grandeur,	7″,87	par an.
La 61e du Cygne	6e	»	5″,12	»
μ de Cassiopée	4e	»	3″,74	»
α du Centaure	1re	»	3″,58	»
Sirius	1re	»	1″,23	»
La Polaire.	2e	»	0,035	»

Les étoiles auxquelles on a trouvé les mouvements les plus considérables ne sont pas, comme on le voit, les plus brillantes. On n'en connaît aucune dont le déplacement annuel surpasse 8″.

Depuis 2 000 ans environ la 61e du Cygne a décrit un arc de 3°,6, c'est-à-dire six fois le diamètre apparent de la Lune. Une petite étoile de 7e grandeur, dans la Grande Ourse, parcourt 7″ par an ; de ce pas, elle se trouverait, au bout de 7 000 ans, dans la Chevelure de Bérénice.

Les distances angulaires des étoiles finiront donc par s'altérer dans la suite des siècles, ce qui modifiera l'aspect des constellations.

Ces déplacements, qui nous paraissent si lents, sont réellement considérables. Ainsi le mouvement propre de α du Centaure, qui est de 3″,58 par an, correspond à une vitesse de 18 kilomètres par seconde et à une marche annuelle de 145 millions de lieues. De même la vitesse de translation de notre Soleil ne serait pas moindre de deux lieues par seconde.

76. **Étoiles multiples.** — On appelle ainsi des groupes de plusieurs étoiles qui se confondent à l'œil nu, mais se séparent dans de puissants télescopes. S'il y a 2, 3, 4 étoiles ou plus, elles sont dites *doubles, triples, quadruples,* et en général *multiples.*

77. **Étoiles doubles.** — Le rapprochement apparent de deux étoiles peut être une réalité ou un simple effet de perspective. Dans le 1er cas, elles forment un *couple physique,* dans le 2e un *couple optique.*

Les systèmes *optiquement doubles* offrent peu d'intérêt, parce que les deux étoiles ne se trouvant placées que par hasard et à une grande distance sur le même rayon visuel, n'accusent entre elles aucune sorte de dépendance.

Mais il n'en est pas de même des *couples physiques,* lesquels présentent un système de deux étoiles réellement voisines l'une de l'autre et soumises à une attraction mutuelle. Chacune d'elles tourne, en effet, autour du centre de gravité du système, en décrivant une ellipse dont ce point occupe un des foyers; et cette ellipse est parcourue conformément à la loi des aires. Ainsi se trouverait étendu aux étoiles elles-mêmes, le grand principe de la gravitation établi par Képler et par Newton pour les mouvements planétaires.

Sur les 700 couples physiques aujourd'hui connus, il y en a une vingtaine dont on est parvenu à calculer les éléments avec assez de précision. La durée de la révolution, pour quelques-uns de ces couples, est inférieure à un siècle. Mais pour la plupart, elle se compte par centaines, peut-être même par milliers d'années. D'après les dernières observations, la plus longue des périodes, qui est de 996 ans, appartient au système de Castor, et la plus courte, de 25 ans $^1/_2$, à une étoile double de la Chevelure de Bérénice.

En général, les ellipses des étoiles doubles sont très excentriques; on ne peut les comparer qu'aux orbites des comètes périodiques. Ainsi α du Centaure, pour une révolution de 77 ans et un demi-grand axe égal à $15'',5$ ou à 16 rayons de l'orbite terrestre, a une excentricité de 0,95. Pour ξ de la Grande Ourse, la révolution est de 60 ans, le demi-grand axe de $2'',5$ et l'excentricité de 0,40.

Les étoiles d'un même couple sont généralement d'éclat inégal et de couleurs différentes, et la plus petite porte le nom de *satellite.* Ainsi la polaire est composée de deux étoiles, l'une de 2e et l'autre de 11e grandeur; dans α du Centaure, l'étoile principale est de 1re et l'autre de 2e grandeur. Quelquefois cependant, comme dans γ de la Vierge et dans γ du Bélier, les deux astres sont de même grandeur.

Parmi les étoiles doubles citons encore Sirius, dont le mystérieux compagnon, ingénieusement deviné par Bessel, puis calculé par Peters et enfin découvert par Clark, en 1862, accomplit sa révolution en un demi-siècle; et l'étoile intermédiaire dans la queue de la Grande Ourse, ou Mizar, qu'une vue très perçante parvient à dédoubler sans le secours d'aucun instrument et que les Arabes appellent pour cette raison l'*épreuve de l'œil.*

78. **Étoiles triples, quadruples, etc.** — On n'a encore enregistré qu'environ 52 étoiles *triples,* entre autres ζ du Cancer, dans laquelle les deux satellites tournent autour de l'astre central.

Les étoiles *quadruples* sont très peu nombreuses; la plus remarquable est ε de la Lyre.

Enfin on peut citer une étoile *sextuple,* θ d'Orion, qui se compose de quatre étoiles principales de 4e, 6e, 7e et 8e grandeur, et de deux petites de 12e grandeur. Les six étoiles ont un mouvement commun de translation.

Remarque. Un grand intérêt s'attache aujourd'hui à l'étude des étoiles multiples, et surtout des systèmes binaires, parce que l'observation de leurs mouvements pourra conduire un jour à une connaissance plus approfondie du système de l'univers, spécialement pour ce qui concerne la distance et même la masse des étoiles.

CHAPITRE IX

DES ÉTOILES CONSIDÉRÉES EN ELLES-MÊMES

Intensité lumineuse des étoiles. — Variabilité de certaines étoiles : étoiles variables, périodiques, temporaires. — Couleur des étoiles. — Scintillation.

L'étude des étoiles, en dehors des mouvements qu'elles possèdent, se réduit à observer : 1° L'*intensité* de leur lumière; 2° la *constance* ou la *variabilité* de cette lumière; 3° leur *couleur;* 4° leur *constitution.*

79. **Intensité lumineuse des étoiles.** — Les étoiles, même celles qu'on a rangées dans un même ordre de grandeur, sont loin d'avoir toutes la même intensité lumineuse, et il serait important de pouvoir comparer leur éclat. Malheureusement les méthodes et les appareils photométriques sont encore trop imparfaits pour donner des résultats satisfaisants. Voici pourtant, d'après certains astronomes, l'éclat relatif de quelques étoiles de première grandeur, celui de Véga étant pris pour unité.

Sirius . . .	4,30	Arcturus . .	0,79
Véga. . . .	1,00	L'Épi . . .	0,49
Rigel . . .	0,99	Béteigeuse. .	0,36
La Chèvre. .	0,82	Aldébaran. .	0,30

D'après des observations photométriques faites avec le plus grand soin par Seidel, Zœllner, etc., le pouvoir éclairant du Soleil est au moins 618 mille fois supérieur à celui de la Lune, laquelle à son tour est 27 400 fois plus brillante que α du Centaure. L'éclat de cette étoile serait donc pour nos yeux 18 billions de fois plus faible que celui du Soleil.

Ce résultat, tout hypothétique qu'il paraît, est intéressant à connaître; car il nous montre que si le Soleil était transporté dans la région du Centaure, il nous enverrait deux fois moins de lumière que l'étoile principale de cette constellation (n°s 19 et 39).

80. **Variabilité de certaines étoiles.** — L'intensité lumineuse des étoiles n'est pas toujours constante. Pour quelques-unes l'éclat varie avec le temps. Nous appelons étoiles *variables* celles qui éprouvent dans leur intensité de lentes variations dont la loi nous échappe; étoiles *périodiques*, celles dont les changements d'éclat se reproduisent régulièrement ou à peu près; étoiles *temporaires*, celles qui après une apparition soudaine ont cessé d'être visibles.

81. **Étoiles variables.** — On peut citer la 31e du Dragon, qui a passé en cent ans de la 7e à la 4e grandeur; α de la Grande Ourse qui, depuis le XVIIe siècle, est descendue de la 1re à la 2e classe; et η d'Argo, qui subit depuis 1677 d'étranges métamorphoses.

82. **Étoiles périodiques.** — Les plus curieuses sont β de Persée, ou *Algol*, qui décroît de la 2e à la 4e grandeur en moins de trois jours, et *Mira*, ou o de la Baleine, qui, secondaire pendant 15 jours, diminue par degrés, et disparaît entièrement pour ne reparaître que 10 ou 11 jours après.

La périodicité a été bien constatée pour une trentaine d'étoiles, mais la variation d'éclat n'est pas pour toutes absolument régulière. Pour certaines étoiles, comme Algol, β de la Lyre et quelques autres, il est reconnu que la durée de la période éprouve actuellement une diminution progressive. Peut-être ces astres se rapprochent-ils de nous.

Les astronomes ont essayé d'expliquer ces changements, soit par le mouvement de ces étoiles et leurs formes aplaties, soit par l'existence de grandes taches à leur surface, soit par l'interposition de satellites obscurs et de nuages cosmiques. Vraisemblablement, les variations régulières d'Algol ne sont que des occultations produites par la révolution d'un corps opaque autour de cet astre.

83. **Étoiles temporaires.** — Enfin quelques étoiles, après avoir brillé d'un certain éclat, ont disparu graduellement sans laisser de traces : ce sont les étoiles *temporaires* ou *nouvelles*. Hipparque, 125 ans avant Jésus-Christ, signalait déjà un phénomène de ce genre. Mais, sans remonter si haut, nous citerons :

En 1572, dans Cassiopée, l'étoile vue par Tycho-Brahé. D'abord plus brillante que Sirius, elle s'accrut encore jusqu'à devenir visible en plein midi ; puis, diminuant d'éclat, elle s'éteignit par degrés au bout de 17 mois.

En 1604, dans le Serpentaire, l'étoile observée par Képler ; très lumineuse au début, elle disparut en 1606.

En 1848, également dans le Serpentaire, l'étoile observée par M. Hind ; elle n'a pas été revue depuis 1850.

En 1866, dans la Couronne boréale, une petite étoile télescopique devint momentanément étincelante, puis s'éteignit bientôt après son apparition.

Enfin, une nouvelle étoile a été aperçue dans le Cygne à la fin de novembre 1876.

Quelle est la cause de ces singuliers phénomènes? Plusieurs astronomes supposent que les étoiles, soit temporaires, soit variables, pourraient bien être périodiques. D'autres se fondant sur ce qu'un gaz en ignition passe par différentes couleurs selon l'intensité du phénomène calorifique, expliquent ces apparitions et disparitions par des convulsions intérieures, peut-être des incendies dont l'existence nous serait révélée par les changements de coloration observés dans les étoiles.

84. **Couleur des étoiles.** — La lumière des étoiles présente une grande variété sous le rapport de la couleur. Étoiles blanches, rouges, orangées, verdâtres, toutes les nuances s'y rencontrent, mais la coloration est ordinairement peu tranchée.

Antarès, Bételgeuse, Arcturus, etc., sont rouges. Procyon, la Chèvre, la Polaire, sont jaunes ; Castor est verte, η de la Lyre est d'un bleu prononcé. Sirius, rouge autrefois, est aujourd'hui d'une éclatante blancheur.

L'analyse spectrale a prouvé que ces colorations variées tiennent à des différences réelles dans la nature de la lumière émise par les étoiles. Si ces astres ont, comme notre Soleil, à éclairer quelques planètes, ils doivent produire des jours diversement nuancés et de curieux effets de lumière.

85. **Scintillation.** — Dans tout ce que nous venons de dire sur la lumière des étoiles, nous avons fait abstraction de ce tremblement caractéristique connu sous le nom de *scintillation.*

La scintillation, dit Arago, résulte des *interférences* [1] pro-

---

[1] On désigne ainsi le phénomène qui se produit dans la rencontre de deux rayons lumineux et qui donne lieu quelquefois à une diminution de lumière ou même à de l'obscurité. Supposons, par exemple, qu'un rayon de Soleil vienne éclairer directement une feuille de papier blanc. Si l'on dirige sur ce papier, mais sous une inclinaison un peu différente, un second rayon solaire, il

duites par les retards différents qu'éprouvent les divers rayons lumineux dont la réunion donnerait la lumière propre de l'étoile. Comme ils traversent des couches atmosphériques diversement réfringentes, ils n'arrivent pas tous en même temps à l'œil; quelques-uns même sont détruits, et, par leur absence, déterminent ces brusques changements d'éclat, ces différentes couleurs de l'arc-en-ciel, en un mot, le phénomène de la scintillation.

Si les planètes sont en général peu scintillantes, cela tient à ce qu'elles ont un disque appréciable. Chaque point de ce disque se comporte comme une étoile, et s'il se produit pour certains points des interférences, il y a compensation par les autres points, de sorte que l'ensemble général de l'astre n'en paraît guère modifié.

Il nous reste à parler de la constitution des étoiles; cette intéressante question va être traitée dans un chapitre spécial.

---

peut arriver que les deux rayons se neutralisent réciproquement. D'où résulte ce principe de physique, en apparence paradoxal, *que de la lumière ajoutée à de la lumière peut, dans certaines circonstances, produire les ténèbres,* tout comme *du son ajouté à du son peut produire le silence, comme un mouvement ajouté à un mouvement peut amener le repos.*

CHAPITRE X

CONSTITUTION DES ÉTOILES

Différents types d'étoiles. — Perturbations intérieures. — Composition chimique des étoiles. — Les étoiles sont des soleils.

86. **Spectres stellaires.** — La nature des étoiles est restée complètement inconnue jusqu'au jour où l'analyse spectrale a mis les savants en état de lire dans chacun de ces astres quelques indices de leur intime constitution.

Toutes les étoiles qu'on a pu soumettre à l'analyse donnent des spectres du 3e ordre, c'est-à-dire des spectres *inverses*, analogues à celui du Soleil. Leur lumière émane donc d'une matière incandescente enveloppée d'une atmosphère gazeuse. Cependant, malgré cette unité de composition, les étoiles diffèrent entre elles dans leur constitution physique et chimique par quelques modifications spéciales, mais non essentielles. Le nombre et la disposition des raies obscures dans les spectres permettent de ramener les étoiles à plusieurs types bien distincts. C'est le savant P. Secchi, de Rome, qui a reconnu, le premier, ces types parmi les mondes lointains. Nous résumons ici les résultats de ses belles observations spectroscopiques confirmés depuis par les travaux de M. Lockyer en Angleterre, de Vogel en Allemagne, etc.

87. **Différents types d'étoiles.** — Malgré la diversité des nuances, les étoiles peuvent se partager très nettement en trois catégories.

1° Les astres à *lumière rouge;* ce sont les moins brillants et les moins chauds, comme α d'Hercule, β de Persée, Antarès et beaucoup d'étoiles variables.

2° Les astres à *lumière jaune*, plus lumineux et plus chauds, tels que notre Soleil, Aldébaran, la Chèvre, Procyon, etc.

3° Les astres à *lumière blanche*, très brillants et très chauds, comme Sirius, Véga, Altair, Rigel, etc.

Quelques spectres, au lieu de se rapporter nettement à l'un de ces types, semblent leur servir d'intermédiaire.

Or, l'analyse spectrale a révélé la présence, dans les étoiles du 1er type, d'un grand nombre de métaux, de métalloïdes et de combinaisons chimiques caractérisés par de larges bandes nébuleuses et des raies noires.

Dans les étoiles du 2e type, la présence de métaux est manifestée par des raies noires très fines et très serrées.

Dans les étoiles du 3e type, on ne retrouve plus que l'hydrogène et peut-être quelques métaux.

Maintenant, si l'on fait attention que la composition de la masse gazeuse d'un astre ne dépend pas seulement des éléments constitutifs de cet astre, mais aussi de sa température, on arrive logiquement aux conclusions suivantes :

Les étoiles rouges sont celles dont la température est assez peu élevée pour permettre la combinaison des substances qui composent leurs atmosphères gazeuses [1]; de là les bandes obscures de leurs spectres.

Les étoiles jaunes sont celles dont la température est déjà suffisamment élevée pour produire la dissociation de certaines substances; les métaux seuls accuseraient encore leur présence par des raies très accentuées.

Enfin les étoiles blanches sont à un tel degré de température que toutes les combinaisons et même les métaux disparaissent de leurs atmosphères; il y a donc dissociation absolue de leur substance ramenée simplement à ses éléments constitutifs, à l'hydrogène surtout.

88. **Perturbations intérieures de certaines étoiles.** — L'analyse spectrale nous tient également au courant des perturbations intérieures qui se produisent dans les étoiles variables ou temporaires, grâce aux changements incessants qui modifient les rayons qu'elles nous envoient. Bételgeuse, qui est variable, n'offre pas, quand son éclat est très vif, les mêmes raies qu'en d'autres temps. Lorsque l'étoile temporaire aperçue dans la Couronne jeta de si beaux feux en mai 1866, elle produisit deux spectres simultanés et superposés, l'un analogue à celui du Soleil et des étoiles, c'est-à-dire *inverse;* l'autre *discontinu,* signalé par des raies brillantes, au nombre desquelles se trouvaient celles de l'hydrogène.

Ce second spectre disparut quand s'évanouit l'éclat extraordinaire de l'astre. La présence du gaz hydrogène était donc accidentelle, et cette soudaine explosion de lumière, suivie de la diminution rapide de son éclat, ne peut s'expliquer que par une immense conflagration d'hydrogène produite dans l'atmosphère de l'étoile par la combinaison de ce gaz avec quelque autre élément. « Lorsque l'hydrogène a été épuisé, tout le phénomène a diminué d'intensité et l'étoile s'est éteinte rapidement. » (Huggins et Miller.)

89. **Composition chimique des étoiles.** — L'analyse spectrale a constaté, dans toutes les étoiles, l'existence d'un certain nombre des éléments chimiques qui constituent la Terre et le système solaire, tels que le calcium, le bismuth, l'antimoine, le mercure, mais surtout et le plus souvent, le fer, le sodium, le magnésium et l'hydrogène.

Il y existe, sans doute, bien d'autres substances; car il est probable que des circonstances physiques particulières et l'imperfection des instruments ont été l'unique obstacle à la découverte des éléments dont on n'a pu jusqu'ici reconnaître la présence.

L'ensemble de tous ces résultats donne un certain poids à la grande loi de l'unité de composition que l'on croit retrouver au fond de la création matérielle tout entière. Les raies jusqu'alors inconnues, qui dans les spectres stellaires semblent ne correspondre à aucune substance terrestre connue, ne prouvent rien contre cette loi; car : 1° nous ne connaissons pas tous les éléments constitutifs de notre globe, puisqu'on en découvre parfois de nouveaux; 2° nous ne connaissons pas davantage les spectres de tous les éléments révélés par l'analyse chimique. Les progrès de la science nous permettront peut-être de classer un jour les substances aujourd'hui rebelles au nombre des corps simples terrestres.

---

[1] Les spectres inverses n'étant produits que par des corps incandescents dont la lumière a traversé un gaz ou une vapeur, on admet qu'une atmosphère gazeuse enveloppe le noyau ou la partie centrale des étoiles.

90. **Les étoiles sont des soleils.** — Plusieurs considérations conduisent à regarder le Soleil comme une étoile, et, par analogie, les étoiles comme des Soleils semblables au nôtre.

1° Les étoiles sont lumineuses par elles-mêmes comme le Soleil; car, vu la grande distance, une lumière d'emprunt s'éteindrait avant d'arriver jusqu'à nous, puisque les rayons solaires réfléchis par les dernières planètes de notre système n'atteignent plus déjà le globe que nous habitons.

2° Transporté dans la région moyenne des étoiles de 1re grandeur, entre Sirius et Véga, par exemple, le Soleil ne serait plus pour nous qu'un point lumineux à peine visible, une toute petite étoile de 6e grandeur.

3° Les étoiles ne sont pas fixes, mais obéissent à des mouvements propres; de même le Soleil n'est pas fixe dans l'espace, il a un mouvement de translation bien constaté.

4° Il existe des sytèmes d'étoiles multiples dans lesquels les astres les plus petits tournent autour des moyens et ceux-ci autour de l'étoile principale. N'est-ce pas là précisément la combinaison des mouvements présentés par le système solaire, dans lequel les planètes entraînent leurs satellites en circulant autour du Soleil ?

5° Il y a des étoiles dont l'éclat varie périodiquement. Or, de récentes et curieuses observations portent les astronomes à assimiler le Soleil à une étoile périodique, pour laquelle se produisent un maximum et un minimum d'éclat dus à des taches plus ou moins grandes, qui envahissent régulièrement le disque solaire dans un intervalle d'à peu près onze ans.

6° Les observations spectrales nous apprennent que la nature des étoiles n'est pas essentiellement différente de celle du Soleil. Le spectre des étoiles du 2e type, en particulier, rappelle en tout celui du Soleil. Ce sont les mêmes raies dominantes, c'est la même composition chimique. Le Soleil n'est donc en réalité qu'une étoile jaune de 6e grandeur.

Tout porte donc à croire que les étoiles sont autant de soleils situés dans l'espace, autour desquels gravitent très probablement des satellites invisibles pour nous, de même que la Terre est invisible à la distance des étoiles.

LIVRE III

LE SOLEIL

Le Soleil, *étoile suspendue parmi les étoiles*, est le centre des mouvements de toutes les planètes; c'est donc par lui qu'il convient de commencer l'étude du système solaire.

Après avoir déterminé sa parallaxe, sa distance et ses dimensions, nous examinerons ses mouvements apparents; puis nous étudierons l'astre en *lui-même*, c'est-à-dire dans ses mouvements réels, dans sa constitution physique et chimique et dans sa puissance rayonnante.

CHAPITRE I

PARALLAXE ET DISTANCE DU SOLEIL

Parallaxe des astres du système solaire. — Parallaxe horizontale et de hauteur. — Détermination de la parallaxe solaire par le passage de Vénus. — Distance du Soleil à la Terre. — Dimensions, masse et densité du Soleil; pesanteur à sa surface.

91. **Parallaxe des astres du système solaire.** — Le rayon de la Terre, trop petit pour servir à la détermination de la distance des étoiles (35), est suffisamment grand pour donner une parallaxe appréciable au Soleil et aux planètes. La parallaxe d'un astre se définit alors, l'*angle sous lequel, du centre de cet astre, on verrait le rayon terrestre.*

La parallaxe varie avec la distance zénithale de l'astre au moment de l'observation. Elle atteint son maximum quand la distance zénithale est égale à 90°, c'est-à-dire quand l'astre, situé dans le plan de l'horizon, voit de face le rayon de la Terre. Alors la parallaxe est dite *horizontale;* pour toute autre position de l'astre, elle s'appelle *parallaxe de hauteur* (comparer p et P, fig. 42).

Quand on connaît la parallaxe de hauteur, on obtient par le calcul la parallaxe horizontale, qui sert à mesurer la distance d'un astre à la Terre; la trigonométrie fournit cette relation très simple entre l'une et l'autre parallaxe, $p = P \sin. z$.

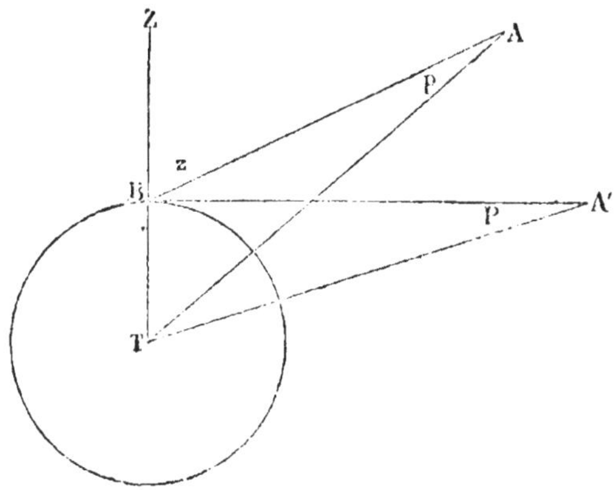

Fig. 42.

En effet, représentons par p la parallaxe de hauteur BAT (fig. 42), par r le rayon terrestre, par d la distance AT de l'astre au centre de la Terre, et par z la distance zénithale ZBA.

Le triangle BAT donne $$\frac{r}{\sin. p} = \frac{d}{\sin. z}$$

d'où $$\sin. p = \frac{r}{d} \sin. z$$

Comme p est toujours très petit, on peut remplacer le sin. p par l'arc et l'on a : $$p = \frac{r}{d} \sin. z \qquad (1)$$

Or, lorsque $z = 90°$, $\sin. z = 1$, la parallaxe devient horizontale, et, en la désignant par P, l'on a : $$P = \frac{r}{d} \qquad (2)$$

Et si l'on remplace dans la relation (1) $\frac{r}{d}$ par sa valeur P, il vient :

$$p = P \sin. z \qquad (3)$$

92. Détermination de la parallaxe horizontale d'un astre. — Voici une méthode purement théorique qui fera comprendre à chacun la possibilité de mesurer la parallaxe d'un astre.

Supposons sur un même méridien terrestre deux observateurs B et C éloignés en latitude de 60° (fig. 43). La corde sous-tendant l'arc BC du méridien, est égale au rayon terrestre, et comme l'arc est vu de face ou à peu près par l'astre A, l'angle BCA est sensiblement égal à la parallaxe cherchée.

Cela posé, les deux observateurs, à l'instant précis du passage de l'astre à leur méridien commun, détermineront les distances zénithales ZBA, Z'CA (complémentaire des hauteurs). Les suppléments de ces distances zénithales feront connaître les deux angles B et C du quadrilatère ABTC. Or, on en connaît déjà l'angle T = 60°. Donc trois angles du quadrilatère étant déterminés, on aura A ou la parallaxe cherchée

$$= 360^\circ - (B + C + T).$$

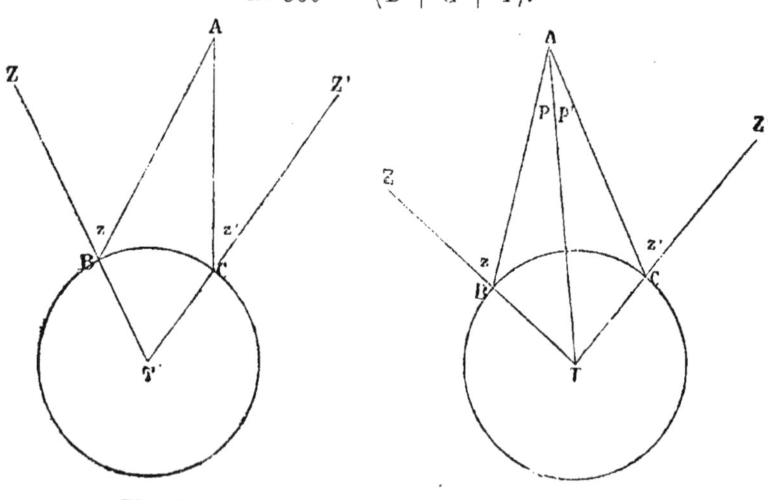

Fig. 43. Fig. 44.

93. Plus scientifiquement, voici comment on opère. Soient nos deux observateurs placés en B et en C sur le même méridien, à une distance quelconque l'un de l'autre, mais suffisamment grande pour produire un effet de parallaxe. Admettons qu'ils prennent simultanément les distance zénithales z et z' de l'astre à l'instant de son passage au méridien. Les parallaxes de hauteur sont à ce moment $p = \text{BAT}$ et $p' = \text{CAT}$ (fig. 44).

L'angle BTC $= l$ est évidemment égal à la distance en latitude des deux lieux d'observation.

Or, z et z' étant des angles extérieurs aux triangles ABT et ACT, nous pouvons poser :

$$p = z - \text{BTA}$$
$$p' = z' - \text{CTA}$$

d'où $$p + p' = z + z' - (\text{BTA} + \text{CTA}) = z + z' - l \qquad (4)$$

Mais en vertu de la formule (3) précédemment établie, nous avons :

$$p = \text{P sin. } z \quad \text{et} \quad p' = \text{P sin. } z'$$

et, par suite, $$p + p' = \text{P}(\text{sin. } z + \text{sin. } z')$$

Alors la relation (4) peut s'écrire :

$$\text{P}(\text{sin. } z + \text{sin. } z') = z + z' - l$$

d'où $$\text{P} = \frac{z + z' - l}{\text{sin. } z + \text{sin. } z'} \qquad (5)$$

formule dans laquelle tout est connu dans le 2e membre.

94. Détermination de la parallaxe solaire par le passage de Vénus. — C'est par la méthode précédente qu'on a déterminé la parallaxe de la Lune, de Mars, de Vénus, etc. On pourrait à la rigueur l'appliquer aussi au Soleil, mais on préfère employer des procédés plus sûrs et plus parfaits. La parallaxe du Soleil peut être déduite par deux méthodes : « l'une géométrique, dit M. Leverrier, la méthode du passage de Vénus; l'autre mécanique, reposant sur les inégalités considérables du mouvement de Mars, par exemple. La méthode des passages doit céder fatalement la place à la méthode des perturbations, dont l'exactitude va sans cesse en s'accroissant avec le temps. » Nous n'avons à nous occuper que de la première méthode.

Vénus étant une planète inférieure passe dans chacune de ses révolutions entre le Soleil et la Terre. Si elle se trouve alors dans le voisinage de l'écliptique, à peu près sur la ligne droite qui unit le centre du Soleil au centre de notre globe, on la voit se projeter sur le disque solaire qu'elle traverse sous la forme d'un point noir, en décrivant une corde plus ou moins longue.

Les passages de Vénus se calculent comme ceux d'une éclipse de Soleil, car ce sont deux phénomènes parfaitement semblables; et l'on détermine avec une précision mathématique les différentes particularités d'un passage pour un lieu donné de la Terre, principalement l'instant de l'entrée et celui de la sortie de la planète.

Donnons maintenant un aperçu de la méthode que l'on emploie.

L'observation consiste à déterminer, de deux points de la Terre le plus éloignés possible, le temps que Vénus met à traverser le disque solaire de l'est à l'ouest. Ce temps est assez considérable, mais différent aux deux stations, et cette différence sert précisément à obtenir la parallaxe horizontale du Soleil.

Pour simplifier, faisons abstraction des mouvements de notre globe et supposons deux observateurs placés aux extrémités du diamètre perpendiculaire au plan de l'écliptique. Soient donc S le Soleil, T la Terre et V la planète Vénus (fig. 45).

Lors du passage de Vénus, les deux observateurs A et B lui verront décrire les deux cordes différentes cd et eg, et comme le mouvement angulaire de Vénus est parfaitement connu, de même que le diamètre apparent du Soleil, ils pourront, par l'évaluation des temps du passage, mesurer les cordes décrites et calculer la distance angulaire ab. Cela posé, les triangles semblables AVB et $a\mathrm{V}b$ donnent la relation $\frac{ab}{\mathrm{AB}}=\frac{a\mathrm{V}}{\mathrm{AV}}$. (1)

Mais, sans connaître les distances *absolues* du Soleil à la Terre et à Vénus, la 3e loi de Képler (10) nous permet de calculer le rapport de ces distances, en comparant les temps bien connus

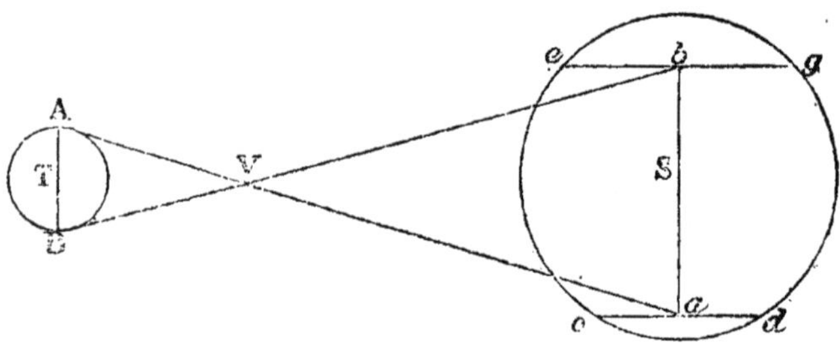

Fig. 45.

des révolutions de ces deux planètes, et l'on trouve que la distance AS du Soleil à la Terre étant 1, celle de Vénus au même astre est 0,723, de sorte qu'il reste pour la distance de Vénus à la Terre $1 - 0{,}723 = 0{,}277$. La relation (1) peut donc s'écrire :

$$\frac{ab}{2r} = \frac{723}{277}, \quad \text{d'où} \quad ab = \frac{2r \times 723}{277} = 5{,}22r.$$

Donc, l'angle sous lequel on verrait du Soleil le rayon terrestre, c'est-à-dire la parallaxe solaire, est égal au 5e environ de la distance des deux cordes, distance que l'on sait déterminer avec précision; en un mot, $r = \frac{ab}{5{,}22}$.

Remarque. Il n'est nullement nécessaire, et ce serait d'ailleurs peu réalisable dans la pratique, que les observateurs soient placés sur un diamètre ou sur une corde perpendiculaire à l'écliptique. Quelles que soient les positions choisies, le calcul permet toujours de ramener les résultats obtenus à ce qu'ils auraient été dans notre première hypothèse.

95. **Valeur de la parallaxe solaire.** — Cet ingénieux procédé est dû à l'astronome Halley (XVIIe siècle). Mais les passages de Vénus étant très rares (16 en mille ans), on n'a pu en observer jusqu'ici que trois ou quatre pour la détermination de la parallaxe solaire. Les observations du siècle dernier, faites avec des instruments peu parfaits et discutées de manières différentes, ont fourni des résultats assez discordants, puisqu'elles ont fixé la parallaxe entre 8",88 et 8",50. Aussi le monde savant attendait-il avec impatience un nouveau passage qui, observé à l'aide des instru-

ments perfectionnés de l'astronomie moderne, ferait disparaître cette incertitude de près de 0,4 de seconde.

Ce passage a eu lieu le 8 décembre 1874. Le résultat des observations discutées jusqu'ici donne 8″,879 pour la parallaxe solaire moyenne. Cette valeur diffère bien peu, soit du nombre 8″,855, déduit par Newcomb des diverses observations faites en 1862 sur la planète Mars, soit du nombre 8″,86 obtenu d'une part par une nouvelle discussion des observations de 1769, et d'autre part par les calculs de Foucault sur la vitesse de la lumière (voir nº 97). Ce nombre 8″,86 représentant également la moyenne des valeurs que Leverrier a déduites de la théorie des perturbations planétaires, nous l'adopterons comme le plus probable, jusqu'à ce que le prochain passage de Vénus, en 1882, ait fixé définitivement la valeur de la parallaxe moyenne du Soleil.

96. Effet de la parallaxe des astres sur leur hauteur apparente. — Dans l'étude du mouvement des astres autres que les étoiles, il est nécessaire de ramener l'observation des distances zénithales à ce qu'elles seraient si l'observateur était au centre de la Terre, afin de les rendre comparables entre elles.

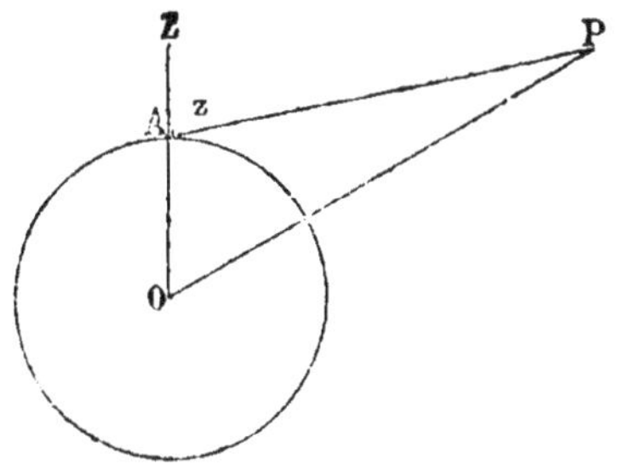

Fig. 46.

On voit, en effet (fig. 46), que la distance zénithale de l'astre P, observée du point O, n'est plus PAZ comme pour le lieu A, mais seulement POZ ou $z-p$. Donc il faut retrancher de toutes les distances zénithales observées une quantité égale à la parallaxe de hauteur à l'instant de l'observation, laquelle parallaxe se calcule par la formule $p = P \sin. z$.

La parallaxe produit ainsi sur la position apparente des astres un effet contraire à celui de la réfraction : celle-ci augmente, celle-là diminue leur hauteur.

97. Distance du Soleil à la Terre. — En remplaçant R par le rayon terrestre r dans la formule (b) du nº 37, nous aurons

$$d = \frac{648\,000 r}{\pi \times 8'',86} = 23\,280 r.$$

Ainsi la distance moyenne du Soleil est égale à 23 280 rayons terrestres, ce qui fait, puisque $r = 6\,377$ kil. (7), 37 114 000 lieues [1].

Remarque. En partant du phénomène de l'aberration et de la vitesse du rayon lumineux calculée sans le secours d'observations astronomiques, on a

[1] Un train express parcourant 60 kilomètres à l'heure mettrait près de trois siècles pour atteindre le Soleil.

trouvé que la vitesse de la Terre sur son orbite est de 7 lieues 386 par seconde. Or le produit de 7,386 par le nombre de secondes contenu dans une révolution complète de la Terre autour du Soleil représente évidemment la longueur de l'orbite terrestre. Donc en divisant cette longueur par 2π, on obtient le rayon de l'orbite, ou la distance moyenne du Soleil à la Terre. Le nombre que l'on trouve étant le même que celui qui résulte de la parallaxe 8'',86, c'est une forte probabilité de plus en faveur de la valeur que nous adoptons pour la parallaxe moyenne du Soleil.

98. **Dimensions du Soleil.** — Les diamètres réels de deux astres sont entre eux comme leurs diamètres apparents, c'est-à-dire comme les angles sous lesquels on les voit à la même distance.

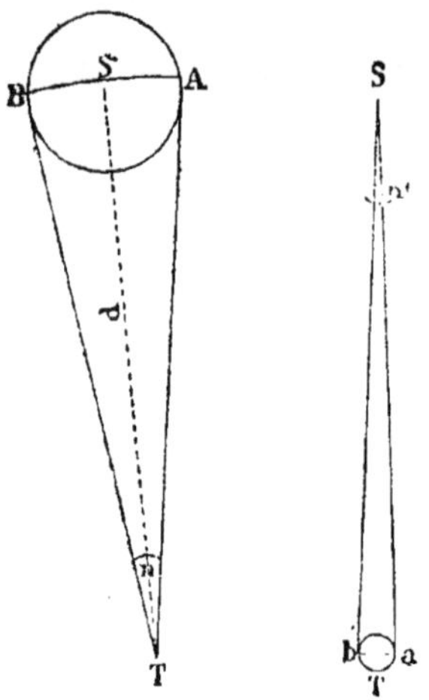

Fig. 47.

En effet, les angles ATB, *a*SB (fig. 47), qui mesurent les diamètres apparents du Soleil, sont assez petits pour que les arcs BA et *ba* puissent se confondre avec leurs cordes ou avec les diamètres réels des deux astres. Si donc nous désignons BA et *ba* par 2R et $2r$, la distance ST ou S*b* par d, les angles ATB et *a*S*b* par n et n', nous aurons :

$$1^{\circ}\ 2R = \frac{2\pi dn}{360} \quad \text{et} \quad 2^{\circ}\ 2r = \frac{2\pi dn'}{360}$$

d'où, en divisant membre par membre, l'on obtient :

$$\frac{2R}{2r} = \frac{n}{n'}$$

Or nous dirons bientôt (110) que le diamètre apparent moyen du Soleil vu de la Terre est égal à 32'3'',25 ou 1923'',25. Celui de la Terre vue du Soleil étant le double de la parallaxe, nous poserons la proportion $\frac{2R}{2r} = \frac{R}{r} = \frac{1\,923'',25}{17'',72} = 108,535.$

Ainsi le rayon solaire vaut plus de 108 fois le rayon terrestre.

Par suite, en désignant par S et s, V et v les surfaces et les volumes du Soleil et de la Terre, on aura :

$$S = (108,53)^2 = 11\,780\ s.$$
$$V = (108,53)^3 = 1\,278\,500\ v.$$ [1]

[1] Le volume de la Terre est à celui du Soleil comme un grain de blé est au tas formé par tous les grains contenus dans 13 décalitres ; ou bien encore comme le volume d'une pièce de 20 centimes en argent est à celui de plus de 50 000 pièces de 5 francs du même métal. Si le centre de cet astre venait un instant à coïncider avec celui de la Terre, le rayon du Soleil irait non seulement jusqu'à la Lune, éloignée de 96 000 lieues, mais une fois au delà.

99. **Masse du Soleil.** — L'attraction, à la même distance, étant proportionnelle aux masses, il suffit, pour déterminer le rapport des masses du Soleil et de la Terre, de calculer l'énergie de leurs attractions réciproques, et l'on trouve que la masse du Soleil vaut plus de 325 000 fois celle de la Terre.

En effet, 1° la force attractive de la Terre est de $4^m,9$ à la surface du globe, c'est-à-dire à la distance r; donc, à la distance du Soleil, elle égale

$$\frac{4,9}{23\,280^2} = 0^{mm},000\,009$$

2° Pour évaluer la force attractive du Soleil sur la Terre, nous recourrons à la méthode qui nous a déjà servi précédemment à calculer l'action de la Terre sur son satellite (15). Sachant donc que la durée de la révolution de notre globe autour du Soleil est de 365 jours 256, la formule (*a*) du n° 15 nous donnera :

$$f = \frac{2\pi^2 R}{t^2} = \frac{2\pi^2 \times 23\,280 \times 6\,377^k}{(365,256 \times 86\,400^s)^2} = 2^{mm},941$$

On aura donc finalement $\dfrac{M}{m} = \dfrac{2,941}{0,000\,009} = 325\,200$

Donc la masse du Soleil vaut plus de 325 000 fois celle de la Terre.

100. **Densité du Soleil.** — La densité d'un corps est la quantité de matière qu'il renferme sous l'unité de volume; en d'autres termes, c'est le rapport de sa masse à son volume, $D = \dfrac{M}{V}$.

Par conséquent, la densité du Soleil comparée à celle de la Terre égale $\dfrac{325\,200}{1\,278\,500} = 0,254$ ou à peu près $1/4$.

Or la densité moyenne de la Terre étant 5,56, celle du Soleil est 1,40, c'est-à-dire que la matière solaire est un peu plus dense que l'eau.

101. **Pesanteur à la surface du Soleil.** — La pesanteur ou l'attraction à la surface d'un astre est proportionnelle à la masse et inversement proportionnelle au carré de la distance au centre de l'astre attirant. La pesanteur à la surface du Soleil est donc exprimée par le nombre $\dfrac{325\,200}{108,53^2} = 27,6$; c'est-à-dire que le poids et la vitesse de chute sur le Soleil sont 27 fois plus forts que sur notre globe.

CHAPITRE II

MOUVEMENTS APPARENTS DU SOLEIL

Mouvement diurne et mouvement annuel. — Variations du Soleil en ascension droite et en déclinaison. — Quelques définitions : équinoxes, solstices, tropiques, etc. — Détermination du point vernal.
Nature de la trajectoire apparente du Soleil. — Vérification des deux premières lois de Képler par le mouvement du Soleil. — Excentricité de l'orbite.

102. **Mouvement apparent du Soleil.** — 1° Par suite de la rotation de la Terre, le Soleil participe au mouvement diurne des étoiles. Nous le voyons chaque jour se lever à l'orient, traverser le méridien et se coucher à l'occident.

2° Le Soleil paraît en outre animé d'un autre mouvement qui s'exécute de l'ouest à l'est en sens inverse du mouvement diurne, et qui est une conséquence de la translation terrestre. Aussi s'accomplit-il dans une période de temps que nous appelons année.

Pour reconnaître ce mouvement, il suffit de constater les variations sucessives de la distance angulaire du Soleil aux étoiles, et le retard quotidien qu'il éprouve sur elles à son passage au méridien.

103. **Mouvement apparent du Soleil en ascension droite et en déclinaison. — Écliptique.** — Si l'on observe, durant un certain nombre de jours l'ascension droite et la déclinaison du Soleil, on trouve que ces deux coordonnées varient continuellement. L'ascension droite passe par toutes les valeurs successives de 0° à 360°, pendant que la déclinaison éprouve les variations suivantes.

Nulle vers le 21 mars, alors que le Soleil parcourt la circonférence équatoriale EE′ (fig. 48), la déclinaison devient ensuite boréale, et elle atteint son maximum $s'E'$ le jour où le soleil décrit le parallèle ss', ce qui arrive le 21 juin.

A partir de cette époque, la déclinaison diminuant successivement jusqu'à 0°, le Soleil passe de nouveau à l'équateur en septembre; puis il descend dans l'hémisphère austral jusqu'à ce que la déclinaison atteigne un second maximum SE vers le 21 décembre. Enfin le Soleil rétrograde vers l'équateur, où sa déclinaison redevient nulle à l'expiration de l'année solaire, c'est-à-dire le 21 mars.

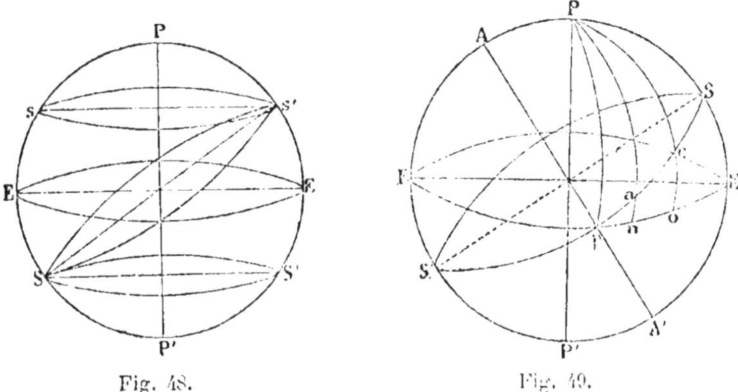

Fig. 48. Fig. 49.

Si donc, à l'aide des instruments nécessaires, nous mesurons jour par jour les coordonnées du centre du Soleil [1] à l'instant de son passage au méridien, et que nous marquions sur un globe (fig. 49) la suite des positions γ, *a*, *c*, *s* ainsi déterminées, nous reconnaîtrons qu'elles appartiennent toutes à un grand cercle incliné sur l'équateur d'environ 23° 27'.

Donc le Soleil paraît décrire, d'occident en orient, dans le cours d'une année, la circonférence d'un grand cercle oblique à l'équateur.

Ce grand cercle porte le nom d'*écliptique,* parce qu'il faut, comme nous le verrons plus tard, que la Lune se trouve dans son plan ou dans le voisinage, pour qu'il y ait éclipse.

L'angle de 23° 27', qui est en résumé le maximum de la déclinaison du Soleil, s'appelle *obliquité de l'écliptique.* Cet angle est soumis à de très lentes variations.

L'axe PP' de l'équateur et l'axe AA' de l'écliptique font entre

---

[1] Comme le disque du Soleil est circulaire, la demi-somme des déclinaisons du bord supérieur et du bord inférieur, corrigées de la réfraction et de la parallaxe, représente la déclinaison du centre de l'astre. De même on obtient l'ascension droite du centre en prenant la demi-somme des ascensions droites des bords occidental et oriental.

eux, comme les cercles auxquels ils sont perpendiculaires, un angle de 23° 27′.

Remarque. Du mouvement diurne combiné avec le mouvement annuel, il résulte que le Soleil ne décrit pas chaque jour des courbes rigoureusement parallèles, mais plutôt des courbes légèrement obliques à l'équateur, comme sont par rapport à l'horizon les filets d'une vis dont l'axe est vertical.

104. **Équinoxes, solstices, saisons.** — L'écliptique coupe l'équateur suivant un diamètre γγ′ (fig. 50), dont l'extrémité γ s'appelle l'*équinoxe de printemps*, et γ′ l'*équinoxe d'automne* (*æqua nox*).

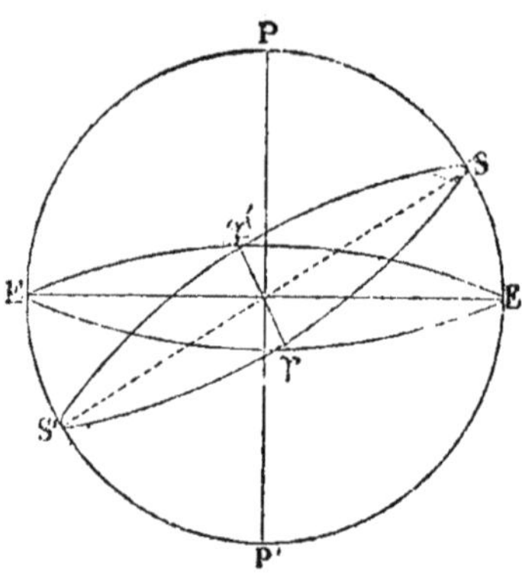

Fig. 50.

Les extrémités du diamètre SS′ se nomment les *solstices* (*sol stat*) ; le solstice d'*été* S est (pour nous), dans l'hémisphère boréal ; et le solstice d'*hiver* S′, dans l'hémisphère austral.

Le mouvement annuel du Soleil s'effectuant dans le sens direct, ses passages aux quatre points que nous venons de nommer, se font dans l'ordre suivant : *équinoxe de printemps, solstice d'été, équinoxe d'automne, solstice d'hiver*. De là les quatre périodes ou *saisons* de l'année.

105. **Détermination du point vernal.** — Le point vernal dont nous avons fait (58) l'origine des ascensions droites, n'est autre chose que le point équinoxial du printemps. Son passage au méridien marque le commencement du jour sidéral.

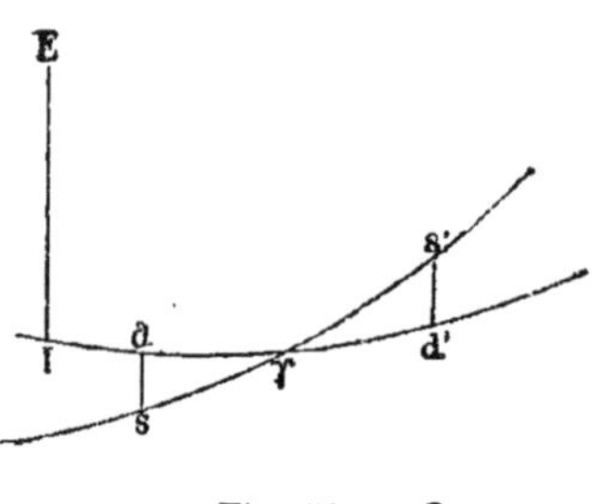

Fig. 51.

Tant que la position du point vernal n'est pas connue, on peut prendre pour origine provisoire des ascensions droites le cercle de déclinaison d'une étoile E ; ensuite il est facile d'obtenir le point γ (fig. 51).

En effet, supposons qu'au midi du 20 mars la déclinaison du Soleil soit encore australe, tandis que le lendemain elle est boréale. Dans l'intervalle le Soleil aura traversé l'équateur. Or le point I étant l'origine provisoire des ascensions droites, soient Id et Id' les deux ascensions droites observées, ainsi que sd et $s'd'$ les deux déclinaisons.

Les deux triangles $s\gamma d$ et $s'\gamma d'$, sensiblement rectilignes, sont semblables, de sorte que le point γ divise l'arc dd', ou la différence des ascensions droites, en deux parties proportionnelles aux déclinaisons sd et $s'd'$. En ajoutant la valeur de $d\gamma$ ainsi calculée à l'ascension droite Id déjà connue, on obtient l'arc Iγ, qui détermine la position du point vernal.

On peut calculer de même l'instant précis de l'équinoxe. Soient t le temps qui sépare les deux observations, et $d + d'$ la variation de déclinaison dans le même temps; le mouvement sensiblement uniforme du Soleil nous permettra de poser cette proportion :

$$\frac{x}{t} = \frac{d}{d + d'}, \quad \text{d'où} \quad x = \frac{td}{d + d'}$$

Il ne restera plus qu'à ajouter ce temps x à l'heure sidérale de la première observation, pour avoir l'heure du passage du Soleil à l'équateur.

106. **Tropiques, cercles polaires, colures.** — On appelle *tropiques* les deux parallèles SS, S'S' (fig. 52), que le Soleil semble décrire aux époques du solstice (τρέπω, retourner). Celui d'été s'appelle tropique du *Cancer:* celui d'hiver, tropique du *Capricorne.*

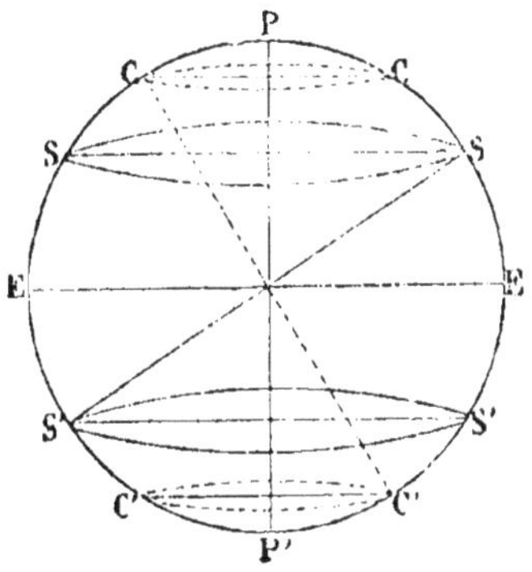

Fig. 52.

On donne le nom de cercles *polaires* aux deux parallèles passant par les pôles C et C' de l'écliptique, à 23° 1/2 de l'axe du monde. Celui de l'hémisphère boréal est le cercle polaire *arctique*, l'autre est le cercle polaire *antarctique.*

Enfin les *colures* sont deux cercles de déclinaison perpendiculaires entre eux et qui passent l'un par les équinoxes, l'autre par les solstices.

107. **Zodiaque.** — C'est une zone de la sphère céleste s'étendant à 8° 1/2 de part et d'autre de l'écliptique. Les anciens ont partagé cette zone en 12 parties appelées *signes* et portant les noms des constellations zodiacales correspondantes (33).

Ces douze signes, de 30° chacun, étaient autant de repères marquant de mois en mois la route suivie par le Soleil dans sa course annuelle. Le signe du Bélier contenait le point vernal. Aujourjourd'hui les signes du zodiaque (ζώδιον, petit animal marquant les constellations), ne correspondent plus aux constellations de même nom. Nous en verrons la raison plus loin.

108. **Nature de la trajectoire apparente du Soleil.** — Il ne faudrait pas conclure de ce qui précède que la courbe décrite par le

Soleil est une circonférence de cercle ; car l'écliptique, bien que représentant la trajectoire apparente de l'astre, n'est après tout que la *perspective sphérique* de la courbe véritable; en d'autres termes, c'est le grand cercle suivant lequel le plan de cette courbe coupe la sphère céleste.

L'orbite apparente du Soleil est en réalité une *ellipse;* pour reconnaître ce fait, il faut tenir compte de deux éléments nouveaux, la *vitesse angulaire* et le *diamètre apparent.*

109. **Vitesse angulaire.** — Si, à deux midis consécutifs, on mène des rayons visuels aux positions du centre du Soleil, l'angle *sOs* (fig. 53) marque sa vitesse angulaire ou son déplacement sur l'écliptique.

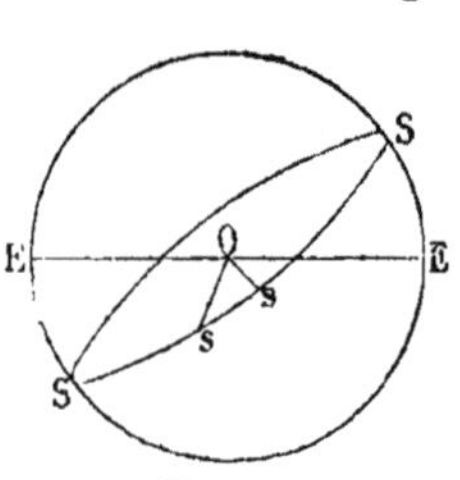

Fig. 53.

Or, si l'on mesure jour par jour cette vitesse angulaire, on reconnaît qu'elle n'est pas constante. Sa valeur, qui est en moyenne de 59′ environ, a un maximum de 1° 1′ 10″, et un minimum de 57′ 12″.

110. **Diamètre apparent.** — Le diamètre apparent d'un objet est l'angle sous lequel on voit son diamètre réel. Ainsi le diamètre apparent du Soleil S, vu de la Terre T, est l'angle ATB formé par les tangentes au disque (fig. 54).

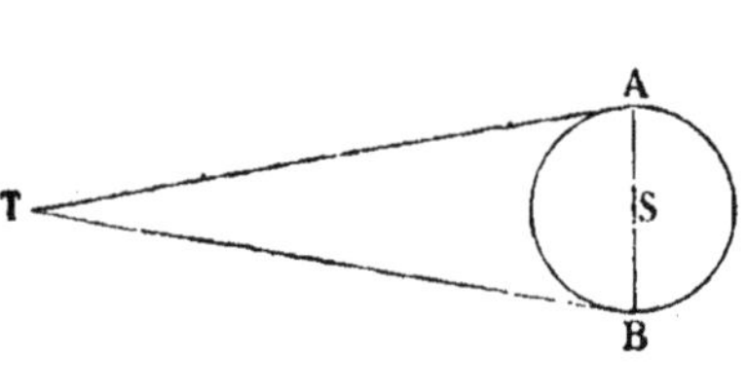

Fig. 54.

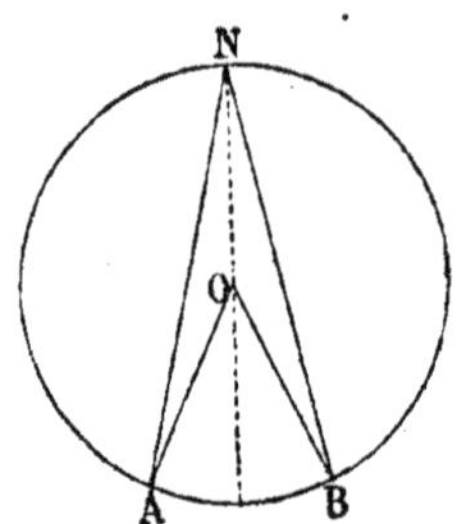

Fig. 55.

Les diamètres apparents sont en raison inverse des distances. En effet, l'arc AB (fig. 55), selon qu'il est vu de O, ou de N à une distance double, correspond à un angle deux fois plus grand dans un cas que dans l'autre (angle au centre et angle inscrit). Or, bien que le diamètre apparent d'un objet soit la corde, et non l'arc de l'angle optique, il est toujours permis, pour les objets situés à de grandes distances, comme les corps célestes, de confondre l'arc avec sa corde.

En déterminant tous les jours le diamètre apparent du Soleil, on trouve qu'il n'est pas constamment le même. Il varie entre un maximum de 32′35″,5, et un minimum de 31′31″, ce qui donne une valeur moyenne de 32′3″,25.

111. **L'orbite solaire n'est pas une circonférence.** — Si le Soleil était toujours à la même distance de la Terre, c'est-à-dire si son orbite apparente était une circonférence, sa vitesse angulaire et son diamètre apparent seraient invariables. Or, nous venons de voir qu'il n'en est pas ainsi; donc l'orbite solaire n'est pas une circonférence. Essayons maintenant de reconnaître la nature de cet orbite.

112. **Vérification de la 1re loi de Képler.** — En portant sur le papier des angles v, v', v''... (fig. 56), égaux aux différentes vitesses angulaires du Soleil, et des longueurs OP, OC..., OA..., inversement proportionnelles aux divers diamètres apparents; en réunissant ensuite les extrémités des lignes par un trait continu, on obtient une courbe semblable à la trajectoire apparente du Soleil, laquelle n'est autre chose qu'une ellipse.

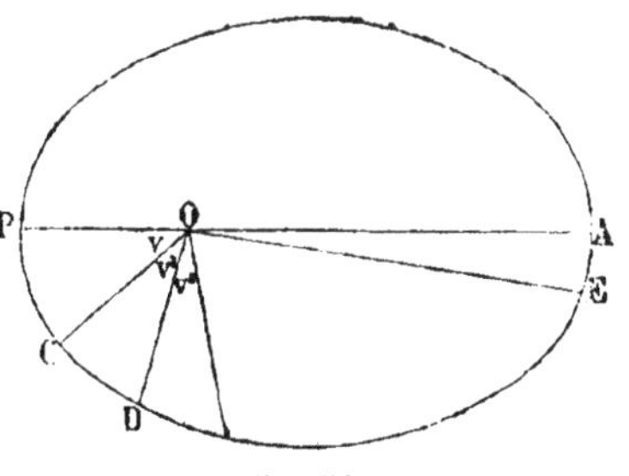

Fig. 56.

Le Soleil paraît donc décrire une *ellipse dont la Terre occuperait un des foyers;* ce qui revient à la 1re loi de Képler.

C'est aux extrémités du grand axe AP que le diamètre apparent du Soleil atteint sa plus grande et sa plus petite valeur. Le sommet A, où la distance entre le Soleil et la Terre est maximum, s'appelle *apogée* (ἀπό, γῆ, loin de la Terre), et l'autre P, où cette distance est minimum, s'appelle *périgée* (περί, γῆ, près de la Terre). Quand on se place dans la réalité, et non dans l'apparence du phénomène, on emploie les termes d'aphélie et de périhélie (10).

113. **Vérification de la 2e loi de Képler.** — En comparant les vitesses angulaires du Soleil aux diamètres apparents correspondants, on trouve que les vitesses angulaires varient proportionnellement au carré des diamètres apparents, et par suite en raison inverse du carré des distances des deux astres, ce que nous pouvons exprimer par l'égalité $\frac{v}{v'} = \frac{d'^2}{d^2}$, ($d$ et d' marquant les distances); d'où $vd^2 = v'd'^2$.

Or, soient les arcs PC et AE (fig. 56) décrits dans le même temps par le Soleil au périgée et à l'apogée, alors que ses distances mesurées par les rayons vecteurs OP et OA sont d et d'. Ces arcs sont sensiblement circulaires, surtout si l'unité de temps adoptée est assez petite. La formule géométrique du secteur circulaire nous donne alors :

$$\text{POC} = \frac{\pi v d^2}{360}, \text{ et AOE} = \frac{\pi v' d'^2}{360}.$$

Mais $vd^2 = v'd'^2$; donc POC = AOE; donc les rayons vecteurs du Soleil *décrivent des aires égales en des temps égaux.*

Remarque. Il est évident, d'après cela, que les arcs décrits en temps égaux ne sont pas égaux. Par conséquent la vitesse du Soleil augmente ou diminue, selon qu'il se rapproche de la Terre ou qu'il s'en éloigne. De là l'inégalité des jours solaires et des saisons.

114. **Excentricité de l'orbite solaire.** — Il nous reste encore, pour mieux déterminer la *forme* de l'ellipse décrite par le Soleil, à faire connaître son excentricité, c'est-à-dire le rapport entre le demi-grand axe et la distance du foyer au centre de la courbe.

On trouve par le calcul que l'excentricité de l'orbite solaire est égale à $\frac{1}{60}$, valeur assez faible pour que cette ellipse se rapproche beaucoup d'un cercle. Il en résulte cependant que le Soleil, quand il passe au périgée vers le solstice d'hiver, est d'un million de lieues plus rapproché de la Terre qu'à l'apogée six mois plus tard.

Déterminer l'excentricité d'une ellipse, c'est mesurer le rapport $\frac{c}{a} = e$.

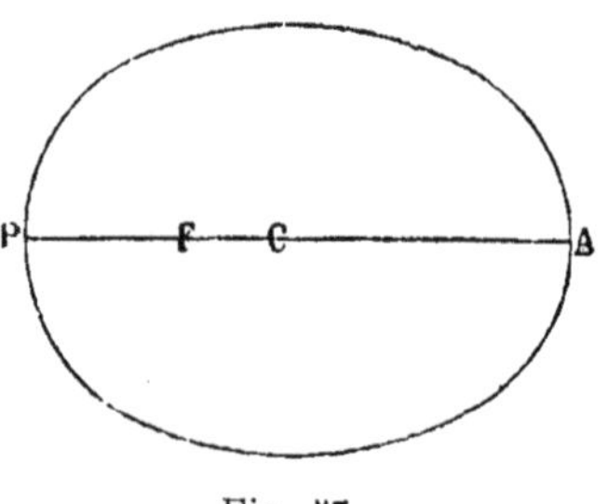

Fig. 57.

Dans l'ellipse ci-contre figurant l'orbite solaire, la distance apogée $FA = a + c$, et la distance périgée $FP = a - c$. Si nous appelons D et d les diamètres apparents maximum et minimum, nous pourrons poser : $\frac{D}{d} = \frac{a+c}{a-c}$; mais $c = ae$,

on a donc $\frac{D}{d} = \frac{a+ae}{a-ae} = \frac{1+e}{1-e}$

d'où $e = \frac{D-d}{D+d}$

Remplaçant D et d par leur valeur (110) et effectuant les calculs, on trouve $e = 0{,}0168$ ou $1/60$ à peu près.

La connaissance de l'excentricité permet de vérifier *à posteriori*, et d'une manière plus précise, que l'orbite solaire est une ellipse.

CHAPITRE III

MOUVEMENTS RÉELS DU SOLEIL

Taches du Soleil, leur périodicité, leur nature. — Rotation du Soleil. — Sa translation dans l'espace.

115. Taches, facules et lucules. — Pour étudier le Soleil en lui-

Fig. 58. — Tache du Soleil, observée par le P. Secchi, avec noyau, pénombre, lucules et facules.

même, il faut d'abord examiner ses taches. Il y en a de deux sortes, les taches noires et les taches lumineuses (fig. 58).

1° Les *taches noires,* quand elles ne sont pas de simples points obscurs, sont formées d'une partie centrale, le *noyau,* et d'une zone extérieure beaucoup moins noire, la *pénombre.* Noyau et pénombre sont limités par des contours bien nets.

2° Outre les taches proprement dites, il en est d'autres qui sont brillantes et lumineuses; on les appelle *facules.*

Enfin, le Soleil, même dans la portion que ne recouvrent pas les taches, ne présente jamais un éclat uniforme, mais bien une apparence irrégulière et ondulée, comme une mer agitée par la tempête. Il est couvert d'une multitude de rides lumineuses qu'on nomme *lucules;* leur forme ovale les a fait comparer à des grains de riz et à des feuilles de saule. Toutes ces granulations lumineuses sont sans cesse en mouvement et rappellent le travail d'un précipité chimique en voie de formation dans une liqueur.

116. **Particularités sur les taches.** — Les taches ne se montrent pas indifféremment sur tous les points du disque solaire. Peu nombreuses dans le voisinage immédiat de l'équateur, très rares dans les latitudes supérieures à 35°, elles font surtout leur apparition dans deux zones symétriques comprises entre 10° et 30°

Elles possèdent un mouvement propre de l'est à l'ouest, qui a servi, nous le prouverons bientôt, à mesurer la rotation du Soleil sur lui-même. Elles ne sont pas permanentes, rarement elles durent plus de six semaines; on en a cependant remarqué de visibles pendant cinq ou six mois.

Ces taches, de formes très irrégulières, atteignent parfois des dimensions considérables; on en a observé dont la largeur égalait cinq fois le diamètre terrestre (15 000 lieues).

Leur nombre est très variable. L'histoire a conservé le souvenir de plusieurs offuscations du Soleil, causées par l'étendue et la quantité des taches. En 626, la moitié du disque solaire fut obscurcie pendant l'été; et en 1627, la chaleur et l'éclat du Soleil furent sensiblement diminués. D'autres fois, au contraire, elles sont si rares, qu'une année entière peut s'écouler sans taches visibles.

Ajoutons que les facules se montrent surtout près des taches noires, et qu'elles présentent exactement les mêmes phénomènes de mouvement et de variations.

117. **Périodicité des taches.** — On est parvenu, par une longue série d'observations commencées dès 1826, à reconnaître la périodicité des taches solaires. Des maxima et des minima bien accusés se succèdent à un intervalle de onze ans environ. Il

paraît, de plus, que cette période coïncide avec plusieurs phénomènes météorologiques, tels que la variation du magnétisme terrestre et la périodicité des aurores boréales.

118. **Nature des taches.** — Les taches ne sont ni des satellites tournant autour du Soleil, comme on le pensait autrefois, ni des montagnes dont les flancs escarpés produiraient le phénomène de la pénombre; car alors comment expliquer les modifications et l'évanouissement des taches au bout d'un temps plus ou moins long?

Les taches, loin d'être extérieures au Soleil, ou même de simples protubérances, ne sont en réalité que des cavités intérieures, des solutions de continuité dans la surface lumineuse de l'astre; c'est ce qu'un autre chapitre nous fera mieux comprendre.

119. **Rotation du Soleil.** — Outre leurs variations accidentelles, les taches ont un mouvement d'ensemble qui les porte du bord oriental au bord occidental du Soleil dans l'espace de 14 jours. Ce mouvement a lieu suivant des cordes parallèles inclinées d'environ 7° sur le plan de l'écliptique.

Les taches faisant partie de la masse solaire, leur mouvement de rotation prouve la rotation du Soleil lui-même dans le sens direct.

120. **Durée de la rotation.** — La rotation apparente du Soleil s'effectue en 27 jours $^1/_2$; mais la durée de la rotation réelle est un peu plus courte, et la cause de cette différence est due à la translation de la Terre.

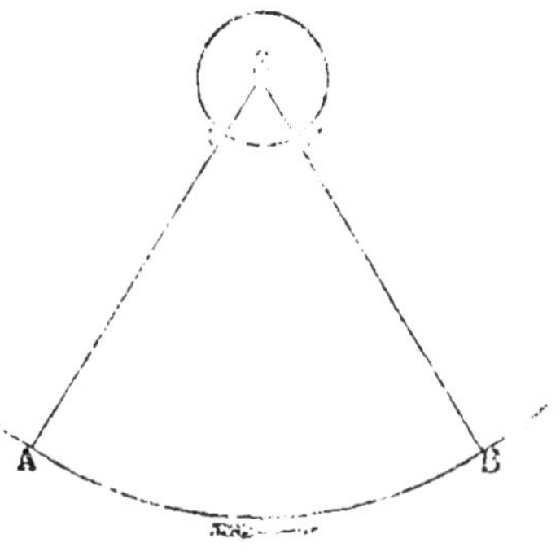

Fig. 59.

Soit en effet AB (fig. 59), l'arc de l'orbite terrestre parcouru en 27 j. 5. Quand une tache vue en t au centre du disque, par exemple, aura effectué une révolution complète, la Terre, qui court dans le même sens, sera venue en B; et pour redevenir centrale, la tache aura dû parcourir en plus l'arc tt' ou l'angle ASB dont la Terre s'est déplacée.

La tache ayant parcouru $360° + tt'$, le temps de la rotation du Soleil est évidemment donné par la relation

$$\frac{x}{27,5} = \frac{360°}{360° + tt'}. \qquad (a)$$

Mais tt' ou l'arc AB décrit par la Terre en 27 j. 5, vaut

$$\frac{360^\circ \times 27,5}{365,256} = 26^\circ\,50' \text{ à peu près.}$$

Remplaçant dans la relation (a) tt' par $26^\circ 50'$ et effectuant les calculs, on trouve $x = 25$ j. 5.

Ce mouvement de rotation est trop lent pour produire sur le globe du Soleil un aplatissement appréciable avec le secours des instruments même les plus puissants.

121. **Translation du Soleil.** — Nous avons dit (73) que parmi les causes faisant varier à la longue les coordonnées des étoiles, il faut compter le mouvement général de tout le système solaire.

En effet, si le Soleil s'avance avec tout son cortège de planètes vers une région déterminée de l'espace, ce mouvement doit finir par modifier les distances angulaires de certaines étoiles en augmentant les dimensions de la constellation vers laquelle est dirigée cette marche, et en diminuant celles de la constellation diamétralement opposée.

Or, depuis les savantes indications de W. Herschell, tous les astronomes sont d'accord sur l'augmentation *sensible* des dimensions de la constellation d'Hercule, et sur la diminution de la constellation opposée le Lièvre.

D'après les nombreux calculs exécutés par Argelander sur 390 étoiles, par Mœdler sur plus de 2 000, par Dunkin sur près de 1 200, par Galloway sur les étoiles de l'hémisphère austral, et par d'autres savants dont les travaux sont venus apporter une éclatante confirmation aux résultats obtenus, il est bien établi que tout le système solaire marche vers γ et δ de la constellation d'Hercule avec une vitesse annuelle d'environ 60 millions de lieues, soit près de deux lieues par seconde.

Ce mouvement de translation n'a rien qui doive nous étonner; on concevrait avec plus de difficulté comment le soleil pourrait, isolé dans l'espace, y demeurer dans un repos absolu. N'est-il pas plus conforme à l'analogie d'admettre que le soleil n'est pas plus fixe que les autres étoiles dont on a pu constater les mouvements propres?

D'ailleurs la translation du Soleil n'est qu'une conséquence très naturelle de sa rotation. En effet, la mécanique enseigne que ces deux mouvements, à moins de circonstances toutes particulières, sont toujours coexistants.

CHAPITRE IV

CONSTITUTION DU SOLEIL

Constitution physique du Soleil ; diverses hypothèses. — Sa constitution chimique. — Lumière zodiacale.

122. Constitution physique du Soleil. — Pour résoudre cette question très difficile et très débattue, on a proposé trois théories principales.

1° *Hypothèse d'Herschell et d'Arago.* — D'après Herschell, le Soleil est formé d'un corps obscur entouré de deux atmosphères concentriques : la première est composée d'une couche de nuages opaques et réfléchissants ; la seconde, enflammée, lumineuse, détermine par son contour le disque apparent de l'astre et prend le nom de *photosphère* (φῶς, *lumière*). Rien ne s'oppose dans ce système à ce que le Soleil soit habitable, puisque la couche continue de nuages opaques s'interpose, comme un écran, entre la photosphère et le noyau central.

Une tache résulterait d'une ouverture pratiquée jusqu'au globe intérieur par des éruptions de matière gazeuse au travers des deux atmosphères ; le talus de la cavité donnerait la pénombre. Les taches sans noyau seraient dues à des cavités qui n'atteindraient pas le noyau central.

Arago, en établissant pas ses expériences de polarisation [1] la nature gazeuse de la photosphère, avait donné à cette théorie un certain degré de probabilité. Mais comme elle semble contredire plusieurs faits physiques et géologiques bien constatés, la plupart des savants l'abandonnent aujourd'hui.

---

[1] La lumière émise sous un très petit angle par un corps solide ou liquide incandescent offre certains caractères faciles à constater, et qui font dire qu'elle est *polarisée ;* ces mêmes caractères font défaut, quand le corps lumineux est un gaz.

2° *Hypothèse de M. Kirchhoff.* — Le Soleil fournit à l'analyse spectrale un spectre sillonné de raies noires (28). Donc, conclut M. Kirchhoff, le noyau du Soleil, solide ou liquide, est incandescent et entouré d'une atmosphère gazeuse moins lumineuse que lui.

Les taches sont des nuages formés par les vapeurs métalliques de cette atmosphère, et la pénombre résulte de ce que le noyau incandescent les éclaire par-dessous, en laissant leur centre obscur.

Cette théorie, objectent plusieurs, n'explique suffisamment ni les taches, ni les pénombres, ni les facules et les lucules, ni enfin l'absence de polarisation. Aussi M. Faye, de l'Académie des sciences, voulant concilier les deux expériences d'Arago et de Kirchhoff, a-t-il proposé une nouvelle explication.

3° *Hypothèse de M. Faye.*—Partant de ce fait que la température du Soleil est certainement énorme, M. Faye conclut qu'aucun corps ne saurait y exister à l'état de masse solide ou liquide, et que cet astre est d'une constitution essentiellement gazeuse.

Mais à cause du rayonnement dans l'espace, la surface solaire se refroidit assez pour que des combinaisons chimiques y deviennent possibles; des corps composés se produisent à l'état de particules liquides ou solides. Ce sont ces particules incandescentes qui permettent d'expliquer la nature du spectre solaire; ce sont elles aussi qui donnent lieu à la lumière éblouissante de la photosphère et qui constituent les granulations lumineuses ou *lucules*.

Bientôt sollicitées par leur plus forte densité, les particules tombent vers les couches inférieures dont la haute température les fait repasser à l'état gazeux. Mais elles sont continuellement remplacées à la surface par des masses gazeuses ascendantes qui, à leur tour, reproduisent le même phénomène chimique d'incandescence. Il y a donc tout à la fois des courants de sens contraires qui font concourir la masse du Soleil tout entière à l'énorme production de lumière et de chaleur à la surface de l'astre.

Mais dans cette théorie, d'où viennent les taches? Quelle en est la cause physique? M. Faye, d'accord avec le P. Secchi, n'avait d'abord vu dans les taches que des éclaircies, des déchirures produites dans la photosphère par les masses gazeuses ascendantes. Quand le courant vient à dépasser la surface photosphérique, celle-ci s'entr'ouvrant permet d'entrevoir l'obscurité relative du noyau gazeux central, et une tache semble alors se former, car on sait que les gaz, même à une très haute température, émettent une lumière assez pâle, lorsqu'ils ne contiennent pas des particules solides. Mais si le courant se borne à soulever la surface lumineuse, là où cette surface se trouve refoulée apparaît une facule.

Depuis, M. Faye a rattaché la formation des taches à la loi de rotation et à l'inégale vitesse des différentes zones de la photosphère, dont le mouvement angulaire décroît de l'équateur aux pôles. Cette inégalité de vitesse engendre des tourbillons tout à fait analogues à ceux qui se produisent dans les cours d'eau, partout où une cause quelconque altère la vitesse des tranches parallèles au sens du mouvement. M. Faye voit aussi dans les taches de véritables cyclones solaires en tout comparables aux cyclones terrestres et soumis aux mêmes lois.

Quant à nous, il nous semble que des causes multiples peuvent bien concourir à la production des taches solaires, et que l'explication du P. Secchi ne contredit pas celle de M. Faye. « La question de savoir si les taches sont des tourbillons ou non, dit le savant jésuite, n'est que secondaire dans une théorie; en tout cas, même en admettant ces tourbillons, il faudrait toujours trouver une cause déterminante, laquelle ne peut être qu'une éruption. »

123. **Atmosphère du Soleil.** — C'est encore l'étude des taches qui a conduit les astronomes, grâce à des phénomènes de réfraction et d'absorption constatés sur le disque solaire, à supposer une atmosphère autour de l'enveloppe lumineuse de l'astre. L'analyse spectrale a mis enfin hors de doute l'existence de cette atmosphère qui, à cause de sa transparence et de l'éclat éblouissant de la lumière photosphérique, échappait aux moyens ordinaires d'observation.

C'est surtout pendant les éclipses totales de Soleil qui détruisent momentanément l'éclat du disque solaire, que l'on peut explorer librement la région atmosphérique de l'astre du jour. Alors le disque obscur de la Lune se montre entouré d'une auréole ou *couronne* lumineuse, de laquelle s'échappent souvent des rayons d'une longueur considérable. En même temps l'on observe aussi sur divers points de la circonférence lunaire des saillies ou *protubérances* offrant l'apparence de flammes rougeâtres (fig. 60).

Cette couronne et ces protubérances, qui paraissent s'élancer de la Lune, font en réalité partie de l'atmosphère solaire; c'est un fait aujourd'hui bien constaté, depuis que l'emploi du spectroscope a permis d'étudier le phénomène en dehors des éclipses.

La portion de l'atmosphère qui enveloppe immédiatement la surface photosphérique est désignée quelquefois sous le nom de *chromosphère* (χρῶμα, couleur), soit à cause de sa teinte généralement rose, soit à cause de la nature de son spectre uniquement composé de raies brillantes colorées.

Les protubérances ne sont que les portions saillantes de la chromosphère; de formes très variées, elles subissent des transformations aussi rapides que surprenantes. Parfois elles s'élèvent à des hauteurs de 5′ (plus de 200 000 kilomètres) pour se réduire en morceaux quelques minutes après.

La couronne forme surtout la partie extérieure de l'atmosphère. Elle consiste en une lueur blanche qui va se dégradant peu à peu jusqu'à une distance qui peut égaler le diamètre du Soleil.

En résumé, l'on peut conclure que le Soleil est un globe *incandescent, dont la surface brillante ou photosphère est entourée d'une atmosphère gazeuse et transparente.*

Fig. 60.

Remarque. Puisque la photosphère solaire est gazeuse et que les taches n'ont pas de position fixe sur le disque de l'astre, il ne faut pas regarder la rotation du Soleil comme un phénomène aussi simple que le mouvement d'une masse solide, de la Terre, par exemple, sur son axe. Ainsi, au lieu d'observer directement la rotation du corps solaire lui-même, on en est réduit à étudier celle de son atmosphère. C'est un savant français, M. Laugier, qui le premier a bien reconnu les différences de la durée de rotation suivant les latitudes solaires. On peut dire en général que la vitesse angulaire diminue de l'équateur aux pôles, et, en prenant la moyenne de tous les mouvements, on trouve 25 j. 8 pour la durée moyenne de la rotation de la photosphère.

124. Composition chimique du Soleil. — Voici la nomenclature des substances dont la présence dans la photosphère a été constatée par l'identification des raies brillantes de leur spectre avec les raies obscures du spectre solaire :

Hydrogène, sodium, magnésium, aluminium, potassium, calcium, chrome, manganèse, fer, cuivre, zinc, et plusieurs autres moins importantes à connaître.

Les nombreuses raies brillantes présentées par le spectre de la chromosphère accusent l'existence, dans cette région, de la plupart des éléments constitutifs de la photosphère, de l'hydrogène surtout, à l'état d'incandescence. On y trouve de plus le soufre, le lithium et peut-être l'oxygène, l'azote et le brome.

L'hydrogène paraît être le principal élément de la couronne et des protubérances. La raison en est simple : de toutes les substances connues, ce gaz est la moins dense, aussi flotte-t-il à une grande hauteur, tandis que le fer et le calcium occupent principalement le fond des taches et les déchirures de la photosphère. (Secchi.)

Beaucoup d'autres corps simples, tels que les métaux précieux, pourraient bien se trouver aussi dans le Soleil sans révéler leur présence. Il suffit pour cela que leurs vapeurs soient retenues par leur grande densité dans les couches inférieures de la photosphère. N'oublions pas, du reste, que l'analyse spectrale est loin d'avoir dit son dernier mot; elle n'en est pour ainsi dire qu'à son début.

125. **Lumière zodiacale.** — Cette lumière, ainsi nommée parce

Fig. 61.

qu'elle ne se projette à peu près que sur le zodiaque, est une lueur blanchâtre, qui accompagne le lever et le coucher du Soleil sous la forme d'une ellipse très allongée, dont le grand axe coïncide à peu près avec l'équateur solaire (fig. 61).

Ce phénomène, ordinairement visible dans les régions où le ciel est d'une grande limpidité, ne s'aperçoit guère dans nos climats que vers les équinoxes.

Il paraît que la lumière zodiacale a des relations intimes avec les brusques oscillations du baromètre, avec l'affluence des étoiles filantes, et surtout avec l'apparition des aurores boréales; comme ces dernières, elle a quelquefois une teinte rougeâtre.

Ces divers faits, surtout les coïncidences de la lumière zodiacale avec les aurores boréales, autorisent jusqu'à un certain point l'assimilation des deux phénomènes. Alors cette lueur ne serait ni une extension de l'atmosphère solaire (Mairan), ni un système de corpuscules circulant autour du soleil (Laplace), ni un anneau nébuleux enveloppant soit l'astre radieux (Liais), soit la Terre elle-même (Jones, Heis), ni enfin le résultat de l'évaporation des eaux de l'Océan (Falb), mais simplement un phénomène météorologique, une *aurore zodiacale.*

CHAPITRE V

LE SOLEIL, FOYER DE CHALEUR ET DE LUMIÈRE

Puissance rayonnante du Soleil. — Ses radiations lumineuses, calorifiques, chimiques. — Hypothèse sur l'origine de l'incandescence solaire.

126. **Puissance rayonnante du Soleil.** — Avant de passer à l'étude de la Terre et des planètes, jetons un dernier regard sur l'astre qui, non seulement, est le centre de leurs orbes harmonieux, mais aussi leur centre vivifiant, la source principale de la lumière et de la chaleur, qui distribuent partout la vie aux êtres du monde animal et du monde végétal.

Considéré comme source rayonnante, le Soleil possède une incroyable énergie. On sait que les physiciens distinguent, dans les radiations solaires, trois ordres de rayons distincts, savoir : les *rayons lumineux*, les *rayons calorifiques* et les *rayons chimiques*.

127. **Radiations lumineuses.** — L'intensité de la radiation lumineuse est telle qu'en se basant sur les mesures photométriques déjà citées au nº 79, on peut estimer le pouvoir éclairant du Soleil au moins égal à 14 milliards de fois celui de Sirius, et 618 000 fois supérieur à celui de la Lune. En d'autres termes, il ne faudrait pas moins de 618 000 pleines lunes dans le Ciel pour produire une clarté comparable à celle du Soleil.

128. **Radiations calorifiques.** — Des tentatives ont été faites pour mesurer l'énergie de la radiation calorifique du Soleil. Partant de données très simples, indépendantes de toute hypothèse sur la constitution intime de l'astre étincelant, d'illustres physiciens ont estimé que la quantité de chaleur solaire versée annuellement sur notre globe serait capable d'élever de 0° à 100° la température de 12 millions de kilomètres cubes d'eau. Cette activité calorifique, convertie en travail mécanique, développerait une puissance équivalente au travail continu de 2 200 milliards de machines d'une force effective de 100 chevaux.

Mais le rayonnement du Soleil a lieu dans toutes les directions de l'espace, et non pas vers la Terre seulement. Or, étant connue la distance des deux astres et la surface du cercle d'illumination terrestre, on trouve facilement que notre planète ne reçoit que $\frac{1}{2\,200\,000\,000}$ de la chaleur totale émise par le Soleil. D'après cela, la quantité totale de chaleur qui s'échappe du globe entier du Soleil dans un temps donné serait assez grande pour faire bouillir par heure plus de 2 900 milliards de kilomètres cubes d'eau prise à 0°. Pour prendre un autre terme de comparaison, la chaleur émise par le Soleil dans une année équivaut à celle que produirait la combustion de 100 globes de houille aussi gros que la Terre. (Le sphéroïde terrestre contient plus de mille milliards de kilomètres cubes.)

129. **Radiations chimiques.** — La puissance des radiations chimiques n'est pas moins prodigieuse. On sait que la lumière du Soleil se comporte comme un agent chimique dans un grand nombre de phénomènes, tels que la combinaison de certains gaz, la décomposition de certains sels, la destruction des principes colorants d'origine végétale, etc. Or, en prenant pour base de leurs calculs le volume d'un mélange de chlore et d'hydrogène dont la radiation solaire peut, dans un temps donné, déterminer la combinaison, quelques savants ont trouvé que l'activité chimique du Soleil, convertie en chaleur, serait marquée par un nombre plusieurs milliers de fois supérieur encore à celui qui mesure l'intensité des radiations calorifiques.

130. **Rôle providentiel du Soleil dans la nature.** — Le Soleil est donc un immense foyer de lumière et de chaleur, et, probablement aussi, d'électricité, puisque la science moderne ne voit dans les phénomènes calorifiques, lumineux et électriques que des modalités diverses d'une seule et même cause. Ce qu'il y a de certain, c'est la coïncidence frappante des taches et des protubérances solaires avec les perturbations de l'aiguille aimantée et l'apparition des aurores boréales. Aussi certains astronomes attribuent-ils au Soleil une large part dans la production des phénomènes électriques ou magnétiques à la surface de la Terre.

En présence des surprenants résultats de l'expérience et du calcul que nous venons de signaler et qu'on ne saurait taxer d'exagération, faut-il s'étonner que le Soleil, par ses radiations puissantes, porte partout la vie et le mouvement dans le monde terrestre ? C'est que rien ne vit, rien ne respire que sous l'action bienfaisante de la lumière et de la chaleur. Là où ne pénètre pas la douce clarté du jour, là règne l'étiolement, la maladie, la mort.

Les rayons du Soleil, indispensables à l'homme et à tout être animé, ne sont pas moins nécessaires aux végétaux qui les recherchent et souffrent de leur absence. C'est le Soleil qui attire hors du sein de la Terre les germes délicats des plantes; c'est lui qui entretient leur respiration, leur force et leur vigueur; c'est lui qui donne aux feuilles leur teinte verte et aux fleurs leur brillante parure.

Il y a plus : « Nos aliments et nos combustibles proviennent directement, ou par voie de transformations successives, du règne végétal; on peut donc dire qu'ils représentent une somme de force vive empruntée au Soleil sous forme de vibrations lumineuses au moment où se sont groupés et combinés les éléments dont les plantes sont faites. La force qui a été emmagasinée par ce lent travail des affinités chimiques se retrouve, au moins en partie, dans les efforts mécaniques que l'animal accomplit sans cesse et par lesquels il dépense une partie de sa propre substance; elle se retrouve aussi dans le travail des machines qui sont alimentées par la houille; elle se transforme en chaleur, lorsque du bois est brûlé dans un foyer, ou une substance nutritive brûlée dans le sang d'un être vivant qui respire, mais qui ne se meut pas. C'est ainsi que la lumière, en faisant croître et prospérer les plantes, prépare aux habitants de la Terre leur nourriture et crée pour eux une source intarissable de puissance mécanique. » (*Radau.*)

D'autre part, c'est encore la chaleur des rayons solaires qui, en produisant une rupture d'équilibre dans la densité des couches atmosphériques, est la cause principale des vents, des tempêtes, du tonnerre, de l'évaporation de l'eau, de la formation des nuages, etc. Enfin, le Soleil, par son attraction, concourt avec la Lune à maintenir les flots de l'Océan dans un état de perpétuelle et salutaire agitation.

131. **Hypothèse sur l'origine de l'incandescence solaire.** — Après ce rapide coup d'œil sur le rôle providentiel du Soleil dans la nature, on est porté à se demander : Quelle est l'origine de la haute température dont le Soleil est doué ? Comment se maintient l'incandescence de cet astre, qui, par sa radiation incessante, doit perdre continuellement d'énormes quantités de chaleur ? Et s'il ne répare ses pertes d'une manière quelconque, ne viendra-t-il pas une époque où il cessera de rayonner et d'entretenir le mouvement et la vie autour de lui ?

Sur ces divers points les astronomes sont loin d'être d'accord.

Selon le P. Secchi, M. Faye, etc., l'incandescence solaire serait le résultat de la gravitation. Elle aurait été produite par la chute de la matière qui constituait la nébulosité primitive, et qui compose actuellement le monde solaire. En tombant vers leur centre avec une vitesse croissante sous l'influence de la loi d'attraction, les différentes particules de la masse nébuleuse ont vu leur force vive transformée en chaleur au moment de la chute. Or, la conversion en chaleur de cette force suffit, d'après les calculs de la physique, pour expliquer l'origine et la conservation de l'énorme température du Soleil. D'abord, la température ainsi acquise par voie mécanique a dû, dans l'origine, être bien plus élevée qu'elle ne l'est maintenant. Il est donc probable que l'astre radieux se refroidit. Cependant ses pertes sont peu sensibles pour nous, soit parce qu'elles sont très lentes, soit parce que les vastes combinaisons chimiques et les mouvements physiques dont la masse solaire est le siège, produisent une quantité de chaleur capable de subvenir en grande partie à la dépense actuelle.

Telle est, sur l'origine et le maintien de l'incandescence solaire, l'hypothèse aujourd'hui la plus probable, bien qu'elle nous paraisse encore très insuffisante.

Quoi qu'il en soit, rien ne saurait nous donner une idée de l'activité prodigieuse qui règne au sein de ce globe de feu. Le phénomène des taches et des protubérances nous révèle une lutte acharnée de la matière contre la matière : de là ces éruptions qui déchirent la photosphère et qui doivent être le produit de violentes convulsions intérieures, à peu près comme sur l'Océan les vagues sont le résultat d'agitations intestines dans la masse liquide. Si les matériaux dont est constitué le Soleil sont de même nature que les substances terrestres, supposition qui jusqu'alors n'a pas été contredite par l'analyse spectrale, il est absolument impossible que l'incandescence solaire puisse être entretenue indéfiniment par une simple combustion.

Donc, conclurons-nous, si la Providence ne dispose pas les choses de manière à réparer les pertes par un phénomène extraordinaire, nul doute que la puissance rayonnante du Soleil ne s'affaiblisse assez dans la suite des âges pour ne pouvoir plus entretenir la vie sur les planètes. Il fut un temps où l'astre étincelant projeta ses premiers rayons dans l'espace ; un jour aussi viendra où sa radiation s'éteindra dans un dernier jet de lumière.

LIVRE IV

LA TERRE

Bien que la Terre ne soit pas la première planète dans l'ordre des distances au Soleil, c'est d'elle que nous nous occupons tout d'abord, et l'on comprend sans peine les raisons de cette préférence.

Nous étudierons 1° la forme de la Terre et ses dimensions; 2° sa constitution générale; 3° ses divers mouvements; 4° les conséquences qui résultent de ces mouvements.

CHAPITRE I

FORME DE LA TERRE

La Terre est ronde, preuves. — Triangulation. — Elle n'est pas exactement sphérique, mais aplatie aux pôles. — Preuves et valeur de l'aplatissement. — Rayon et dimensions du globe. — Mètre légal. — Irrégularités de la surface terrestre.

132. **Rondeur de la Terre.** — La Terre que nous habitons, l'une des huit planètes principales, la 3e dans l'ordre des distances au Soleil, est un globe sensiblement sphérique, isolé dans l'espace.

Il faut entendre par forme de la Terre celle de la surface des mers qu'on imagine prolongée dans tous les sens. D'ailleurs la surface des continents, malgré les inégalités apparentes, est à fort peu près moulée sur celle des mers, avec laquelle elle se confond très sensiblement.

Voici, résumées brièvement, les principales preuves que l'on apporte pour démontrer que notre planète est ronde ou à peu près sphérique.

1° *Disparition graduelle des objets.* — L'ordre dans lequel on voit disparaître successivement les diverses parties d'un navire qui s'éloigne (fig. 62), le corps d'abord, puis les voiles, enfin le haut des mâts, et la manifestation du phénomène en sens inverse, quand le navire se rapproche, prouvent avec évidence que la Terre n'est pas plane, mais convexe.

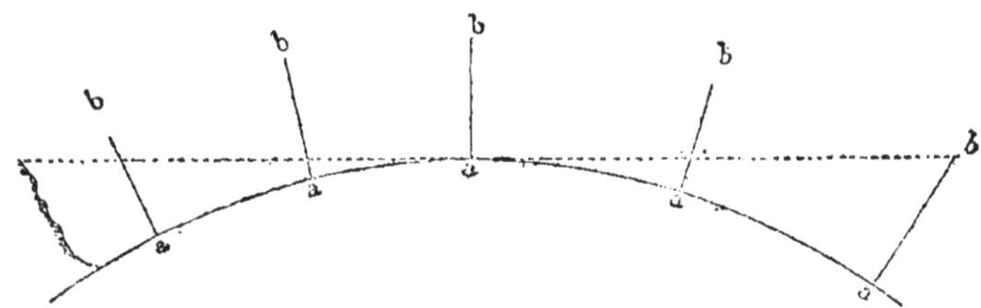

Fig. 62.

2° *Voyages autour du globe.* — Depuis Magellan qui entreprit en 1519 le premier voyage de circumnavigation de l'ouest à l'est, de nombreux voyages accomplis dans toutes les directions ont montré qu'en se dirigeant autant que possible dans le même sens, on finit par revenir au point de départ. La Terre est donc arrondie dans tous les sens et, de plus, isolée dans l'espace.

3° *Le Soleil n'éclaire pas en même temps toute la surface terrestre.* — Si la Terre était plane, l'instant soit du lever, soit du coucher du Soleil serait le même pour toute la surface éclairée. Or c'est ce qui n'arrive point, puisque le Soleil se lève et se couche à des moments successivement différents. Donc la Terre est ronde, au moins de l'est à l'ouest.

4° *Variation de la hauteur du pôle.* — La terre n'est pas moins ronde du nord au sud. En effet, à mesure qu'on s'avance de quelques degrés vers le nord ou vers le sud, sur un méridien terrestre, on voit l'étoile polaire monter ou descendre exactement de la même quantité (fig. 63) au-dessus de l'horizon. Donc...

D'ailleurs, dans quelque direction que l'on avance, on découvre de nouveaux astres. Ce changement d'aspect du ciel étoilé est une preuve de la rondeur de la Terre.

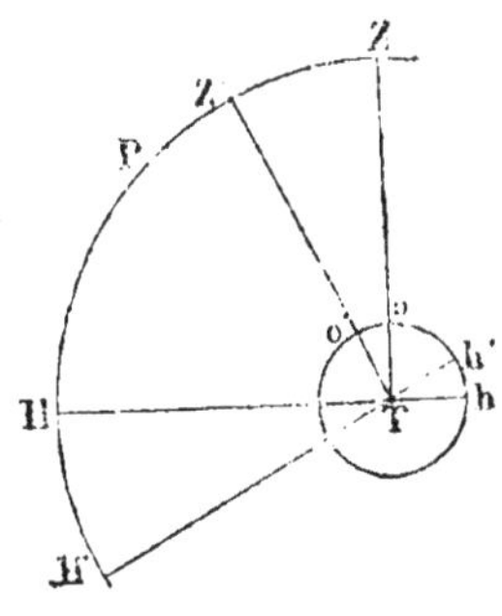

Fig. 63.

5° *Valeur à peu près constante des degrés de latitude.* — La valeur d'un degré de latitude en différents lieux situés sur le même méridien est sensiblement la même; on peut en dire autant des degrés de longitude pris sur le même parallèle. Or l'égalité des degrés n'appartient qu'à la circonférence. Donc, la Terre est sensiblement sphérique. (*Voir au n° 7 ce qu'on appelle latitude et longitude.*)

6° *Forme circulaire de l'horizon.* — A quelque hauteur qu'on s'élève, l'horizon sensible (44) présente une forme circulaire. Cela provient de ce que la *dépression* de l'*horizon* rationnel est constante pour une hauteur déterminée.

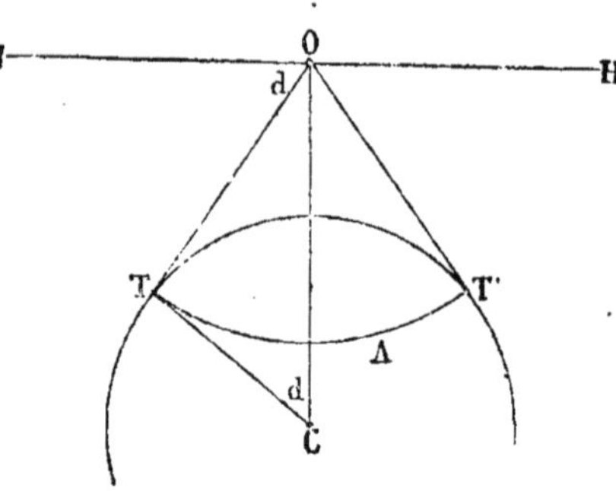

Fig. 64.

On appelle *dépression* de l'*horizon* l'angle HOT formé par l'horizontale OH et le rayon visuel OT tangent à la surface terrestre. Or, de quelque côté que l'observateur O se tourne, cet angle est toujours le même, tant qu'il reste à la même hauteur. Par conséquent, l'ensemble des tangentes visuelles forme autour de la verticale OC (fig. 64) un cône de révolution dont la base TAT', c'est-à-dire l'horizon sensible, ne peut être qu'un cercle. — Donc...

A la rigueur on pourrait trouver la valeur du rayon terrestre au moyen de la dépression de l'horizon, en posant CT ou $r = (r+h)\cos. d$, d'où

$$r = \frac{h\cos. d}{1-\cos. d} = \frac{h\left(1-2\sin.^2\frac{d}{2}\right)}{2\sin.^2\frac{d}{2}} = \frac{h}{2\sin.^2\frac{d}{2}} - h$$

7° *Ombre circulaire de la Terre.* — Dans les éclipses de Lune, l'ombre projetée par la Terre sur son satellite est toujours circulaire. Mais il n'y a qu'une sphère qui, dans toutes ses positions, puisse produire une ombre terminée circulairement. Donc...

8° *Conséquence de la loi d'attraction.* — Dans l'origine, nous le dirons bientôt, la Terre a été fluide. Dès lors la forme ronde a dû se produire comme une conséquence naturelle de la loi d'attraction. C'est ainsi qu'une goutte de mercure, d'eau, de plomb fondu, libre de toute influence étrangère, prend spontanément la forme sphérique.

A ces différentes preuves on peut ajouter ce raisonnement par analogie : les corps célestes, particulièrement les planètes, affectent la forme sphérique. Pourquoi la Terre, planète elle-même, ferait-elle exception à ce fait général?

133. **Mesure d'un arc de méridien. — Triangulation.** — Pour avoir une preuve directe de la rondeur de la Terre, on a déterminé la longueur d'un arc de méridien à l'aide de la *triangulation*. C'est une opération géodésique qui, par suite des obstacles et des accidents de terrain, présente des difficultés matérielles d'exécution que nous n'avons pas à exposer ici. Nous nous contenterons de donner une idée générale de la marche suivie.

Soit MM' l'arc de méridien, ou la méridienne, à calculer (fig. 65). On mesure d'abord avec le plus grand soin une base MH partant, s'il est possible, de l'extrémité de l'arc; puis on rattache cette base à un réseau de triangles ayant pour sommets, de part et d'autre de MM', les points H, E, G... (des clochers, des collines, etc.), tels que de chacun d'eux on puisse apercevoir les points voisins et mesurer les divers angles de ces triangles.

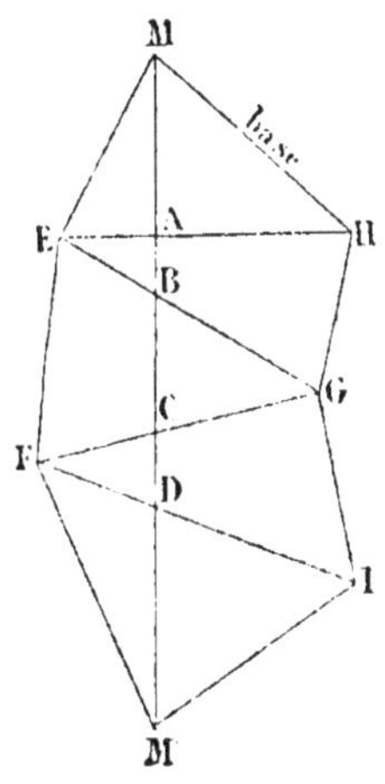

Fig. 65.

Ces angles une fois connus, on peut résoudre trigonométriquement les divers triangles et par suite calculer successivement les portions MA, AB, BC... de l'arc méridien comprises dans chacun d'eux. S'il n'était pas possible de mesurer directement une base adjacente à l'extrémité M, on en mesurerait une autre à une distance quelconque, et on la relierait au réseau principal par un réseau auxiliaire. Pour faire abstraction des inégalités de terrain, on réduit les mesures prises sur terre à l'horizon et au niveau de la mer.

Quant au nombre de degrés de l'arc MM', il est donné par la différence des latitudes, ou par la différence des hauteurs méridiennes d'une même étoile aux deux extrémités M et M'. Connaissant le nombre de degrés de l'arc, on calcule facilement la longueur d'un seul degré.

Telle est en substance la méthode suivie par l'abbé Picard (1669), les Cassini, l'abbé Lacaille (1736), Delambre et Méchain (1792), pour mesurer l'arc méridien de France; par Bouguer et La Condamine pour celui du Pérou; par Clairaut et Maupertuis pour celui de Laponie (1736). Au XIXe siècle, de nouvelles triangulations ont été exécutées dans divers pays par Biot et Arago et par des savants étrangers, et c'est de tous ces travaux que Bessel a conclu, en 1841, les éléments les plus exacts que nous possédions aujourd'hui, pour la forme et les dimensions du globe terrestre.

134. **La Terre n'est pas exactement sphérique.** — Si la terre était une sphère parfaite, le méridien serait circulaire et les degrés de

latitude auraient tous la même longueur. Or, les mesures prises avec tout le soin possible dans les différents pays du monde ont établi que la longueur du degré augmente constamment de l'équateur aux pôles, comme on peut le voir par le tableau suivant :

Lieux.	Latitudes.	Longueur de l'arc de 1°.
Pérou. . . .	1° 31'. . .	56737 toises.
Inde	12° 32'. . .	56762 »
France. . . .	46° 8'. . .	57025 »
Angleterre . .	52° 2'. . .	57066 »
Laponie . . .	66° 20'. . .	57196 »

Donc : 1° *Le méridien n'est pas circulaire, et par suite la Terre n'est pas sphérique;*

2° *Le méridien s'aplatit, c'est-à-dire que sa courbure diminue de l'équateur aux pôles;*

3° *Le rayon de courbure est plus grand aux pôles qu'à l'équateur;*

4° *Le diamètre équatorial est plus grand que le diamètre polaire;*

5° *Les verticales des différents points de la surface terrestre ne vont pas se rencontrer exactement au centre du globe, c'est-à-dire que les centres de courbure ne se confondent pas avec le centre de la courbe méridienne.*

135. **Forme véritable de la Terre.** — Maintenant, puisque le méridien n'est pas un cercle, quelle est donc sa forme? La géométrie analytique, partant des valeurs obtenues dans la mesure des arcs de méridien en divers lieux du globe, constate que la loi de variation de la longueur du degré terrestre suit la loi de variation qui convient à une ellipse. On arrive donc à cette conclusion : les méridiens terrestres étant des ellipses, la terre doit affecter la forme d'un *ellipsoïde de révolution aplati*.

136. **Aplatissement de la Terre.** — Pour mieux connaître l'ellipsoïde terrestre, on en a calculé l'aplatissement, c'est-à-dire le rapport $\frac{a-b}{a}$ de la différence des deux demi-axes au plus grand des deux.

Cet élément peut être obtenu à l'aide des valeurs trouvées pour l'arc d'un degré au Pérou et en Laponie, car la connaissance de deux arcs particuliers suffit pour déterminer analytiquement les dimensions d'une ellipse.

On a trouvé pour la Terre le rapport $\frac{a-b}{a}$ égal à $\frac{1}{299}$.

La forme aplatie du globe, avant toute vérification par des mesures directes, avait déjà été annoncée par Huyghens et par Newton comme une vérité physique résultant du calcul. En effet, si la Terre n'était pas renflée à l'équateur, on ne constaterait ni certaines inégalités dans les mouvements de la Lune (235), ni certaines variations dans l'intensité de la pesanteur (148) et dans la parallaxe lunaire (221), suivant les lieux d'observation.

137. **Remarques.** — 1° D'après ce qui précède, il faut regarder la Terre comme ayant, à très peu près, la forme d'un sphéroïde aplati aux pôles et renflé à l'équateur. Nous disons à très peu près, car de la discussion des mesures prises en différentes régions, il semble résulter que notre globe n'a pas une forme générale assez simple, pour qu'une figure régulière puisse s'adapter à toutes les déterminations obtenues. La figure réelle de la Terre, dit Humboldt, est à une figure régulière et géométrique ce que la surface accidentée de l'eau en mouvement est à celle d'une eau tranquille.

2° Dans la plupart des cas on peut, sans erreur sensible, considérer la Terre comme parfaitement sphérique. La différence des deux rayons polaire et équatorial est en effet si petite, que sur un globe de trois décimètres de rayon, elle serait représentée par un millimètre seulement : aplatissement trop faible pour être appréciable à la vue.

138. **Rayon de la Terre.** — La discussion de toutes les mesures de la courbe méridienne, tant anciennes que nouvelles, a conduit aux résultats suivants :

Le demi-axe équatorial a = 3,272,077 toises = 6,377,398 mèt.
Le demi-axe polaire b = 3,261,139 » = 6,356,080 »

Différence $a - b$ = 10,938 toises = 21,318 mèt.

d'où l'aplatissement $\frac{a-b}{b} = \frac{1}{299}$.

Le quart du méridien est égal à 5,131,180 toises = 10,000,856 mèt.

139. **Longueur du mètre.** — La commission chargée par la Convention nationale, à la fin du XVIIIe siècle, d'établir le système actuel des poids et mesures avait adopté $\frac{1}{334}$ pour la valeur de l'aplatissement, et 5,130,740 toises pour la longueur du quart du méridien. Ces deux valeurs sont un peu trop petites, de sorte que le mètre légal fixé à 0 toise 5,130,740 est un peu trop court lui-même.

On voit en effet que la valeur admise anciennement pour la distance du pôle à l'équateur est trop faible de 440 toises, ce qui rend le mètre trop petit d'environ $^1/_{10}$ de millimètre. Toutefois cette erreur est si légère qu'il n'y a pas lieu de modifier la valeur jusqu'ici attribuée au mètre légal.

140. **Dimensions du sphéroïde terrestre.** — Voici quelques résultats dont on peut avoir à faire usage et qui se déduisent des précédents :

Rayon équatorial.	6377 kil.	398
Rayon polaire.	6356	080
Différence des 2 rayons	21	318
Rayon moyen.	6366	739
Circonférence du méridien . . .	40003	424
Degré moyen du méridien . . .	111	121
Degré de l'équateur.	111	307
Degré du parallèle de 45°. . . .	78	838

Surface de la Terre [1]. 510 millions de K. carrés.
Volume de la Terre [2]. 1082841 » de K. cubes.

Remarque. — Dans la pratique, lorsqu'il ne s'agit pas de calculs de précision, on peut regarder le globe terrestre comme une sphère dont la circonférence égale 40,000 kil., et le rayon 6,366 kil. Cependant on prend toujours pour unité de distance, par rapport aux astres, le rayon équatorial de 6,377 kilomètres.

141. **Irrégularités de la surface terrestre.** — La surface du globe offre des aspérités et des dépressions qui nous paraissent considérables, mais qui, en réalité, sont très-peu de chose relativement aux dimensions de la Terre. En effet, les plus hauts sommets des montagnes connues, de même que les abîmes des plus profondes mers, atteignent à peine 9,000 mètres, ou $^1/_{700}$ du rayon terrestre. Une couche d'eau étendue avec un pinceau sur une boule d'un décimètre de rayon représenterait assez bien la masse aqueuse de l'Océan; et quelques grains de poussière jetés çà et là figureraient les plus hautes montagnes. Ainsi nous pouvions dire avec raison (137) que les inégalités apparentes de la surface n'altèrent pas sensiblement la forme de notre globe.

---

[1] C'est à peu près 1000 fois la surface de la France.

[2] Un million d'ouvriers travaillant nuit et jour et élevant chacun 1 mètre cube de terre par minute mettraient plus d'un milliard d'années pour construire une sorte de tour de Babel aussi grosse que notre globe, lequel n'est pourtant qu'un atome de l'univers astronomique!

CHAPITRE II

CONSTITUTION GÉNÉRALE DU GLOBE TERRESTRE

Noyau central, écorce solide du globe. — Atmosphère. — Pesanteur, son intensité, ses variations. — Antipodes.

142. **Constitution générale de la Terre.** — On peut regarder la Terre comme composée de trois parties bien distinctes : le *noyau central*, l'*écorce extérieure* et l'*atmosphère*.

143. **Noyau central.** — Des faits physiques d'une vérité incontestable conduisent à admettre que la Terre a été primitivement une masse fluide incandescente, et qu'aujourd'hui encore son *noyau* est incandescent.

En effet, la structure cristalline de certaines roches, la chaleur interne du globe constamment croissante avec la profondeur, l'existence des sources thermales, les tremblements de terre, les soulèvements et les affaissements à différentes époques, les éruptions volcaniques avec leurs matières ignées, etc., tous ces faits établissent soit l'incandescence primitive de la masse terrestre, soit l'incandescence actuelle du noyau central.

144. **Écorce solide du globe.** — La pellicule solide qui recouvre l'intérieur du globe n'a pu se former que par le refroidissement et sous l'influence des agents extérieurs. Il est probable que l'épaisseur de l'écorce terrestre ne dépasse pas 45 kilomètres; car au delà de cette profondeur, la température, si elle croît constamment d'un degré par trente mètres, est assez forte pour fondre les substances les plus réfractaires que nous connaissions.

L'écorce terrestre, plus mince comparativement que la coquille d'un œuf, a dû être soulevée, déchirée, disloquée aux différentes époques du monde par la masse énorme de matières en fusion qui remplit l'intérieur du globe. Aussi est-ce une opinion généralement admise que les montagnes se sont formées par voie de soulèvement, c'est-à-dire par la rupture violente de la croûte terrestre. Les soulèvements ont dû produire des effets plus intenses à mesure que l'écorce solide de la Terre est devenue plus épaisse et plus résistante, parce qu'alors la force nécessaire pour la soulever et la rompre a exigé plus de puissance. On a constaté, en effet, que les montagnes sont d'autant plus élevées qu'elles sont de formation plus récente. Exemple, les ballons des Vosges, les Pyrénées, les Alpes, les Andes.

145. **Atmosphère terrestre.** — La Terre est enveloppée d'une masse gazeuse que l'on désigne sous le nom d'air atmosphérique. C'est un mélange d'oxygène et d'azote, dans la proportion de 21 à 79, avec un peu d'acide carbonique et une quantité variable de vapeur d'eau.

La densité et la température des couches atmosphériques diminuent d'autant plus qu'on s'élève davantage au-dessus du sol. La loi de ce décroissement n'étant pas du tout constante, il est très difficile d'assigner une limite précise à la hauteur de l'atmosphère. Il est certain qu'au delà de 80 kilomètres la densité de l'air devient trop faible pour produire des effets de réfraction appréciables.

L'air est pesant, c'est pourquoi il reste maintenu à la surface de la Terre dont il est une partie intégrante et aux mouvements de laquelle il est nécessairement soumis. La pression totale exercée par l'atmosphère sur le globe est mesurée par la hauteur barométrique, c'est-à-dire qu'elle équivaut au poids d'une couche de mercure qui envelopperait la Terre à une hauteur de 76 centimètres. Ce serait le poids de 270,000 cubes d'or d'un kilomètre de côté, soit à peu près la millionième partie du poids du globe terrestre proprement dit.

146. **Densité moyenne et masse de la Terre.** — Pour déterminer la densité moyenne de la Terre on a eu recours soit aux calculs qui reposent sur l'attraction des montagnes accusée par la déviation du fil à plomb (Maskeline), soit à la comparaison des longueurs d'un pendule oscillant à des hauteurs ou à des profondeurs différentes (Carlini, Airy), soit enfin à la balance de torsion, sorte de pendule horizontal oscillant sous l'attraction d'une masse connue d'avance (Cavendish, Baily, Reich). De la discussion de ces expériences fort délicates il résulte que la densité moyenne du globe est représentée par 5, 56; ce qui donne pour le poids de la Terre entière le nombre de 6,000,000 trillions de tonnes de 1,000 kilogrammes.

147. **Pesanteur.** — L'attraction, quand elle s'exerce entre le globe et les corps terrestres, prend le nom de pesanteur. C'est une force constante dont la direction est marquée par la verticale et dont l'effet immédiat est d'attirer les corps vers le centre de la Terre.

L'intensité de la pesanteur, constante pour un lieu déterminé, est égale à $9^m,8$ pour la latitude de Paris, c'est-à-dire que les corps, dans la première seconde de leur chute verticale, parcourent 4m,9.

C'est à l'aide du pendule qu'on détermine l'intensité de la pesanteur en un lieu quelconque. On appelle *pendule* tout corps pesant suspendu de manière à osciller librement.

La pesanteur étant la cause des oscillations du pendule, on conçoit aisément que toute variation dans l'intensité de cette force doit influer sur la durée des oscillations. Or il existe entre la durée t des oscillations d'un pendule, sa longueur l, et l'intensité g de la pesanteur une relation très simple exprimée en physique par la formule $t = \pi \sqrt{\frac{l}{g}}$, de laquelle la valeur numérique de g se dégage facilement.

148. **Variations de l'intensité de la pesanteur.** — Certaines causes font varier l'intensité de la pesanteur :

1° La pesanteur s'exerçant en raison inverse du carré de la distance au centre du globe, son intensité diminue quand on s'élève à de très grandes hauteurs dans l'atmosphère.

2° La variation de densité des couches terrestres influe sur l'intensité de la pesanteur au-dessous du sol. En effet, le calcul prouve que si le globe était une sphère homogène, la pesanteur diminuerait simplement comme la distance au centre, à cause de la portion de la masse terrestre laissée au-dessus. Mais elle augmente au contraire à l'intérieur du globe jusqu'à une certaine profondeur; c'est une conséquence manifeste de l'accroissement de densité de la surface au centre et que l'observation vérifie.

3° L'aplatissement du sphéroïde terrestre produit une diminution de la pesanteur quand on s'avance des pôles vers les régions équatoriales; car les points du globe situés à l'équateur sont plus éloignés du centre d'attraction. Ce fait fut reconnu pour la première fois au XVIIe siècle par le Français Richer : il dut raccourcir à Cayenne le pendule qui, à Paris, battait la seconde.

Une autre cause concourt aussi à diminuer la pesanteur du pôle jusqu'à l'équateur : c'est la force centrifuge dont il sera question un peu plus loin à propos de la rotation de la Terre.

149. **Antipodes.** — On appelle *antipodes*[1] les lieux de la Terre

---

[1] On a souvent répété après d'Alembert qu'au VIIIe siècle, un évêque allemand, nommé Virgile, aurait été condamné comme hérétique par le pape Zacharie, pour avoir soutenu l'existence des antipodes. Il y a plus d'une erreur dans cette accusation :

1° Virgile n'était pas encore évêque; c'était un simple missionnaire venu d'Irlande, pour travailler, sous la conduite de saint Boniface, à la conversion des Germains.

2° Dénoncé à Rome comme enseignant des erreurs, entre autres *quod alius* diamétralement opposés; les points antipodes ont la même verticale qui peut être considérée comme le prolongement d'un diamètre terrestre.

Les habitants de la Nouvelle-Zélande, île voisine des antipodes de Paris, ont toujours comme nous le ciel au-dessus de leur tête et la Terre à leurs pieds. Ils sont fixés au sol par la pesanteur; c'est la même force qui retient dans leurs lits les eaux de la mer et des fleuves; c'est elle qui tient enchaînés les divers éléments qui constituent la masse terrestre; c'est elle encore qui, sous le nom de gravitation, préside providentiellement à la conservation de l'ordre admirable qui régit l'Univers.

---

mundus et alii homines sub terra sint, il ne fut jamais déclaré hérétique, mais seulement menacé de suspense et de dégradation, si on le trouvait, après examen, coupable de quelque proposition erronée, *si erroneus fuerit inventus*.

3° Dans cette question, il ne s'agissait pas des *lieux antipodes*, mais des *hommes antipodes*, c'est-à-dire d'une race d'hommes qui ne descendaient pas d'Adam et n'avaient pas été rachetés par Jésus-Christ. Et c'est ce qui pouvait être condamné.

Remarquons qu'avant Copernic, jusqu'au XVIe siècle, le terme d'Antipodes avait un tout autre sens et éveillait dans l'esprit une tout autre idée qu'aujourd'hui. Comme les lois de l'attraction n'étaient pas connues, on ne comprenait pas que les hommes de l'hémisphère opposé pussent avoir *la tête en bas* sans tomber, et on niait l'existence des Antipodes; ou bien, si on l'admettait, c'était pour dire, avec Cicéron, qu'ils étaient d'une espèce toute différente de la nôtre : *Australis ille (locus) in quo qui insistunt, adversa vobis urgent vestigia; nihil ad vestrum genus.* (Songe de Scipion.)

Même après les célèbres voyages de Vespuce, de Colomb et de Vasco de Gama, beaucoup de personnes persistaient encore dans l'erreur de la cosmographie ancienne, que la zone tempérée au nord de l'équateur était seule habitable, témoin ce curieux passage d'un écrivain du XVIe siècle : *Par qui est habitée la zone opposée à la nôtre? Au dire de Macrobe, on ne l'a jamais su, et on ne le saura jamais* (teste Macrobio, non licuit unquam nobis, nec licebit agnoscere). *Car l'atmosphère embrasée de la zone torride interdit tout rapport avec cette région. La zone supérieure seule est donc habitée, je veux dire celle entre le nord et la région équatoriale.* (Zacharie Lilius, Paris, 1515, cité par M. Wiesener, *Revue des questions historiques*, t. I.)

Il ne faut donc pas s'étonner si quelques Pères de l'Église, sans nier absolument la sphéricité du globe, qui était loin d'être prouvée alors, n'en combattaient pas moins la possibilité d'hommes antipodes. C'est ainsi que saint Augustin, pour réfuter les fables absurdes débitées par les philosophes païens sur la nature et l'origine de certains peuples, répondait fort sagement : *Ut istam quæstionem pedetentim cauteque concludam : aut illa quæ talia de quibusdam gentibus scripta sunt, omnino nulla sunt; aut si sunt, homines non sunt; aut ex Adamo sunt, si homines sunt.* (*Cité de Dieu*, chap. VIII.)

Ainsi le système des Antipodes heurtait le dogme de l'unité de la race humaine; l'opinion imputée au prêtre Virgile était donc condamnable au VIIIe siècle comme elle le serait encore aujourd'hui.

CHAPITRE III

COORDONNÉES GÉOGRAPHIQUES

Latitude et longitude; leur détermination.

150. **Axes, pôles et cercles terrestres.** — On a imaginé pour la sphère terrestre des lignes et des cercles analogues aux lignes

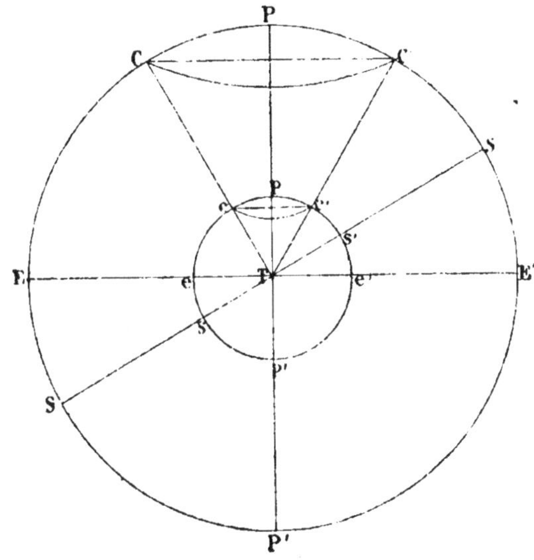

Fig. 66.

et aux cercles de même nom dans la sphère céleste. Ainsi que nous l'avons dit (nº 55, remarque), notre globe, quand on compare ses faibles dimensions à l'immense distance des étoiles, n'est qu'un point dans l'espace, et l'on peut prendre son centre pour celui de la sphère céleste.

Cela posé, l'axe du monde PP′ traverse la Terre suivant un diamètre *pp′* (fig. 66), qu'on nomme *axe terrestre*. L'extrémité *p* prend le nom de *pôle nord, boréal, arctique;* l'autre *p'*, s'appelle *pôle sud, austral, antarctique.*

Les grands cercles de la sphère céleste coïncident avec ceux de la sphère terrestre. Ainsi le cercle de déclinaison PEP' et l'équateur EE' peuvent être regardés comme les prolongements respectifs des méridiens *pep'*, et de l'équateur *ee'* appartenant à la Terre.

Quant aux petits cercles, tels que les parallèles, ils ne coïncident plus. Mais si l'on imagine un cône ayant pour sommet le centre de la Terre et pour base un parallèle céleste, l'intersection de ce cône avec la surface de la Terre détermine un parallèle terrestre *cc'* situé à la même distance de l'équateur que le parallèle céleste CC' correspondant. Ainsi les tropiques terrestres sont situés à 23° 1/2 de chaque côté de l'équateur, et les cercles polaires à 23° 1/2 des pôles, comme leurs correspondants dans le Ciel.

Les points situés sur l'équateur terrestre ont la sphère *droite;* entre l'équateur et les pôles terrestres la sphère est *oblique;* enfin les pôles ont la sphère *parallèle* (55).

151. **Coordonnées géographiques.** — On détermine la position d'un lieu sur la Terre à l'aide de la *latitude* et de la *longitude,* coordonnées analogues à la déclinaison et à l'ascension droite.

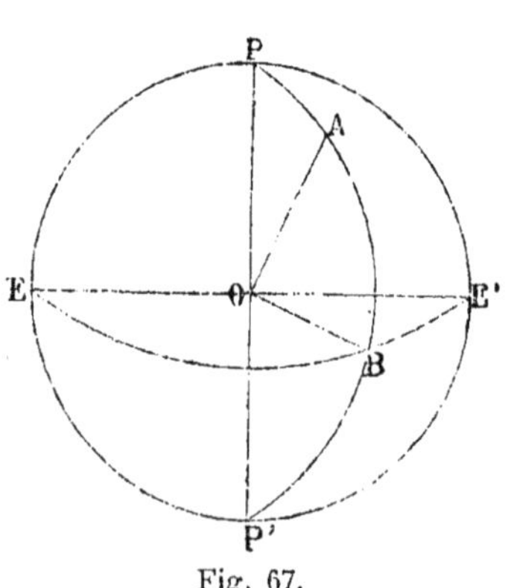

Fig. 67.

La *latitude* d'un point A (fig. 67) est sa distance angulaire AB à l'équateur; ou mieux, c'est l'angle AOB fait par la verticale de ce point avec l'équateur. Elle se compte de 0° à 90° de l'équateur aux pôles, et elle est boréale ou australe, positive ou négative.

La *longitude* du même point A est l'angle *dièdre* de son méridien PAP' avec un premier méridien PEP' pris pour origine. Elle se compte de 0° à 180° sur l'équateur; elle est dite orientale ou occidentale, suivant que le lieu dont il s'agit est à l'est ou à l'ouest du premier méridien.

Aujourd'hui chaque nation a son premier méridien. Celui des Français passe par l'observatoire de Paris, à 20° 1/2 de l'île de Fer, l'une des Canaries, à partir de laquelle les anciens géographes avaient la bonne habitude de compter toutes les longitudes.

152. **Détermination de la latitude.** — *La latitude d'un lieu est égale à la hauteur du pôle céleste au-dessus de l'horizon de ce lieu.*

En effet, l'angle ATE = l'angle pAh (fig. 68), comme angles à côtés perpendiculaires. Or le premier est la latitude du lieu A ; le second est la hauteur du pôle céleste p au-dessus de l'horizon hh'. Cette démonstration est indépendante de la forme du méridien : que la verticale AT aille ou non passer par le centre de la Terre, les deux angles aigus ATE et pAh n'en ont pas moins les côtés perpendiculaires chacun à chacun et sont égaux.

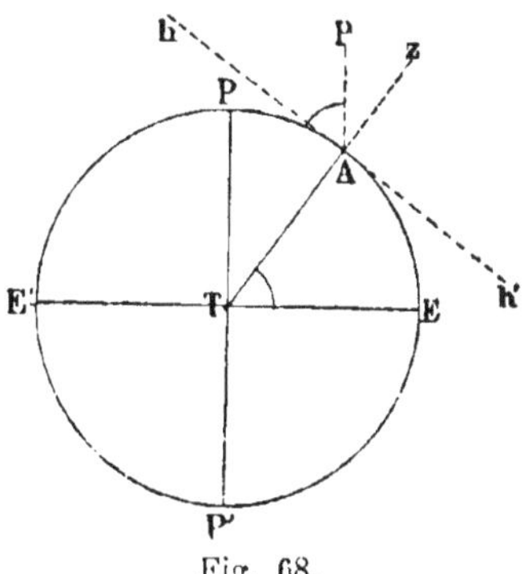

Fig. 68.

Quand la hauteur du pôle n'est pas connue, on la détermine par des mesures de hauteurs méridiennes faites à 12 heures de distance (53).

On peut aussi se contenter de mesurer la hauteur méridienne d'un astre quelconque dont la déclinaison serait connue. Les tables de la *Connaissance des Temps*, publiées par le Bureau des longitudes, indiquent les déclinaisons des étoiles principales, ainsi que la déclinaison du Soleil pour tous les jours de l'année. Un calcul très simple détermine ensuite la latitude, car on a, d'après le n° 59, $d = h + z$, d'où $h = d - z$.

153. **Détermination de la longitude.** — Cette détermination repose sur le principe suivant : *La différence des longitudes de deux lieux est égale à la différence des heures qu'on y compte au même instant.*

En effet, supposons qu'en tous les points du globe le temps soit réglé sur le passage d'une même étoile à leurs méridiens respectifs. La terre tournant d'un mouvement uniforme autour de son axe en 24 heures sidérales, soit de 15 degrés par heure, il s'ensuit que l'étoile passera successivement à tous les méridiens, et que si un lieu est à 15° de longitude E. d'un autre, l'astre traversera le méridien une heure avant son passage au méridien de cet autre.

Donc, la différence des temps est proportionnelle à la longitude et peut lui servir de mesure. Il suffit pour cela de multiplier par 15 la différence des heures et de leurs subdivisions pour obtenir l'expression de la longitude en degrés, minutes et secondes (60).

Il existe plusieurs méthodes pour comparer entre elles les heures de deux points différents du globe au même instant. On peut recourir 1° aux chronomètres, 2° aux signaux de feu, 3° à la télégraphie électrique, 4° aux phénomènes astronomiques, tels que les éclipses, les occultations d'étoiles, les distances angulaires de la Lune au Soleil ou à un astre quelconque[1].

154. Ce qui précède autorise les définitions suivantes :

1° *L'équateur terrestre est le lieu géométrique des points dont la latitude est zéro.*

2° *Un parallèle est le lieu géométrique des points qui ont la même latitude.*

3° *Un méridien terrestre est le lieu géométrique des points qui ont même heure au même instant, c'est-à-dire même longitude.*

Remarque. De toute manière, la longitude et la latitude d'un point suffisent pour déterminer sa position à la surface de la Terre. En effet, ces coordonnées font connaître le méridien et le parallèle dont l'intersection marque la position du lieu dont il s'agit; tel est le principe de la construction des globes et des cartes géographiques, dont nous allons nous occuper.

---

[1] Nous laissons au professeur le soin de donner les explications nécessaires au sujet de l'emploi de ces diverses méthodes.

CHAPITRE IV

CARTES GÉOGRAPHIQUES

Différents modes de projection. — Projections par perspective : orthographiques, stéréographiques, homalographiques. — Projections par développement : coniques, cylindriques. — Système de Flamsteed, de l'État-major français, de Mercator.

155. **Cartes géographiques.** — Les cartes sont des représentations planes de la totalité ou d'une partie de la surface terrestre.

On appelle *mappemondes* les cartes représentant toutes les parties du globe divisé en deux hémisphères; *cartes générales*, les cartes d'une contrée entière (Europe, Asie), et *cartes particulières,* celles qui n'en représentent qu'une portion (France, Égypte); *cartes topographiques,* celles qui reproduisent les détails, les accidents du sol d'un pays; *cartes marines,* celles qui ne représentent que la mer, ses îles et ses côtes, et qui servent à la navigation.

156. **Projections.** — La Terre est un globe sphérique dont la surface n'est pas développable, c'est-à-dire ne peut s'étendre sur un plan sans duplicature ni déchirure. Il faut donc recourir à des constructions géométriques pour représenter sur une carte plane, avec plus ou moins de fidélité, une partie ou la totalité de la surface terrestre. Ces constructions sont appelées *projections*, et on les divise en deux classes : les projections par *perspective,* et les projections par *développement.*

Quel que soit le mode de projection adopté, la position d'un lieu quelconque est fixée par l'intersection de ses coordonnées géographiques. Toute la question se ramène donc à déterminer les lois suivant lesquelles doivent se projeter les parallèles et les méridiens.

I. — Projections par perspective.

157. Les projections par perspective représentent, sur un plan considéré comme tableau, le globe terrestre tel qu'il nous apparaîtrait, si le point de vue était placé à une certaine distance.

Les projections par perspective sont ou *orthographiques* ou *stéréographiques;* on les emploie surtout pour la construction des mappemondes hémisphériques.

158. **Projection orthographique.** — Cette projection n'est autre chose que la projection orthogonale ordinaire (ὀρθός, γωνία, à angle droit), c'est-à-dire une perspective dont le point de vue est à une distance infinie sur une perpendiculaire au plan de projection.

Nous supposons connus ces quelques principes de géométrie descriptive :

1° *La projection d'un point sur un plan est le pied de la perpendiculaire abaissée de ce point sur le plan.*

2° *La projection d'une figure quelconque est l'ensemble des projections des différents points de cette figure sur le plan.*

3° *Par conséquent, un cercle parallèle au plan de projection se projette par un cercle égal; un cercle oblique à ce plan se projette par une ellipse, et un cercle perpendiculaire, par son diamètre.*

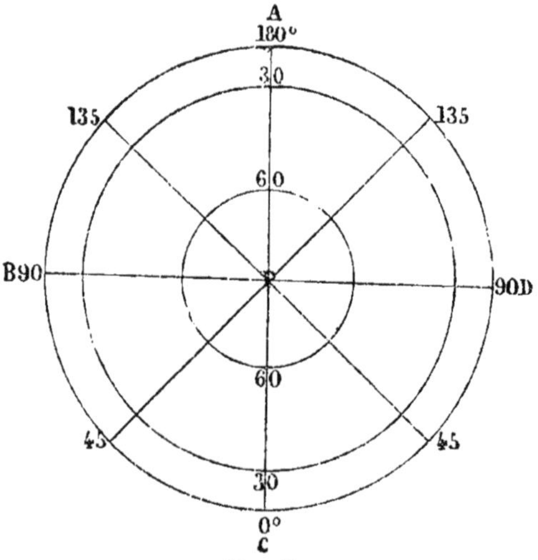

Cela posé, il est facile de voir ce que deviennent les coordonnées dans le système orthographique. On choisit ordinairement pour plan de projection l'équateur ou un méridien ; de là deux cas à examiner.

Fig. 69.

1er cas. *Projection sur l'équateur.* Soit ABCD (fig. 69) le cercle de l'équateur, sur lequel on veut projeter l'un des hémisphères. D'après les principes précédents, 1° le pôle se projette en P, au centre de ce cercle ; 2° les méridiens étant perpendiculaires au plan de projection, sont figurés par des lignes droites qui irradient du centre ; 3° l'angle de deux méridiens quelconques est mesuré par l'angle de leurs projections ; 4° tout parallèle est représenté par un cercle ayant pour centre la projection du pôle.

Il ne reste plus qu'à marquer les longitudes sur l'équateur et les latitudes sur un méridien.

2e cas. *Projection sur un méridien.* Dans le cas présent, 1° tout parallèle étant, ainsi que l'équateur, perpendiculaire au plan de projection, se projette par son diamètre ; 2° les méridiens obliques au plan de projection, deviennent des ellipses ayant toutes pour grand axe la ligne des pôles ; 3° le méridien perpendiculaire au plan de projection aura pour projection la ligne des pôles elle-même. De là résulte la construction suivante :

Soit PEP'E' (fig. 70) le méridien choisi pour plan de projection. On le divise en degrés pour marquer les latitudes et tirer les parallèles de part et d'autre de l'équateur EE'. Puis l'on cherche la projection du méridien de 60°, par exemple.

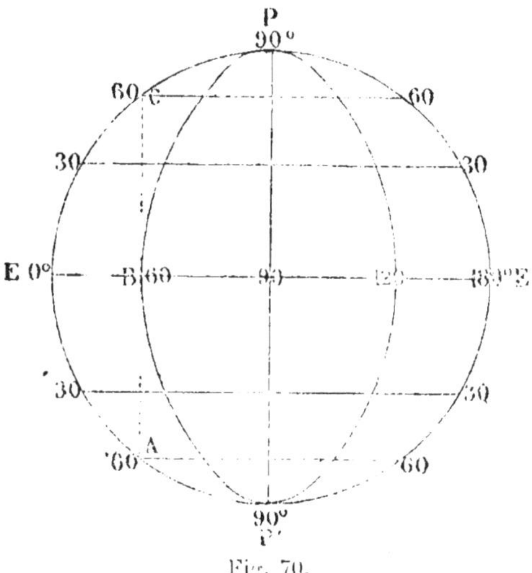

Fig. 70.

On connaît déjà le grand axe de l'ellipse ; pour trouver le petit, abaissons la perpendiculaire AC sur EE' ; le point B, projection du point A sur l'équateur, sera le sommet de l'ellipse qui fait avec le premier méridien un angle de 60°. On construit cette ellipse par les procédés ordinaires, et l'on marque 60° en B. De même pour les autres méridiens.

Remarques. Les cartes orthographiques sont exactes dans les parties centrales, mais très défectueuses près des bords, où les lignes et les surfaces projetées sont extrêmement réduites. Aussi ce mode de construction n'est-il guère employé que pour les planisphères célestes et les cartes des planètes, parce que le disque de ces astres, à cause de la distance, nous présente l'aspect d'une mappemonde orthographique.

159. **Projection stéréographique.** — La projection stéréographique, plus usitée, est construite d'après le principe que la surface de l'hémisphère est représentée sur le plan d'un grand cercle, l'œil étant supposé au pôle de ce cercle. C'est, si l'on veut, le dessin qu'on obtiendrait en regardant un globe terrestre à travers un plan ou *tableau* transparent; l'ensemble des points où les rayons visuels rencontrent le plan donnerait alors la *perspective* ou *projection stéréographique* du globe.

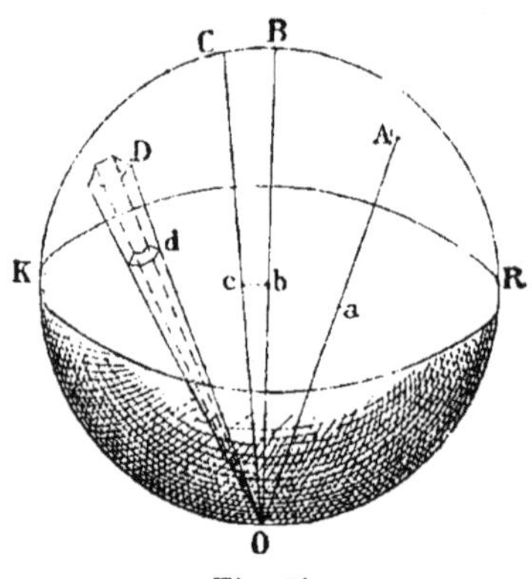

Fig. 71.

Soit KR (fig. 71) le grand cercle qui limite l'hémisphère à représenter, et soit O le point de vue placé dans l'autre hémisphère. Il est évident que la projection stéréographique du point A sera le point *a;* celle de l'arc CB sera la ligne *cb,* et celle d'une figure quelconque D, sera une autre figure *d* déterminée par l'intersection du plan KR et du cône ayant pour sommet O et pour directrice le contour de D.

La projection stéréographique jouit de deux propriétés remarquables :

1° Tout cercle de la sphère, à l'exception de ceux qui, passant par le point de vue, se projettent par une droite, *a pour projection un autre cercle.*

2° L'angle de deux courbes tracées sur la sphère, c'est-à-dire l'angle de leurs tangentes, est égal à l'angle de leurs projections.

Démonstration de la 1re propriété. Soient O le point de vue (fig. 72), MSN le tableau, ABC le cercle donné, et IKE sa projection stéréographique. Il faut prouver que cette dernière figure est un cercle.

La droite PV, qui joint le centre de la sphère au centre du cercle ABC, est perpendiculaire au plan de ce dernier, de sorte que le plan OPV est à la fois perpendiculaire au cercle et au tableau, qu'il coupe, le premier suivant le diamètre AC, et le second suivant MN.

Abaissons du point K de la projection IKE la perpendiculaire KL sur le diamètre MN, et par cette perpendiculaire conduisons un plan parallèle au cercle ABC. Ce plan coupe le cône suivant un cercle RKD, dont RD parallèle à AC est un diamètre. La géométrie donne : $\overline{KL}^2 = RL \times LD.$ (1)

Mais les angles OAC et LED sont égaux comme ayant chacun pour mesure $\frac{90^\circ + NC}{2}$; ensuite l'angle OAC égale l'angle IRL qui égale donc LED ; de plus, les angles ILR et ELD sont égaux. Donc les triangles ILR et ELD sont semblables comme équiangles et donnent :

$$\frac{RL}{LE} = \frac{LI}{LD},$$

d'où $RL \times LD = LE \times LI$

L'égalité (1) devient alors

$$\overline{KL}^2 = LE \times LI$$

Donc le point K appartient à un cercle dont IE est le diamètre.

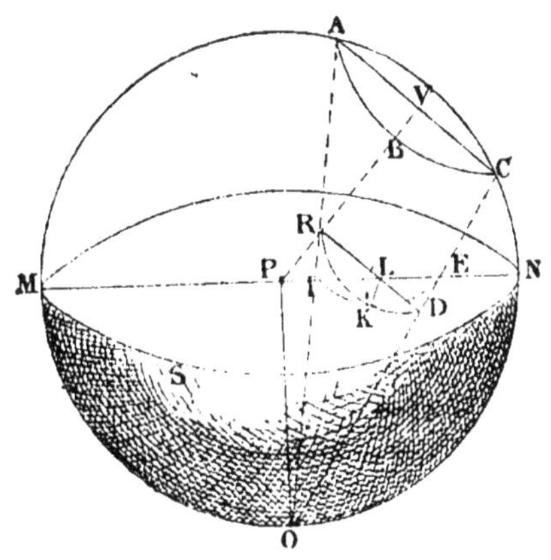

Fig. 72.

Démonstration de la 2e propriété. Soient AT et AT′ les tangentes aux deux courbes qui se coupent en A sur la sphère (fig. 73), MN le plan du tableau, PS le plan tangent à la sphère, mené par le point de vue O parallèlement au plan MN.

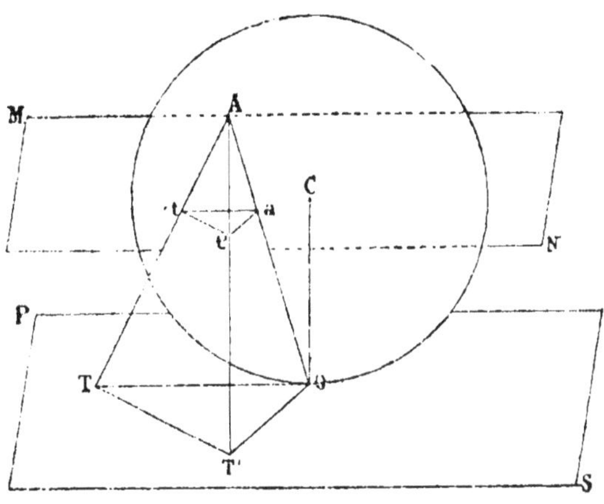

Fig. 73.

En joignant le point *a*, perspective de A, aux points *t* et *t′*, où les deux tangentes percent le tableau, nous aurons leurs projections *at* et *at′*; il s'agit de prouver l'égalité des angles TAT′ et *tat′*.

Les quatre droites OT, *at*, OT′ et *at′* sont parallèles deux à deux comme intersections de deux plans parallèles par un troisième. Or les deux triangles TOT′ et TAT′ sont égaux comme ayant leurs trois côtés égaux, savoir TT′ commun, TO = TA et T′O = T′A comme tangentes menées à la sphère par un même point extérieur. Donc l'angle TAT′ égale TOT′, et, par suite, l'angle *tat′*.

160. La projection stéréographique se construit de trois manières : *sur le plan d'un méridien, sur le plan de l'équateur, sur le plan de l'horizon rationnel d'un lieu.*

1er cas. *Projection sur un méridien.* Quand on prend pour tableau un méridien, le point de vue est situé sur l'équateur, qui est lui-même représenté par un diamètre perpendiculaire à la ligne des pôles ; les parallèles sont des arcs de cercle ayant leur centre sur l'axe ou sur son prolongement, et les méridiens des arcs de cercle passant par les pôles. De là résulte la construction suivante :

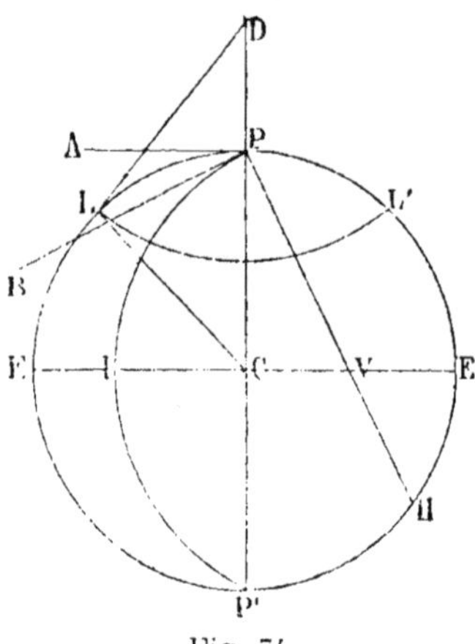

Fig. 74.

Pour projeter un parallèle quelconque ayant une latitude n^o, on mène en L, situé à n^o de l'équateur, une tangente au méridien-tableau, jusqu'à la rencontre de l'axe en D ; puis du point D comme centre avec le rayon DL, on décrit l'arc LL', qui est la projection demandée (fig. 74).

En effet, le parallèle en question rencontrant le méridien PEP'E' aux points L et L' situés à la latitude n^o, sa projection doit passer par les mêmes points, et, par conséquent, avoir son centre sur la ligne des pôles.

D'un autre côté, tout parallèle étant perpendiculaire au méridien, les tangentes LD et LC de nos deux cercles doivent se couper à angle droit (2e propriété). Donc l'intersection de la tangente LD et de la ligne des pôles détermine le centre cherché.

Pour projeter un méridien quelconque, on prend sur le méridien-tableau, à partir du pôle P', un arc $2l$ double de la longitude donnée ; on joint l'extrémité H de cet arc à l'autre pôle par une droite qui rencontre le diamètre équatorial en V ; puis, de ce point comme centre avec le rayon VP, on décrit l'arc PIP' qui est la projection demandée.

En effet, puisque la projection circulaire du méridien doit passer, comme le méridien lui-même, par les deux pôles, son centre doit se trouver sur le diamètre équatorial. De plus, l'angle APB des tangentes à nos deux cercles doit être égal à l'angle l (2e propriété), et il en est de même de l'angle HPP' formé par les perpendiculaires à ces tangentes. Mais ce dernier angle est inscrit ; donc il faut prendre son arc P'H égal à $2l$.

2e cas. *Projection sur l'équateur.* Si l'on adopte pour tableau le plan de l'équateur, le point de vue est à l'un des pôles, les méridiens passant tous par le point de vue se projettent par des lignes droites, et les parallèles par des cercles concentriques. Le dessin ressemble alors à celui de la figure 69, sauf toutefois que l'espacement entre les parallèles n'est pas le même.

3e **cas.** *Projection sur l'horizon*. Enfin, quand on veut que le point central de la carte soit un lieu déterminé du globe, Paris, par exemple, le point de vue se place à l'extrémité du diamètre terrestre passant par ce lieu, et c'est l'horizon rationnel du lieu même qui sert de plan de projection.

161. **Système homalographique.** — Le système des projections stéréographiques présente un avantage, c'est que toute portion de la surface terrestre, assez petite pour être considérée comme plane, est représentée par une figure semblable sur la carte. En effet, tous les triangles dans lesquels cette figure et sa projection peuvent être décomposées, sont semblables comme équiangles, et semblablement disposés.

Mais il y a aussi un inconvénient assez grave, contraire à celui des projections orthographiques, c'est que les dimensions s'altèrent de plus en plus à mesure qu'on s'éloigne des bords de la carte. Vers les bords, il n'y a qu'une réduction très-faible, tandis que vers le centre, les lignes sont réduites à moitié et les surfaces au quart. Ainsi l'on a (fig. 71) $\frac{cb}{CB} = \frac{Ob}{OB} = 1/2$.

Pour éviter cet inconvénient, Babinet a imaginé un système dit *homolographique* (ὁμαλός, égal), dans lequel les parallèles sont représentés par des droites parallèles, et les méridiens par des ellipses coupant l'équateur en des points équidistants. Les droites parallèles sont déterminées par la condition qu'elles divisent le méridien principal en parties proportionnelles aux zones correspondantes. Les ellipses figurant les méridiens ont pour grand axe la ligne des pôles, tandis que le petit axe varie proportionnellement à la longitude. Ce système conserve, non la similitude des figures, mais les rapports de superficie.

II. — Projections par développement.

162. Quand il s'agit de représenter une province, un royaume, une contrée particulière, on assimile avantageusement ces portions restreintes de la surface terrestre à des surfaces coniques ou cylindriques, c'est-à-dire à des surfaces développables. On distingue deux projections par développement, la *projection conique* et la *projection cylindrique*.

163. **Projection conique.** — On suppose un cône circonscrit à la sphère terrestre suivant le parallèle moyen BB′ (fig. 75) du pays à représenter. Les plans des méridiens terrestres coupent le cône suivant ses génératrices, et ceux des parallèles suivant des

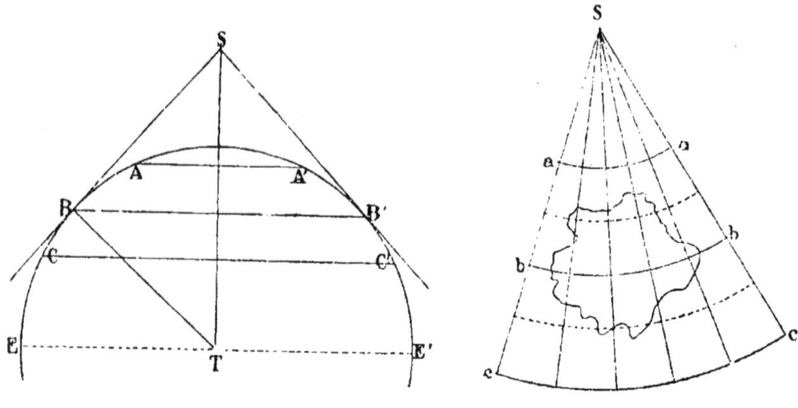

Fig. 75. Fig. 76.

cercles; ces droites et ces cercles, lorsqu'on développe la surface conique, constituent le canevas de la carte (fig. 76). On a soin de prendre sur les arêtes du cône des distances *ab, bc...,* exactement égales à celles AB, BC, prises sur le globe même. La carte se trouve ainsi renfermée dans un trapèze *acc′a′,* dans lequel les parallèles et les méridiens, aussi nombreux qu'il est nécessaire, se coupent à angle droit comme sur le globe.

164. **Projection cylindrique.** — Si la région qu'on veut représenter est coupée par l'équateur, la surface circonscrite à la sphère est celle d'un cylindre, et le développement est dit *cylindrique.* Dans ce système, les méridiens et les parallèles sont figurés par des droites perpendiculaires entre elles.

Cette projection n'est applicable qu'à des portions de la sphère avoisinant l'équateur (Océanie); on l'emploie aussi pour la construction des planisphères et des cartes marines.

En modifiant plus ou moins ces développements, on obtient d'autres modes de projection, tels que le développement conique de Flamsteed, la projection conique française, et la projection cylindrique de Mercator.

165. **Développement de Flamsteed.** — Dans la projection de Flamsteed, ou *projection conique rectifiée,* l'équateur et les parallèles sont des droites perpendiculaires au méridien moyen,

qui est lui-même une ligne droite. Les autres méridiens sont des courbes déterminées par le calcul, de façon que les arcs de parallèle compris entre deux d'entre eux sur la carte soient égaux en longueur à ce qu'ils sont sur la sphère (*n° suivant*). Dans ce système, les parties voisines des bords de la carte sont un peu défigurées, mais les surfaces restent proportionnelles.

166. **Projection française ; carte de France.** — Le corps d'état-major, chargé par Napoléon Ier de construire la grande carte de France, a employé un système de développement conique très avantageux.

Le parallèle choisi pour parallèle moyen (celui de 45°) est un arc de cercle décrit avec un rayon égal à la génératrice S*b* (fig. 75 et 76) du cône circonscrit à la sphère suivant ce parallèle ; les autres parallèles sont aussi des arcs de cercle concentriques au premier et décrits avec un rayon égal à S*b* ± l'arc qui marque sur le globe leur distance au parallèle moyen.

Le méridien moyen (celui de Paris) est une ligne droite ; les autres sont des courbes déterminées comme dans le développement de Flamsteed.

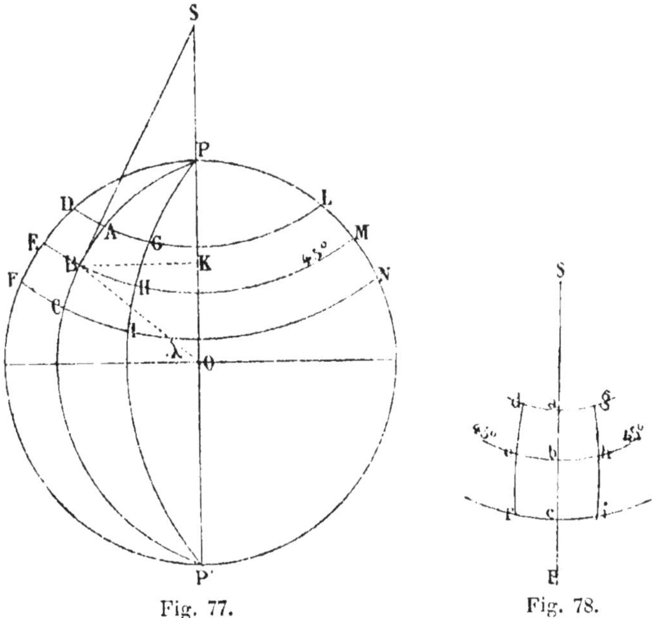

Fig. 77.

Fig. 78.

Soient EBM, PBP' (fig. 77) le parallèle et le méridien moyens. Pour la construction du canevas (fig. 78), il y a trois choses à calculer : 1° la génératrice ;

2° le rayon devant servir au tracé d'un parallèle quelconque; et 3° la longueur des arcs de chaque parallèle qui doivent servir au tracé des méridiens.

Or 1° le triangle rectangle SBO nous donne pour la génératrice :

$$SB \text{ ou } Sb = BO \text{ cotg. } BSO = R \text{ cotg. } \lambda$$

(car l'angle BSO égale l'angle λ de latitude, les côtés étant perpendiculaires).

2° Appelons n l'arc de méridien BC, BA... compris entre deux parallèles, c'est-à-dire leur différence en latitude. Il est évident que le rayon du tracé pour un parallèle quelconque est égal à $SB \pm n$. Mais l'arc $n = \frac{\pi R n}{180}$; donc

$$Sc, Sa... = Sb \pm \frac{\pi R n}{180}$$

3° Pour déterminer les arcs des parallèles qui doivent servir au tracé des méridiens, il faut connaître ces parallèles. Or leur rayon est facile à trouver; il est égal à R cos λ (en effet, l'on voit, par la fig. 77, que le rayon BK du parallèle moyen, par exemple, n'est autre que le cosinus de la latitude du point B).

La longueur d'un arc de $n°$, tel que ag, bh, ci, sera donc égale à

$$\frac{\pi R n° \times \cos. \lambda}{180°}$$

On réduit ces diverses valeurs à l'échelle de la carte; la construction du canevas se fait en traçant les parallèles et en joignant par un trait continu leurs points de division du même rang, ce qui donne la représentation des méridiens successifs.

La projection française offre les avantages suivants, qui sont essentiels dans les cartes topographiques :

1° Les distances sont très peu altérées dans le sens du méridien ;

2° Elles ne le sont pas dans le sens des parallèles;

3° Les parallèles et les méridiens se coupent à très peu près à angle droit, comme sur le globe;

4° Les surfaces, à peine déformées, restent proportionnelles.

La carte de France, à l'échelle $\frac{1}{80000}$, est divisée en 280 feuilles, et ne couvre pas moins de 82 mètres carrés de superficie. On a tenu compte, dans ce magnifique travail, des principaux accidents du sol pour chaque localité.

167. **Projection de Mercator. — Cartes marines.** — La projection cylindrique, appliquée à la représentation du globe entier, donnerait des cartes peu fidèles, parce qu'en s'éloignant de l'équateur, elle produit entre les méridiens un élargissement et une déformation très considérable des contrées polaires. Pour diminuer cet inconvénient, Mercator (Kaufmann), au XVIe siècle, imagina d'augmenter les distances entre les parallèles, à mesure qu'on avance vers les pôles, suivant une loi telle que l'angle de deux lignes projetées soit égal à l'angle de leurs projections.

Les surfaces, il est vrai, restent encore très altérées, mais l'exactitude des formes est maintenue.

Les cartes marines construites par développement cylindrique jouissent d'une propriété qui les rend très commodes pour la navigation. Cette propriété est la suivante : *Une courbe qui, sur la sphère, coupe tous les méridiens sous le même angle, est représentée par une ligne droite sur la carte, puisque cette ligne fait le même angle avec tous les méridiens qui, sur la carte, sont des droites parallèles entre elles.*

Les marins n'ont donc, pour se diriger en mer, qu'à tracer sur leur carte une droite du point de départ au point d'arrivée. L'angle constant de cette droite avec les méridiens étant connu, le navire arrive à sa destination en décrivant une courbe faisant partout cet angle avec les méridiens qu'il traverse. Cette courbe, appelée *loxodromie* (λοξός, oblique; δρόμος, course), n'est pas le plus court chemin d'un point à un autre, mais c'est le plus facile, parce que c'est au méridien qu'on rapporte la direction à suivre. Or en mer, on connaît sans peine, à chaque instant, la direction du méridien sur lequel on se trouve, direction indiquée par la boussole. S'il fallait suivre la route la plus courte, qui serait un arc de grand cercle, la marche du navire serait constamment gênée, parce qu'en général l'arc de grand cercle fait avec les méridiens successifs des angles différents.

CHAPITRE V

ROTATION DE LA TERRE

Outre les raisons de vraisemblance, huit preuves : attraction, aplatissement de la Terre, diminution de la pesanteur, chute des corps graves, vents alizés, aberration de la lumière, précession et nutation, déviation du pendule. — Vitesse de rotation.

168. **Mouvements de la Terre.** — Il est parfaitement établi que la terre est animée de deux mouvements simultanés, l'un de *rotation* sur elle-même, l'autre de *translation autour du Soleil.* Ce double mouvement combiné avec un certain balancement du globe produit encore la *précession des équinoxes* et la *nutation.*

169. **Rotation de la terre.** — Le mouvement diurne de la sphère céleste, mouvement auquel participent tous les astres, peut être expliqué de deux manières :

1° *En admettant que la terre est immobile et que toute la sphère céleste tourne autour de l'axe du monde, d'Orient en Occident.* C'est le système de Ptolémée, admis jusqu'au XVIe siècle, et qui fait de la Terre immobile le centre de l'Univers en regardant les apparences comme des réalités.

2° *En admettant que la sphère céleste est immobile et que la Terre tourne autour de la ligne des pôles, d'Occident en Orient.* C'est le système de Copernic, déjà entrevu par Pythagore et universellement adopté depuis le XVIIe siècle. Ce système rend parfaitement compte du mouvement diurne apparent des astres, lequel n'est d'ailleurs qu'une conséquence du principe connu en mécanique sous le nom de *principe des mouvements relatifs* ; c'est-à-dire que tout observateur entraîné à son insu par un mouvement quelconque attribue aux objets fixes qu'il regarde, un mouvement égal et contraire au sien propre.

C'est ainsi que le voyageur emporté dans l'espace sur un wagon ou sur un bateau sans secousses sensibles se croit immobile et voit s'enfuir loin de lui, en sens inverse, les arbres, les montagnes et tous les objets terrestres.

Provehimur portu, terræque urbesque recedunt. (Virg.)

Reste à voir maintenant pourquoi la première hypothèse n'est pas admissible et pourquoi la seconde est seule adoptée aujourd'hui.

Et d'abord le mouvement de la sphère céleste n'est pas vraisemblable; car si la Terre est immobile, il faut admettre que les étoiles les plus rapprochées de nous accomplissent leurs révolutions diurnes avec une vitesse supérieure à deux milliards de kilomètres par seconde, soit 8 000 fois la vitesse déjà si prodigieuse de la lumière. En outre, la force centrifuge qui résulterait d'un pareil mouvement serait plus surprenante encore, puisque cette force croît proportionnellement à la masse et au carré de la vitesse.

Mais hâtons-nous d'apporter des preuves plus décisives.

170. **Preuves de la rotation terrestre.** — Il y en a huit principales :

1° *Attraction.* La cause providentielle de tous les mouvements astronomiques n'est autre que l'attraction universelle, qui s'exerce entre les astres en *raison directe de la masse* (12). Or notre planète est un des plus petits mondes de l'Univers : le Soleil, par exemple, a une masse 325 mille fois plus considérable que la Terre (99). Donc ce n'est pas le Soleil ni la sphère céleste qui doivent tourner autour de notre globe.

2° *Aplatissement de la Terre.* Tout corps fluide qui tourne sur lui-même tend à s'aplatir vers les pôles et à se renfler à l'équateur par un effet de la force centrifuge. Or la Terre, fluide et incandescente dans le principe (143), est aplatie aux pôles et élargie à l'équateur (136). Donc elle a dû recevoir un mouvement de rotation sur elle-même; sinon, elle serait restée parfaitement sphérique en vertu de sa fluidité primitive et de l'attraction.

3° *Diminution de la pesanteur.* On a constaté par les oscillations du pendule (147 et 148) que la pesanteur diminue des pôles à l'équateur. L'aplatissement de la Terre explique une partie de la diminution constatée, puisque les corps situés à l'équateur sont plus éloignés du centre d'attraction. Mais pour retrouver par le calcul la diminution totale, il faut en outre tenir compte de la force centrifuge qui contre-balance la pesanteur. Or la force centrifuge n'est engendrée que par le mouvement. Donc la Terre tourne.

La pesanteur à l'équateur est diminuée de $\frac{1}{580}$ par l'aplatissement de la Terre, et de $\frac{1}{289}$ par la force centrifuge. En somme, c'est d'environ $\frac{1}{200}$ qu'est diminué le poids d'un corps transporté du pôle à l'équateur. Comme 289 est le carré de 17, si la Terre tournait 17 fois plus vite, la force centrifuge, à l'équateur, deviendrait égale à la pesanteur, et les corps n'y pèseraient plus. Pour un mouvement de rotation plus rapide encore, ils seraient lancés dans l'espace par l'effet de la force centrifuge.

4° *Chute des corps graves.* Quand un corps tombe librement d'une certaine hauteur, on ne peut faire sur la direction suivie pendant sa chute que les trois hypothèses suivantes : ou il tombe exactement selon la verticale, ou un peu à l'ouest de cette ligne, ou enfin à l'est. Dans le 1er cas, la Terre serait immobile; dans le 2e elle tournerait, mais sans entraîner dans son mouvement les corps situés au-dessus de la surface terrestre; dans le 3e elle ferait participer à sa rotation tous les objets placés dans sa sphère d'attraction. Or, cette dernière hypothèse se trouve seule vérifiée par le calcul et par l'observation. Donc la Terre tourne, et avec elle tout ce qui dépend d'elle-même.

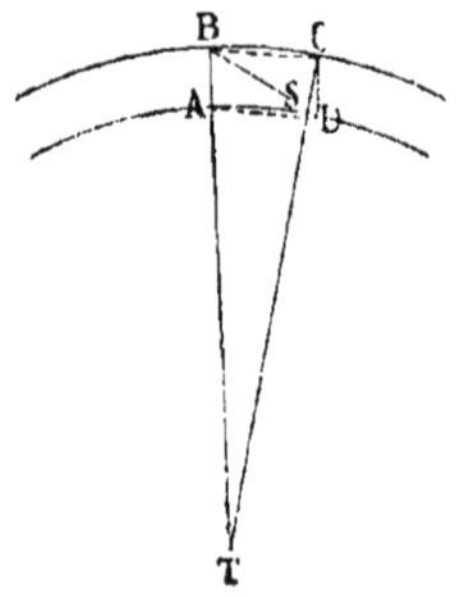

Fig. 79.

En effet, soient sur la même verticale les corps A et B parcourant, par suite de la rotation terrestre, les espaces AS et BC dans une seconde, et représentons par BA la verticale que parcourrait B dans le même temps sous l'action de la pesanteur seule. Il est clair que sa vitesse propre BC, combinée avec l'action de la pesanteur, doit l'amener, au bout d'une seconde de chute, au sommet D du parallélogramme ABCD, c'est-à-dire à l'est de la verticale CT. Des expériences précises et nombreuses ont confirmé cette théorie en donnant une déviation moyenne de 28 millimètres pour 158 mètres de hauteur.

5° *Vents alizés.* On appelle ainsi des vents qui, dans les régions équatoriales, soufflent constamment du nord-est au-dessus de l'équateur, et du sud-est au-dessous. L'inégale température de la masse atmosphérique aux différents points du globe, combinée avec la rotation de la Terre, rend parfaitement compte des vents alizés.

En effet, la chaleur des régions équatoriales étant bien supérieure à celle des régions polaires, il doit se produire, dans chaque hémisphère, deux courants de sens inverse : l'un d'air froid, allant du pôle vers l'équateur et occupant les régions inférieures de l'atmosphère à cause de sa plus grande densité; l'autre, d'air chaud, dirigé de l'équateur vers le pôle et occupant les régions supérieures.

Si la Terre était immobile, ces courants suivraient simplement un méridien. Mais si la Terre tourne de l'ouest à l'est, la vitesse des divers points du globe augmente par degrés, du pôle où elle est nulle, jusqu'à l'équateur où elle atteint son maximum. Or, comme les couches d'air participent au mouvement de la surface qu'elles recouvrent, les courants polaires, arrivés dans la zone équatoriale, doivent tourner moins vite que le sol, de sorte que ce retard ou cette différence dans la vitesse produit la sensation d'un courant diagonal venu du nord-est ou du sud-est, selon l'hémisphère que l'on considère.

6° *Aberration de la lumière.* Si la sphère céleste tournait autour de la Terre en 24 heures, les astres en général, les planètes en particulier, auraient des vitesses très variables qui, combinées avec la vitesse du rayon lumineux, produiraient une aberration parfaitement appréciable (72). Mais cette aberration n'existe pas; donc...

7° *Précession des équinoxes et nutation.* Ces deux phénomènes dont nous parlerons bientôt ne s'expliquent bien que par le mouvement de la Terre.

8° *Déviation apparente du pendule.* C'est à Foucault que l'on doit la démonstration la plus belle et la plus solide de la révolution diurne de la Terre. En voici le principe :

Le pendule écarté de la verticale n'oscille que sous l'influence de la pesanteur. Or toute force *unique* ne peut imprimer à la matière inerte qu'une seule direction s'exerçant dans le même plan. Donc, tant qu'il n'intervient aucune force étrangère à la pesanteur, le pendule exécute toutes ses oscillations dans le plan vertical marqué, au début, par le point de suspension et par le centre de gravité du corps pesant.

Mais, chose étonnante, si l'on fait osciller un pendule d'une certaine longueur, on constate que son plan d'oscillation change progressivement et paraît tourner d'Orient en Occident comme les astres. Or cette déviation ne peut être réelle, elle n'est qu'apparente. En réalité, c'est donc la Terre qui se meut en sens contraire, c'est-à-dire de l'ouest à l'est.

Remarque. Foucault a inventé un autre appareil appelé *gyroscope*, avec lequel on voit aussi la Terre tourner comme par l'observation du pendule. Ces deux instruments sont du reste fondés à peu près sur les mêmes principes.

171. **Explication de la déviation apparente du pendule.** — Pour bien saisir l'explication de ce phénomène, imaginons que l'expérience soit d'abord faite au pôle nord. Soient ABDE (fig. 80) la projection orthographique de l'hé-

misphère boréal sur le plan de l'équateur, P le pôle, et AD, BE, CH autant de méridiens.

Supposons le pendule suspendu exactement dans la direction de l'axe terrestre, et lancé dès le début suivant le méridien AD. Il oscillera invariablement dans ce plan; mais si la Terre tourne sur elle-même de l'ouest à l'est en 24 heures, l'observateur qui participe à ce mouvement sans en avoir conscience, le rapportera au pendule, de sorte que le méridien AD prenant successivement les positions CH, EB, etc., le plan d'oscillation paraîtra tourner autour de la verticale avec la même vitesse, mais en sens contraire de la rotation réelle du globe.

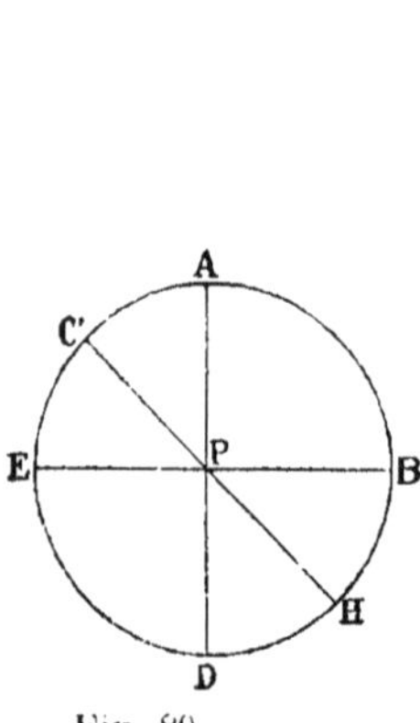

Fig. 80.

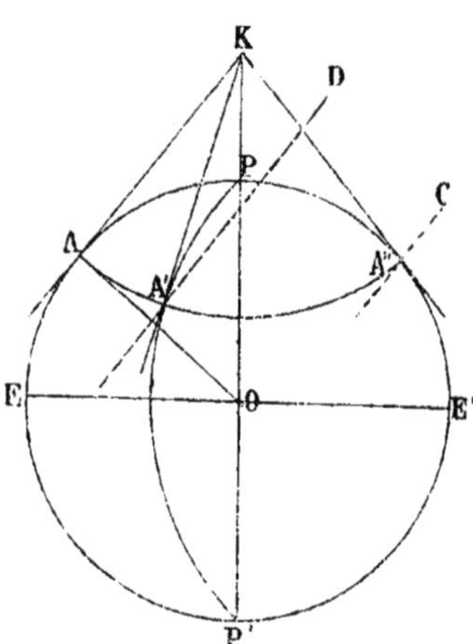

Fig. 81.

Soit, en second lieu, un pendule oscillant à une latitude quelconque entre le pôle et l'équateur, en A, par exemple, sur le parallèle AA'' (fig. 81, projection sur le méridien PEP'). Ici l'explication du phénomène est plus complexe, parce que le point de suspension n'est plus fixe dans l'espace. Nous supposons le pendule oscillant au début suivant la méridienne AK tangente au méridien PAP'.

Quand le point A, par suite de la rotation, sera venu en A' et en A'', le pendule, fidèle à sa direction primitive, oscillera suivant les directions parallèles A'D, A''C. Il y aura donc déviation apparente; car ces lignes ne se confondent plus avec les méridiennes A'K, A''K; et cette déviation, moins considérable qu'au pôle dans le même temps, est marquée par les angles KA'D, KA''C, égaux comme alternes-internes aux angles formés par les méridiennes.

On conçoit d'ailleurs comment ici les choses se passent : pendant que le point de suspension tourne avec la Terre, le plan d'oscillation invariable est transporté parallèlement à lui-même dans l'espace, tandis que l'orientation du local où se fait l'expérience change à chaque instant par suite de la convergence des méridiens vers les pôles.

Enfin, si nous transportons le pendule à l'équateur même, il n'y a plus de déviation apparente, parce que l'angle des méridiennes étant nul, elles restent constamment parallèles entre elles, de même que les directions du plan d'oscillation.

Ainsi la déviation angulaire du pendule va en diminuant depuis le pôle où elle égale le mouvement de rotation, jusqu'à l'équateur où elle est nulle.

172. Valeur de la déviation apparente du pendule. — On trouve par le calcul que la déviation du pendule est liée à la valeur angulaire du mouvement diurne par la relation $x = a \sin. l$, dans laquelle a exprime la valeur angulaire de la rotation terrestre, l la latitude du lieu; et x la déviation du pendule.

L'arc AI étant commun aux angles x et a (fig. 82), on peut poser $\frac{x}{a} = \frac{AB}{AK}$, c'est-à-dire que les angles sont en raison inverse de leurs rayons respectifs ; d'où

$$x = \frac{a \times AB}{AK}$$

Mais AB, dans le triangle AKB = AK sin. AKB = AK sin. l. (angles à côtés perpendiculaires). Transportant cette valeur dans l'expression précédente, on obtient

$$x = a \sin. l$$

L'expérience confirme le calcul, et c'est ainsi qu'on trouve pour Paris une déviation d'à peu près 11° 17′ à l'heure, soit environ 32 heures pour la révolution complète du pendule autour de la verticale.

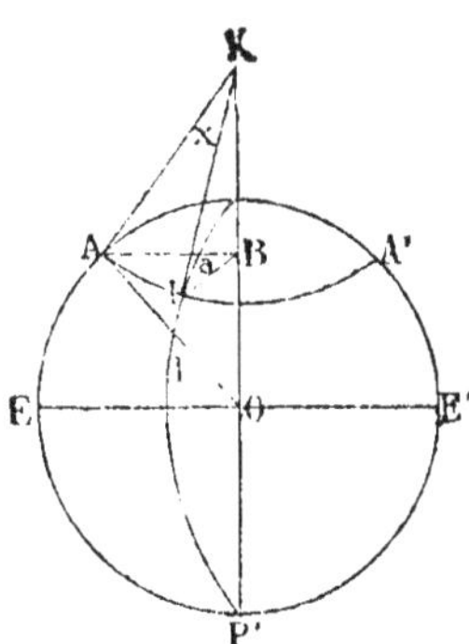

Fig. 82.

173. **Vitesse de rotation à la surface de la terre.** — Il est évident que les vitesses de rotation sur les divers parallèles sont proportionnelles aux rayons AC, BI, EO de ces cercles (fig. 83). Elles décroissent donc assez vite de l'équateur aux pôles. On trouve facilement que tout point de l'équateur parcourt 463 mètres par seconde : à la latitude de Paris, la vitesse n'est plus que de 305 mètres.

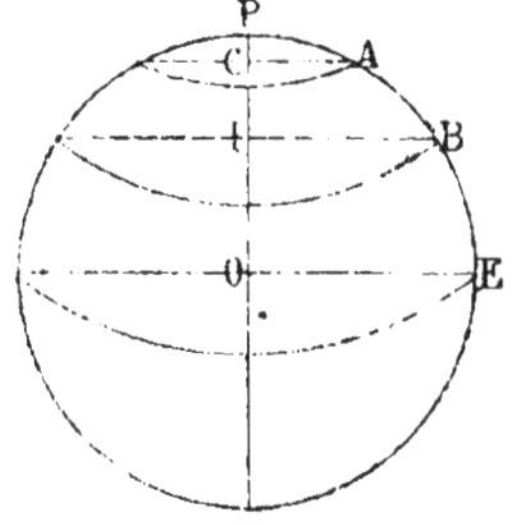

Fig. 83.

Les rayons AC, BI... étant les cosinus des latitudes, on peut poser la formule $v = V \cos. l$, dans laquelle V représente la vitesse de rotation à l'équateur, et v la vitesse pour une latitude quelconque. Ainsi pour Paris, on a $v = 463 \cos. 48° 51'$ ou 305 mètres par seconde.

CHAPITRE VI

TRANSLATION DE LA TERRE

Preuves : loi d'attraction; stations et rétrogradations des planètes; intervalle variable des éclipses du satellite de Jupiter; parallaxe des étoiles; aberration de la lumière.
Vitesse de translation. — Accord entre les apparences et la réalité. — *Galilée et le mouvement de la Terre.*

174. **Mouvement annuel de la Terre.** — De même que la rotation terrestre explique bien le mouvement diurne des astres, ainsi la translation autour du Soleil rend parfaitement compte de la révolution annuelle de la sphère céleste.

Tout d'abord on pourrait dire que ce second mouvement est une conséquence logique de la rotation. En effet, il est permis de supposer que ce mouvement de rotation provient d'une force qui agit sur le sphéroïde terrestre, sans passer par son centre de gravité (16). Dès lors, cette rotation ne peut avoir lieu sans être accompagnée d'un mouvement de translation dans l'espace; c'est à peu près le cas d'une bille frappée ailleurs que par son centre de gravité.

Mais, indépendamment de cette considération théorique, nous pouvons apporter des preuves plus péremptoires.

175. **Preuves de la translation.** — Il y en a cinq principales :

1° *Loi d'attraction.* La masse du Soleil est bien supérieure à celle de la Terre (99); donc la Terre doit tourner autour du Soleil.

Pour parler plus exactement, nous dirons que, l'attraction étant réciproque, le Soleil et la Terre s'attirent mutuellement de façon à décrire l'un et l'autre une courbe autour du centre de gravité de leur système. Mais nous avons vu (14) que ce point commun se confond presque avec le centre du Soleil, qui peut dès lors être considéré comme immobile par rapport à nous. Reste donc à admettre que c'est notre planète qui se déplace et non le Soleil.

2° *Stations et rétrogradations des planètes.* Quand on étudie la marche des planètes dans le Ciel, on les voit s'avancer dans un certain sens, puis s'arrêter tout à coup, puis revenir en arrière sur leurs pas pour reprendre ensuite leur course et repasser constamment par les mêmes alternatives.

Or, l'hypothèse de l'immobilité de la Terre ne donne pas d'explication suffisante de ces singulières apparences. Faites circuler au contraire notre globe et les planètes autour du Soleil, et tout s'explique parfaitement, comme on peut le voir par la figure ci-contre.

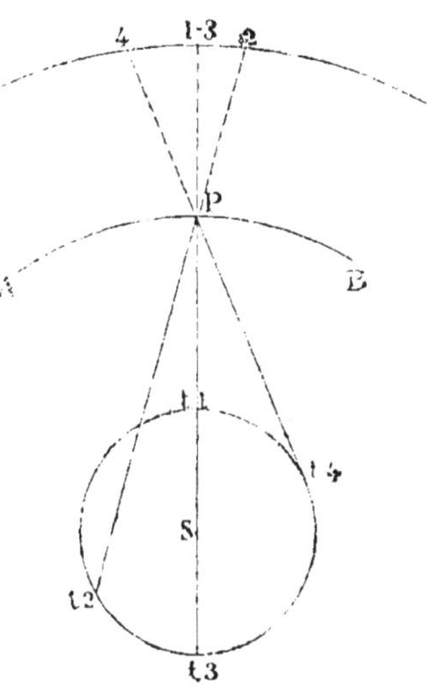

Fig. 84.

La circonférence dont le Soleil S occupe le centre représente l'orbite terrestre; l'arc AB est une portion de l'orbite d'une planète, Jupiter, par exemple, et les chiffres 1, 2, 3, 4 indiquent les projections successives de cette planète sur la voûte céleste. On peut toujours, sans altérer les apparences, faire abstraction de la vitesse angulaire de la planète P, pourvu qu'on diminue celle de la Terre de la même quantité.

3° *Intervalle variable des éclipses du satellite de Jupiter.* Les expériences des physiciens ont démontré que la propagation de la lumière n'est pas instantanée. Donc le calcul de la vitesse du rayon lumineux par l'observation d'un des satellites de Jupiter prouve péremptoirement le déplacement de la Terre dans l'espace (22).

4° *Parallaxe des étoiles.* L'existence de la parallaxe annuelle de certaines étoiles fournit une démonstration rigoureuse de la translation; car si la terre était immobile, le rayon visuel mené à une étoile ne changerait pas de direction, et il serait impossible, à six mois d'intervalle, de mesurer l'angle à l'étoile. (*Voir* liv. II, chap. III.)

5° *Aberration de la lumière.* Enfin, le mouvement annuel de la Terre est mathématiquement démontré par l'aberration des étoiles. Nous avons expliqué ce phénomène au n° 72, et nous avons dit que l'observation, d'accord avec le calcul, donne 20″,45 pour la valeur maximum de l'angle d'aberration.

En effet, soient ET et TT' les chemins parcourus dans l'unité de temps par le rayon lumineux et par la Terre (fig. 85). Nous savons que le rapport des deux vitesses ou $\frac{v}{V} = \frac{1}{10\,086}$, et que l'angle a d'aberration atteint son maximum quand la direction du rayon visuel est perpendiculaire à la trajectoire de la Terre; nous pouvons donc poser :

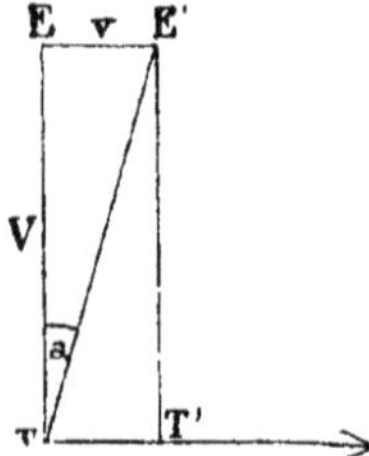

Fig. 85.

$$\text{tang. } a = \frac{v}{V} = \frac{1}{10\,086} = 20'',45$$

Il est évident que, si la Terre était immobile, le phénomène de l'aberration n'existerait pas, quelle que fût d'ailleurs la vitesse de la lumière.

176. **Vitesse de translation de la Terre.** — Nous savons que la longueur moyenne du rayon vecteur, c'est-à-dire la distance de la Terre au Soleil, est de 37 114 000 lieues (97). Par conséquent, si l'on néglige l'excentricité de l'orbite, on trouve que la vitesse moyenne de notre globe dans l'espace, ou $\frac{2\pi R}{T}$, est d'environ 30 kilomètres par seconde [1].

On arrive au même résultat en partant de l'aberration des étoiles. En effet, l'observation donne 20'',45 pour la valeur angulaire de l'aberration, et la physique trouve, sans le secours de l'astronomie, 300 000 kilomètres pour la vitesse du rayon lumineux. On peut donc, *sans pétition de principe,* poser d'après la figure 85 : $v = V \text{ tang. } 20'',45 = 300\,000 \times \frac{1}{10\,086} = 30$ kilom. à peu près.

En outre il est facile de déduire de ces données la distance de la Terre au Soleil, et, par suite, la parallaxe. (Voir la remarque du n° 97.)

177. **Accord entre les apparences et la réalité.** — Le mouvement annuel dont le Soleil nous paraît animé n'est donc qu'une illusion due au mouvement de la Terre. D'ailleurs les phénomènes célestes s'expliquent aussi facilement dans l'hypothèse de la translation terrestre.

Soient, en effet, SM (fig. 86) l'ellipse apparente du Soleil, et

---

[1] En partant de la théorie mécanique de la chaleur, qui établit l'identité de la chaleur et du mouvement, on peut se demander ce que deviendrait la Terre, si, par la permission divine, elle venait à s'arrêter brusquement dans son orbite. Nous ne craignons pas d'affirmer qu'un pareil événement équivaudrait, pour les hommes, *à la fin du monde par le feu.* En effet, telle est la prodigieuse quantité de mouvement (masse multipliée par la vitesse) possédée par notre planète, que la chaleur rendue libre par le seul fait d'un arrêt subit, suffirait, d'après les calculs de la physique moderne, non seulement pour fondre le globe tout entier, mais encore pour volatiliser complètement les substances les plus réfractaires dont il est composé. Ainsi la Terre, comme à l'origine, ne serait plus qu'une masse fluide, un océan de vapeurs incandescentes!

TN une ellipse égale ayant pour foyer le périgée S de la première, et son grand axe sur la même droite.

Supposons d'abord la Terre immobile et le Soleil occupant successivement les positions S, S′, S″... sur son orbite; P, P′, P″ seront ses projections sur la voûte céleste, et il semblera se mouvoir dans le sens P P′ P″.

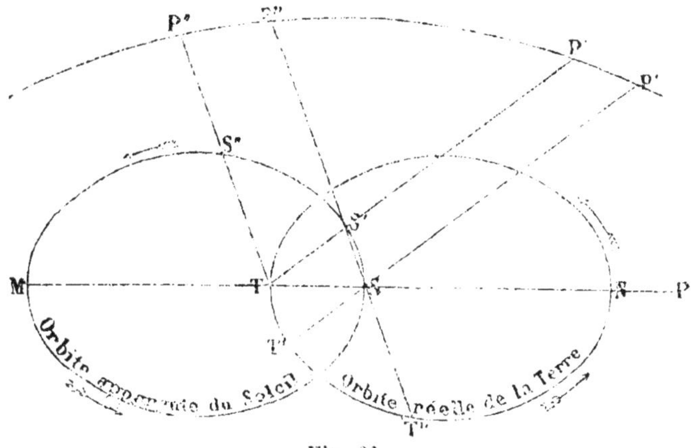

Fig. 86.

Supposons maintenant le Soleil immobile en S et la Terre occupant les positions successives T, T′, T″...; le Soleil se projettera en P, p', p'' et paraîtra marcher dans le même sens que tout à l'heure. Les apparences sont donc les mêmes dans les deux hypothèses.

Inutile de dire que les variations, soit pour les angles, soit pour les distances, restent aussi les mêmes.

Il convient de modifier désormais quelques-unes des dénominations que nous avons employées précédemment (liv. III, chap. II), afin de les mettre en harmonie avec la réalité. Ainsi le périgée et l'apogée deviennent le *périhélie* et l'*aphélie*, la vitesse angulaire du Soleil n'est que la *vitesse angulaire de la Terre*, etc. etc.

Au reste, ces rectifications de langage importent peu dans la pratique et sont très faciles à faire. Pour revenir de l'apparence à la réalité du phénomène de la translation, nous dirons donc :

La Terre décrit en un an, avec une vitesse variable conforme à la loi des aires, et dans le sens direct, une ellipse dont le Soleil occupe un des foyers.

178. **Galilée et le mouvement de la Terre.** — Galilée, né à Pise en 1564, fut un des plus zélés propagateurs du système de Copernic en Italie. Mais l'ar-

deur avec laquelle il attaqua le préjugé contraire, si vivace alors, si cher à la plupart des érudits, lui suscita de nombreux contradicteurs qui le dénoncèrent aux tribunaux ecclésiastiques (1616 et 1633).

Les écrivains hostiles à l'Église ont vu, dans le procès de l'illustre astronome, une protestation contre la science, et ils accusent Rome d'avoir retardé, par la condamnation de Galilée, la connaissance du véritable système du monde. Les faits suivants, accompagnés de quelques réflexions, montreront combien ce reproche est injuste. (Cf. H. de l'Epinois, Desjardins, Cantu, Heis, etc. etc.)

1° *Quels ont été les promoteurs de la réforme astronomique?* — Des prêtres, des prélats, des cardinaux. Dès 1435, deux siècles avant Galilée, le cardinal de Cusa soutenait le mouvement de la Terre; quarante ans plus tard, Regiomontanus, évêque de Ratisbonne, devinait également les erreurs de Ptolémée; en 1533, le pape Clément VII encourageait et récompensait l'Allemand Widmanstadt, qui venait de soutenir à Rome, dans les jardins du Vatican, la théorie du mouvement terrestre; enfin, en 1543, le chanoine Copernic, pressé par le cardinal Schomberg et l'évêque de Culm, se décidait à publier son fameux ouvrage *De revolutionibus orbium cœlestium,* dédié au pape Paul III.

Vers le même temps, remarquent les historiens allemands, Mélanchthon, appuyé sur la Bible, faisait la guerre au système de Copernic, préludant ainsi aux persécutions dont Képler, un demi-siècle plus tard, devait être l'objet de la part des protestants d'Allemagne.

2° *Quelle était, au temps de Galilée, l'opinion commune sur le système du monde?* — Aristote et Ptolémée exerçaient encore en astronomie l'autorité souveraine. Quelques esprits d'élite soutenaient le système de Copernic; mais la masse des astronomes et des érudits lui était contraire. Ainsi, le fameux Bacon ne voyait dans ce système qu'*un inepte libertinage d'esprit;* Descartes le nia d'abord dans quelques parties; Gassendi n'osait pas encore le proclamer, et Galilée lui-même, lorsqu'il était déjà d'un âge mûr, l'avait cru *une folie.*

Quant à l'Église, elle laissait la discussion parfaitement libre. Tandis que les opinions de Galilée soulevaient contre lui bien des haines, et que, de divers points de l'Italie, on le dénonçait à Rome, Paul V l'assura que lui vivant il ne serait point inquiété; le cardinal Barberini célébrait en vers les découvertes de l'illustre astronome; devenu pape sous le nom d'Urbain VIII, il lui assigna une pension que nous devons regarder, dit l'anglican Brewster, « comme un don du pontife romain à la science elle-même, comme une déclaration au monde chrétien que l'Église romaine respectait et alimentait partout le génie humain. »

3° *Pourquoi Galilée fut-il condamné?* — Si Galilée, dans ses attaques contre Aristote, s'était tenu sur le terrain de la science pure; s'il s'était borné à fortifier son système par des raisons physiques et mathématiques sans aucune allégation des livres saints, il n'aurait pas été cité et condamné par l'Inquisition. On lui avait prudemment recommandé, à Rome, de se renfermer dans ces limites; mais il n'eut pas la sagesse de s'en tenir là, et, pour tourner contre les péripatéticiens leurs propres armes, il prétendit expliquer la Bible à son profit et imposer à tout le monde son interprétation particulière. Alors les juges ecclésiastiques, alarmés des prétentions exégétiques de l'astronome, condamnèrent sa théorie comme contraire à l'Écriture sainte. Mais il ressort évidemment du procès, dirons-nous avec l'historien Cantu, que l'Église défendait de soutenir l'immobilité du Soleil comme thèse, et non comme hypothèse. Et dans le temps même où Galilée comparaissait devant ses juges, la cour romaine offrait la chaire d'astronomie de Bologne au grand Képler, partisan déclaré du système de Copernic.

4° *Comment Galilée fut-il traité?* — « Avec des égards inusités, dit le calviniste Mallet du Pan, avec des attentions particulières, » qui prouvent que

Rome respectait le savant dont elle croyait devoir désapprouver les enseignements.

Mais la torture, les fers, le cachot? — Contes absurdes. Pendant le procès, Galilée, au lieu d'être emprisonné au Saint-Office, était libre et vivait au milieu de ses amis. Après le jugement, sa prison fut, pour quelques jours, la délicieuse villa du grand-duc de Toscane, à la Trinité-des-Monts; ensuite le palais de l'archevêque de Sienne, son ami et son ancien élève.

Le fameux *E pur si muove* doit être lui-même relégué dans le domaine du roman. Le savant Heis affirmait en 1864, dans le *Handweiser* de Munster, qu'on ne trouve aucune trace de cette exclamation dans les auteurs du XVIIe et du XVIIIe siècle, au moins jusqu'en 1789, et nous ne sachons pas qu'on ait donné depuis un démenti quelconque à cette assertion.

5° *Comment faut-il apprécier l'arrêt de l'Inquisition?* — Il faut distinguer entre le fait et le droit. En fait, le tribunal s'est trompé en déclarant fausse et contraire à l'Écriture une doctrine astronomique aujourd'hui démontrée vraie, et qui n'est pas réellement opposée aux textes sacrés. Si quelques passages de la Bible font allusion au mouvement du Soleil, tout catholique sait que le but de ce divin livre n'est pas de nous enseigner les sciences, et que son langage, pour être intelligible, a dû se conformer à l'usage général.

En droit, il y avait au fond du procès une question d'exégèse que le tribunal ecclésiastique était compétent à décider. On venait lui demander s'il fallait entendre dans le sens figuré certaines paroles de la Bible que les Pères et les Docteurs de l'Église avaient jusque-là interprétées dans le sens littéral. Le tribunal, trouvant la question posée dans ces termes, s'en tint prudemment à l'interprétation traditionnelle du texte sacré, et l'on conviendra que dans l'état de la science, en face d'une doctrine encore incertaine et nullement démontrée, il ne lui était guère possible de rendre une autre décision.

N'oublions pas du reste que les arguments présentés par Galilée n'étaient pas des preuves, mais simplement des *probabilités*. Même plusieurs des raisons données par lui comme péremptoires ont été reconnues fausses depuis. La translation de la Terre n'est devenue évidente que depuis les travaux de Newton, de Bradley, de Laplace, etc., et la rotation n'est devenue sensible qu'avec les belles expériences de Foucault. Et quand le tribunal romain censura cette proposition de Galilée: *que le Soleil est dépourvu de tout mouvement local*, avait-il déjà si grand tort? Aujourd'hui c'est une proposition *absurde* et *fausse* en cosmographie.

6° *L'infaillibilité pontificale n'est-elle pas ici compromise?* — En aucune manière; car il n'a jamais existé aucun décret doctrinal d'un concile ou d'un pape contre la théorie du mouvement de la Terre. Galilée fut condamné par l'Inquisition, c'est-à-dire par un tribunal qui, livré à lui-même, est faillible comme tous les tribunaux. Par une exception bien rare, *si elle n'est pas unique*, le pape ne voulut pas signer le décret de l'Inquisition.

En résumé, ce n'est pas le catholicisme, c'est l'aristotélisme qui se trouva aux prises avec la science dans le procès de Galilée. C'est donc à tort qu'on attribue à l'Église de l'hostilité contre une doctrine qui ne l'offensait pas, puisqu'elle avait été proclamée, plus d'une fois déjà, à l'ombre de la papauté. Quant aux soi-disant amis de la science qui s'élèvent avec tant de force contre le *fanatisme de l'Inquisition*, très probablement, s'ils eussent vécu deux ou trois siècles plus tôt, ils auraient été du nombre des étudiants qui sifflèrent Galilée à l'université de Pise, ou des protestants qui combattirent Képler en Allemagne et livrèrent, sur le théâtre, l'illustre Copernic aux huées du peuple.

CHAPITRE VII

PERTURBATIONS DU MOUVEMENT TERRESTRE

Perturbations périodiques : précession et nutation. — Perturbations séculaires : déplacement du périhélie, variation de l'obliquité de l'écliptique, de l'excentricité de l'orbite terrestre.

179. **Diverses perturbations.** — Le mouvement de la Terre sur son orbite n'est pas aussi simple que nous l'avons défini tout à l'heure. Le globe n'est ni sphérique, ni homogène, ni soumis à la seule attraction solaire; il doit donc (16) éprouver certaines perturbations qui apportent soit dans son mouvement, soit dans les éléments de sa trajectoire elliptique, des modifications légères sans doute, mais sensibles à la longue. Parmi ces perturbations, les unes sont dites *périodiques,* les autres *séculaires.*

180. **Perturbations périodiques.** — Il y a 1° la *précession des équinoxes,* et 2° la *nutation.*

1° *Précession.* Ce phénomène a pour cause l'attraction du Soleil et de la Lune sur le renflement équatorial de la Terre, attraction dont l'effet immédiat est d'imprimer au sphéroïde terrestre une sorte d'oscillation par suite de laquelle les points équinoxiaux changent de place chaque année. Voici comment :

Si la Terre était une sphère homogène, la résultante des attractions combinées du Soleil et de la Lune passerait par son centre de gravité et n'exercerait aucune action sur l'axe de rotation, lequel resterait alors constamment parallèle à lui-même dans l'espace.

Mais la Terre est aplatie aux pôles; et de plus, son équateur ne se trouve jamais, excepté aux équinoxes, dans le même plan que le Soleil. Dès lors, l'effet de l'attraction est sensiblement modifié.

Examinons particulièrement l'action du Soleil sur le renflement équatorial à l'époque du solstice d'été, et soient PP' l'axe de rotation, EE' l'équateur, et Op l'axe de l'écliptique ee' (fig. 87).

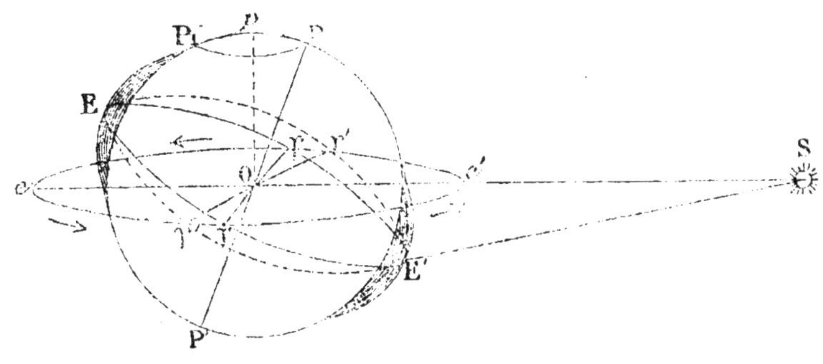

Fig. 87.

Il est évident que le Soleil agit sur la partie renflée E' avec plus d'intensité que sur les autres, et que cette attraction tend à ramener l'équateur dans le plan de l'écliptique et l'axe terrestre dans une position perpendiculaire à ce dernier plan. Ce résultat se produirait en effet, si la vitesse de rotation n'existait pas. Mais celle-ci maintient la fixité relative de l'axe du globe; car on sait que lorsqu'un solide de révolution, tel que la Terre ou une toupie, est animé d'un mouvement de rotation, son axe reste d'autant plus fixe que le mouvement est plus rapide.

C'est donc la vitesse de rotation qui s'oppose à l'attraction du Soleil sur le renflement équatorial, et en définitive, tout l'effet de cette dernière force se borne à avancer d'une très petite quantité l'instant et le point où l'équateur coupe chaque année l'écliptique.

Le déplacement de la ligne équinoxiale s'effectue très lentement; il est mesuré par l'arc $\gamma\gamma'$, dont la valeur moyenne est de 50",2 par année, ce qui donne un tour complet en 26 000 ans environ. Par suite l'axe terrestre, toujours perpendiculaire à l'équateur, est assujetti à décrire dans la même période de temps un cône de 23° $^1/_2$ autour de l'axe Op de l'écliptique (fig. 87).

Ce phénomène est désigné tantôt sous le nom de *rétrogradation des points équinoxiaux,* parce que le déplacement annuel de la ligne $\gamma\gamma'$ des équinoxes s'effectue dans le sens *rétrograde,* opposé au mouvement de la Terre; tantôt et plus souvent sous le nom de *précession,* parce que par l'effet du mouvement rétrograde du point vernal γ, l'instant de l'équinoxe *précède* le retour de la Terre au même point de son orbite, c'est-à-dire qu'une année est accomplie avant que le Soleil ait parcouru la totalité de son orbite apparente.

Comme la voûte céleste est le miroir fidèle dans lequel se réfléchissent les divers mouvements de la Terre, il est facile de deviner les conséquences de la précession pour les observations célestes. Nous en avons déjà indiqué plusieurs (n°s 71 et 74); on peut y ajouter la rétrogradation des signes du Zodiaque. Autrefois, du temps d'Hipparque, il y avait concordance entre les signes et les constellations, et l'équinoxe de printemps se trouvait dans le signe du Bélier. Mais depuis cette époque il s'est écoulé 2000 ans, et le point vernal ayant rétrogradé de $50'' \times 2000$, ou de 27 degrés à peu près, se trouve actuellement dans la constellation des Poissons, bien que l'on continue à dire que le Soleil, à l'équinoxe de Mars, entre dans le signe du Bélier. Le point vernal passera successivement dans chacune des douze constellations zodiacales pour revenir, au bout de 26 000 ans, à sa position actuelle.

Il nous resterait maintenant à calculer les influences respectives du Soleil et de la Lune dans le phénomène de la précession; mais nous renvoyons ce calcul au chapitre des marées.

2° *Nutation.* L'action de la Lune sur le renflement équatorial ne contribue pas seulement au phénomène de la précession; elle amène en outre, dans la position du point vernal et dans l'obliquité de l'écliptique, de légers changements dont la période est de 18 ans $^2/_3$. Il en résulte que l'axe de la Terre, au lieu de conserver toujours la même inclinaison sur l'écliptique, oscille dans le même espace de temps autour d'une position moyenne en décrivant un petit cône à base elliptique autour des génératrices successives du cône de précession. C'est à ce balancement qu'on donne le nom de *nutation.*

Ainsi l'axe terrestre, en 26 000 ans, décrit en réalité une série de petites courbes qui s'enroulent autour du cercle qu'il aurait parcouru sans la nutation. (Voir les figures 3 et 39 et les conséquences de ce phénomène au n° 71.)

La comparaison des divers mouvements de la Terre avec ceux d'une toupie donne une idée satisfaisante de la précession et de la nutation. On peut, en effet, remarquer dans une toupie mal centrée et lancée obliquement quatre mouvements distincts : 1° une rotation très rapide sur son axe; 2° une translation en vertu de laquelle sa pointe trace des orbes sur le plan du sol; 3° un balancement qui fait décrire à l'axe un cône autour de la verticale : c'est l'image de la précession; 4° une sorte de tremblement autour des génératrices successives de ce cône : c'est la nutation.

181. **Perturbations séculaires.** — Les planètes, en agissant sur

la Terre, produisent les variations séculaires qui sont : le *déplacement du périhélie*, les *variations dans l'obliquité de l'écliptique et dans l'excentricité de l'orbite terrestre.*

1° *Déplacement du périhélie.* Le grand axe de l'orbite terrestre n'est pas fixe dans le plan de l'écliptique ; car si l'on compare les longitudes du périhélie mesurées à diverses époques, on constate qu'elles vont toujours en augmentant. Or, si le périhélie était fixe, l'augmentation annuelle de sa longitude ne serait que de 50″,2. Mais il s'éloigne chaque année du point vernal d'un arc égal à 62″ ; donc il a un mouvement réel et direct de 12″ par an. (Il lui faut plus de 1 000 siècles pour parcourir l'écliptique.)

2° *Variation de l'obliquité de l'écliptique.* Lors même que la nutation n'existerait pas, l'obliquité de l'écliptique ne serait pas constante ; car sous l'influence des attractions planétaires, le plan de l'équateur exécute, autour d'une inclinaison moyenne, des oscillations très lentes dont la valeur n'atteint pas 3° (2°,42′ en tout, soit 1° 21′ pour chaque période d'augmentation ou de diminution).

Actuellement l'obliquité de l'écliptique diminue d'environ 48″ par siècle ; on le reconnaît en comparant entre elles les latitudes des étoiles voisines des points solstitiaux, mesurées à des époques très éloignées.

3° *Variation de l'excentricité de l'orbite terrestre.* Enfin, l'excentricité de l'orbite terrestre diminue elle-même un peu tous les ans (de 0,000 041 par siècle). Cette variation n'aura pas toujours lieu dans le même sens, et jamais l'orbite ne deviendra un cercle.

182. **Constance du grand axe.** — Telles sont les principales inégalités du mouvement terrestre. Une seule chose suffit, sous l'influence de l'attraction universelle, pour empêcher la Terre de se précipiter sur le Soleil ou de s'égarer dans l'espace, c'est la constance du grand axe de l'orbite. Et de fait, c'est par l'invariabilité de ce seul élément que Dieu, toujours admirable dans ses œuvres, maintient l'ordre et l'harmonie qui président aux mouvements de la Terre et des astres.

CHAPITRE VIII

CONSÉQUENCES DES MOUVEMENTS DE LA TERRE

Succession du jour et de la nuit; cercle d'illumination. — Inégalité du jour et de la nuit. — Durée du plus long jour. — Hauteur méridienne maximum du Soleil.
Jour réel plus grand que le jour théorique. — Crépuscule. — Limite des latitudes qui n'ont pas de nuit close au solstice.
Inégalité des saisons; influence de la précession et du déplacement du périhélie. — Zones. — Influence du changement d'obliquité dans l'écliptique.

183. **Conséquences des mouvements terrestres.** — C'est aux divers mouvements de la Terre que sont dus les mouvements apparents du Soleil et tous les phénomènes physiques qui en dépendent, tels que la variation du jour et de la nuit, la succession et l'inégalité des saisons, la diversité des climats, etc.

184. **Cercle d'illumination.** — Il est évident que le Soleil, dont

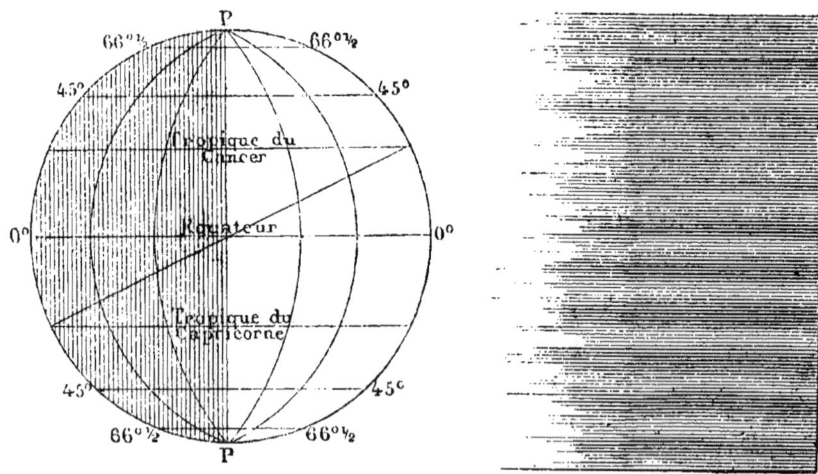

Fig. 88. — Équinoxe; égalité de jour et de nuit.

la distance est assez grande pour que les rayons qu'il nous envoie puissent être regardés comme sensiblement parallèles, n'éclaire jamais à la fois qu'un hémisphère terrestre, tandis que l'autre reste dans l'obscurité (fig. 88 et 89). La ligne de séparation entre la lumière et les ténèbres à la surface du globe prend le nom de *cercle d'illumination,* et son plan est constamment perpendiculaire à la droite menée du centre du Soleil au centre de la Terre.

Or, par suite de la rotation du globe, chaque point de la surface terrestre passe successivement de l'ombre dans la lumière, et réciproquement; de là la succession du jour et de la nuit. Ici le mot *jour* désigne simplement le temps durant lequel un point de la Terre reste exposé aux rayons solaires; en d'autres termes, c'est le temps pendant lequel le Soleil reste au-dessus de l'horizon.

185. **Cause de l'inégalité des jours et des nuits.** — Si l'obliquité

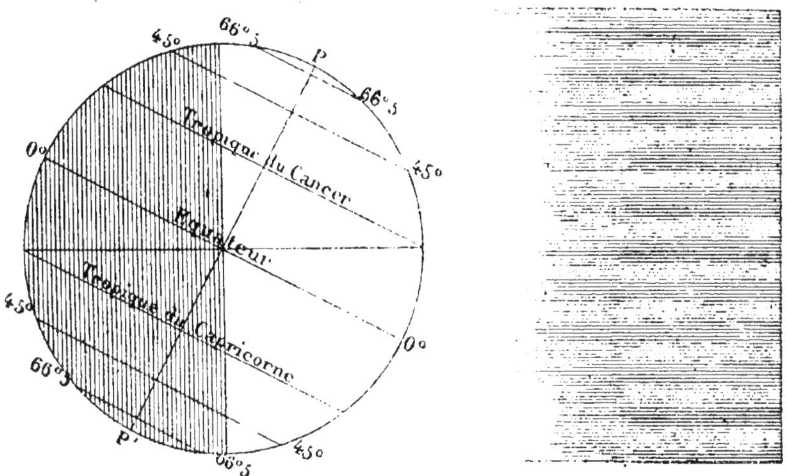

Fig. 89. — Solstice d'été; inégalité des jours et des nuits.

de l'écliptique n'existait pas, c'est-à-dire si le plan de l'équateur passait constamment par le centre du Soleil, le jour serait égal à la nuit en tout temps et en tout lieu. En effet, le cercle d'illumination passerait alors par les deux pôles et partagerait tous les parallèles en deux parties égales, comme cela arrive deux fois par an aux équinoxes (voir fig. 88).

Mais, grâce à l'obliquité de l'écliptique, le plan de l'équateur terrestre passe tantôt au-dessus, tantôt au-dessous du centre du Soleil. Alors le cercle d'illumination ne rencontre pas les pôles;

il coupe très inégalement les différents parallèles et détermine des jours d'autant plus inégaux que la latitude est plus élevée, et l'époque plus éloignée des équinoxes. Il suffit de jeter un coup d'œil sur la figure 89 pour se rendre compte de ce phénomène.

186. **Du jour et de la nuit aux différents lieux de la Terre.** — Pour simplifier la question, prenons le phénomène apparent du mouvement diurne, c'est-à-dire supposons le Soleil décrivant chaque jour un parallèle de la sphère céleste. Nous savons déjà qu'au moment des équinoxes le jour est égal à la nuit pour toute la Terre. Mais il n'en est pas de même aux autres époques de l'année. Or, comme les apparences du mouvement diurne sont les mêmes pour le Soleil que pour les étoiles, nous aurons trois systèmes différents de jours et de nuits, suivant que la sphère du lieu d'observation est *droite, oblique* ou *parallèle* (55).

1° A l'*équateur,* tous les parallèles décrits successivement par le Soleil sont divisés par l'horizon en deux parties égales, et le jour est égal à la nuit pendant toute l'année.

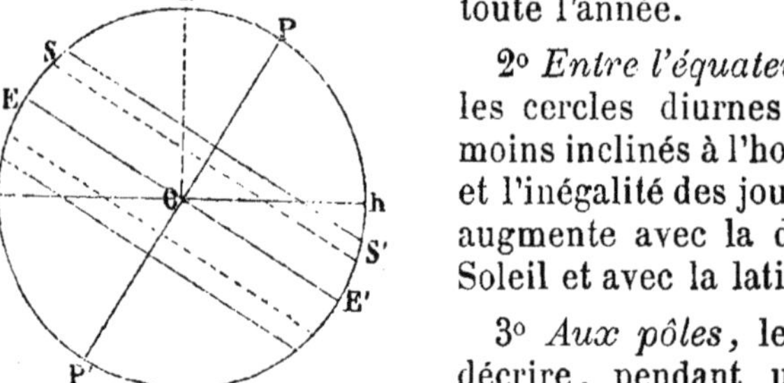

Fig. 90.

2° *Entre l'équateur et les pôles,* les cercles diurnes sont plus ou moins inclinés à l'horizon (fig. 90), et l'inégalité des jours et des nuits augmente avec la déclinaison du Soleil et avec la latitude du lieu.

3° *Aux pôles,* le Soleil paraît décrire, pendant une partie de l'année, des cercles parallèles à l'horizon, qui se confond avec l'équateur. Il y a donc un jour de six mois suivi d'une nuit aussi longue.

187. **Durée du plus long jour aux diverses latitudes.** — Le plus long jour de l'année (excepté pour l'équateur) est celui du solstice d'été, alors que le Soleil décrit le tropique situé dans l'hémisphère de l'observateur. La durée de ce jour dépend uniquement de la latitude du lieu. Quand cette latitude est égale au complément de la déclinaison du Soleil, il n'y a pas de nuit proprement dite, et le Soleil reste sur l'horizon pendant 24 heures.

C'est ce qui arrive une fois par an pour tous les points dont la latitude est égale à 90° — 23° 27′, ou 66° 33′, c'est-à-dire pour les cercles polaires. On peut voir par la figure 91 que le Soleil parcourt le tropique SS′ sans descendre au-dessous de S′s, horizon du point C. Le phénomène est inverse, quand le Soleil décrit l'autre tropique ss′.

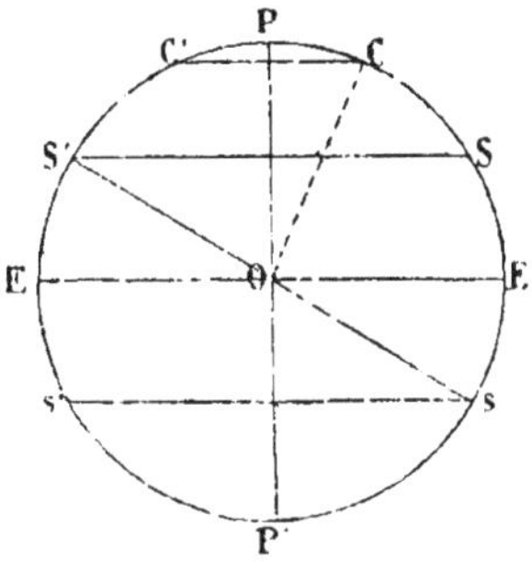

Donc, 1° *entre l'équateur et les cercles polaires*, le plus long jour varie entre 12 et 24 heures.

2° *Sur les cercles polaires*, le plus long jour est de 24 heures.

3° *Entre les cercles polaires et les pôles*, le plus long jour varie de 24 heures à 6 mois.

Fig. 91.

Inutile de dire que le jour du solstice pour un hémisphère est l'époque de la nuit la plus courte; comme aussi c'est le jour le plus court et la nuit la plus longue pour l'autre moitié du globe.

188. **Du jour et de la nuit dans l'hypothèse du mouvement de la Terre.** — Pour répondre à toutes les questions relatives à la durée du jour et de la nuit dans l'hypothèse du mouvement de notre globe, il suffit d'examiner comment les parallèles terrestres sont divisés par le cercle d'illumination aux différentes époques de l'année. Le rapport des deux arcs déterminés sur un parallèle par le cercle d'illumination est aussi le rapport des durées du jour et de la nuit pour ce parallèle. C'est ce que le lecteur pourrait déjà comprendre à la seule inspection des figures 88 et 89; mais, pour plus de clarté, précisons par un exemple.

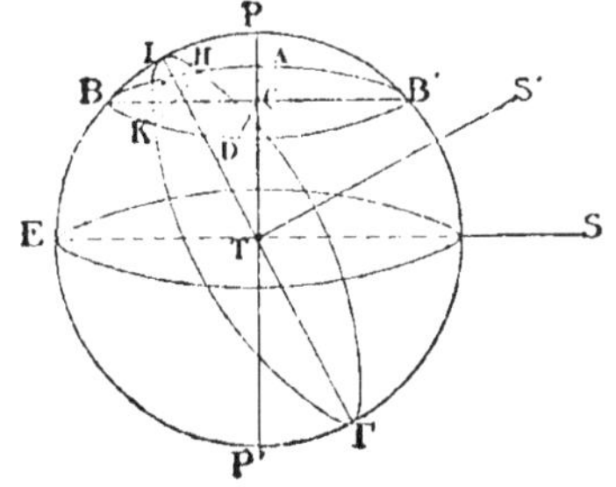

Fig. 92.

Soit le parallèle BB′ dont le centre est C, situé entre le tropique et le cercle polaire. Lors des équinoxes, le Soleil se trouve en S dans le plan même de l'équateur; le cercle d'illumination passe par les pôles et coupe le parallèle BB′ suivant le diamètre AD. L'arc de ce parallèle qui mesure le jour est donc égal à celui qui mesure la nuit.

Au delà de l'équinoxe de printemps, le Soleil monte au nord de l'équateur; l'intersection du parallèle et du cercle d'illumination ne passe donc plus par le centre C, mais au delà.

A l'époque du solstice d'été, le Soleil est en S', le plus haut possible au-dessus de l'équateur ; le cercle d'illumination est alors à 23 $^1/_2$ du pôle P, et l'intersection HK de son plan avec celui du parallèle est le plus loin possible du centre C. Le plus long jour est donc mesuré par HB'K, et la plus courte nuit par l'arc HBK.

189. **Hauteur méridienne du Soleil.** — Le Soleil, dans sa course diurne, s'élève plus ou moins au-dessus de l'horizon, et comme l'intensité de la lumière et de la chaleur dépend principalement de la hauteur méridienne de l'astre, il importe de déterminer cette hauteur pour une latitude et une époque quelconques.

Pour l'habitant de l'hémisphère boréal, la hauteur méridienne du Soleil, à un jour donné, est égale au complément de la latitude augmenté ou diminué de la déclinaison de l'astre, suivant que cette déclinaison est boréale ou australe : $h = (90^\circ - l) \pm d$ (1).

En effet, soit AO la verticale d'un lieu dont H'H est l'horizon géocentrique, et PAP' le méridien céleste (fig. 93). Quand le Soleil décrit le parallèle S, la déclinaison est boréale et la hauteur méridienne SH $=$ EH $+$ ES $= (90^\circ - l) + d$.

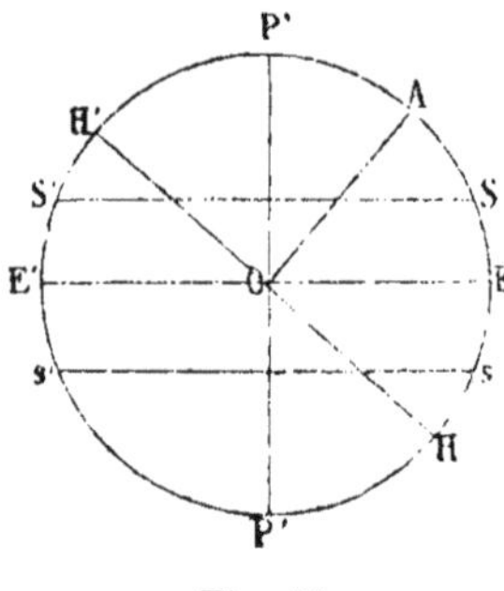

Fig. 93.

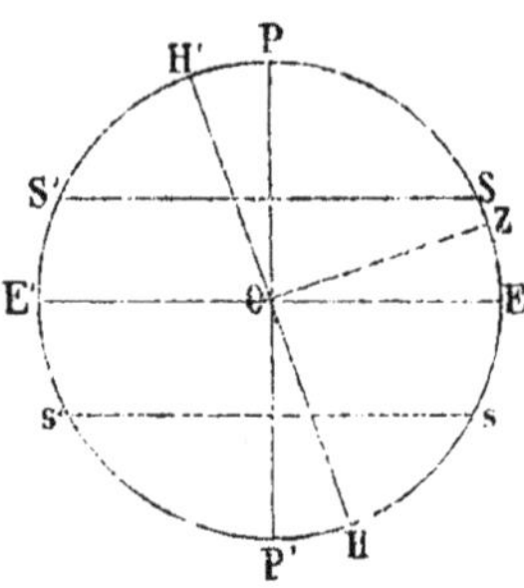

Fig. 94.

Si le Soleil est en s, la déclinaison est australe, et la hauteur méridienne sH $=$ EH $-$ Es $= (90^\circ - l) - d$.

Remarquons cependant que la formule (1) suppose que le Soleil ne traverse pas le méridien au *nord du zénith* de l'observateur. Si cela a lieu, la hauteur méridienne SH' (fig. 94) est alors égale à SP $+$ PH' $= (90^\circ - d) + l$. (2)

Ce phénomène n'arrive, à une certaine époque de l'année, que pour les pays situés entre le tropique et l'équateur.

Il est évident que les formules (1) et (2) sont les mêmes pour l'hémisphère austral, pourvu que l'on considère la déclinaison comme positive au-dessous de l'équateur, et comme négative au-dessus.

De ce qui précède nous conclurons :

1° *Entre les pôles et les tropiques,* la hauteur du Soleil varie avec la déclinaison dans le même sens que la durée du jour. Dans nos climats, c'est donc aux solstices d'hiver et d'été qu'elle atteint son minimum et son maximum. A Paris, la hauteur méridienne du Soleil varie entre 17° 42′ et 64° 37′.

2° *Sur les tropiques,* le Soleil atteint le zénith une fois chaque année; en ce moment les objets n'ont plus d'ombre.

3° *Entre les deux tropiques,* le Soleil passe deux fois par an au zénith; c'est à l'époque où sa déclinaison est égale à la latitude du lieu. A l'équateur, la hauteur méridienne varie entre 66° 1/2 nord et 66° 1/2 sud, en passant par 90° lors des deux équinoxes. Il suit de là que dans les régions équatoriales, les ombres changent de direction quand le Soleil passe d'un hémisphère dans l'autre.

II

190. **Jour réel plus grand que le jour théorique.** — La longueur réelle du jour surpasse un peu la durée *théorique* assignée tout à l'heure d'après des considérations purement géométriques.

Astronomiquement parlant, le jour est l'intervalle de temps compris entre deux passages consécutifs du centre du Soleil à l'horizon. Mais certaines influences viennent modifier la durée relative du jour théorique, et il faut en tenir compte.

191. **Influence du diamètre apparent du Soleil.** — Nous avons admis (184) que le Soleil éclaire à chaque instant la moitié du globe terrestre. Cela serait rigoureusement vrai, si les rayons solaires étaient exactement parallèles à la ligne qui unit les centres des deux astres. Mais le diamètre du Soleil étant plus grand que celui de la Terre, le parallélisme des rayons lumineux n'est pas géométrique; ce qui recule le cercle d'illumination de 16′ au delà du cercle théorique, puisque le diamètre apparent du Soleil a une valeur moyenne de 32′.

Il en résulte que le jour réel est plus grand que le jour astronomique d'à peu près 2 minutes, temps nécessaire à notre globe pour tourner sur lui-même d'un angle d'un demi-degré.

192. **Influence de l'atmosphère.** — La réfraction atmosphérique relève les astres de 34′, lorsqu'ils sont à l'horizon (21). Donc,

quand les premiers rayons partis du bord supérieur du Soleil nous arrivent le matin, le centre de l'astre se trouve encore à 51′ au-dessous de l'horizon; il en est de même le soir. Par conséquent, la durée du jour à l'équateur, lors des équinoxes, est augmentée d'environ 7 minutes, temps que le Soleil, par suite de la rotation terrestre, met à tourner d'un angle double de 51′.

Ce temps augmente avec la latitude, parce que le Soleil monte et s'abaisse d'autant plus lentement qu'il décrit des courbes plus inclinées sur l'horizon. Dans nos climats, le jour se trouve allongé par la réfraction d'à peu près 12 minutes, et aux pôles de plusieurs fois 24 heures.

[illegible] **Crépuscule.** L'atmosphère exerce encore une autre influence sur la durée du jour et de la nuit; elle produit par réflexion la *lumière diffuse,* qui nous éclaire bien avant le lever du Soleil et bien après son coucher. Cette diffusion de la lumière constitue le demi-jour du *crépuscule,* qui prend le nom de *brune* le soir et d'*aurore* le matin.

En calculant le temps qui s'écoule entre le coucher du Soleil et l'apparition des plus petites étoiles visibles à l'œil nu, on a trouvé que le crépuscule fait place à la nuit absolue, lorsque le Soleil est à 18° au-dessous de l'horizon [1]. Il s'ensuit que le crépuscule du matin et du soir, dans les régions équatoriales, diminue de 2 heures 24 minutes la durée de ce que nous appelons *nuit close.* Mais dans les autres régions, où le Soleil ne franchit pas verticalement cet arc de 18°, la durée du crépuscule, variable d'ailleurs selon les époques et selon l'état de l'atmosphère, aug-

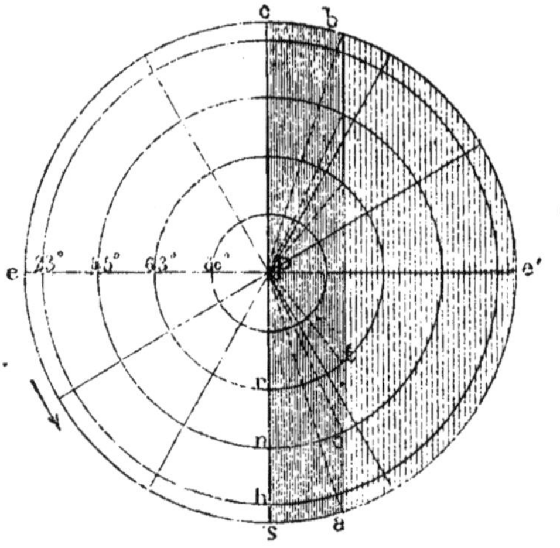

Fig. 95.

[1] La durée du crépuscule, à l'équateur, est de 1 h. 12 m. le jour de l'équinoxe. Or, comme ce jour-là le Soleil descend perpendiculairement sous l'horizon, on en conclut qu'il parcourt durant ce temps un arc de $15' \times 72 = 18°$.

mente avec la latitude, comme on peut en juger à l'inspection de la figure 95.

Le cercle *cesc'* est la projection de l'hémisphère boréal sur l'équateur; P représente le pôle nord ou l'extrémité de l'axe de rotation. Les cercles concentriques de la figure représentent les parallèles de 23°, 45°, 63° et 80° degrés de latitude N. Le diamètre *cPs* figure le cercle d'illumination. Si l'on prend l'arc *cb* égal à 18°, et que l'on mène *ba* parallèle à *cs*, la partie *cbas* marquera la zone crépusculaire.

Par suite de la rotation diurne, un point quelconque de la surface terrestre traverse deux fois par jour la bande crépusculaire, et il est facile de reconnaître qu'il y séjourne d'autant plus longtemps que sa latitude est plus élevée.

Ainsi, à 45° de latitude, la durée du crépuscule, marquée par l'arc *no*, est égale à 2 heures, matin et soir. On voit que le 80e parallèle n'atteint pas la nuit close. Au pôle même, l'aurore commence plus d'un mois et demi avant l'équinoxe de mars, et le crépuscule qui suit l'équinoxe d'automne se prolonge jusque vers la mi-novembre.

194. **Limite des latitudes qui n'ont pas de nuit close au solstice d'été.** — Les habitants du cercle polaire arctique, pour qui le Soleil, astronomiquement parlant, ne se couche pas le 21 juin, ne sont pas les seuls à jouir de la clarté du jour pendant 24 heures. Le crépuscule modifie considérablement la limite des pays qui n'ont pas de nuit close à cette époque. La construction suivante détermine cette limite.

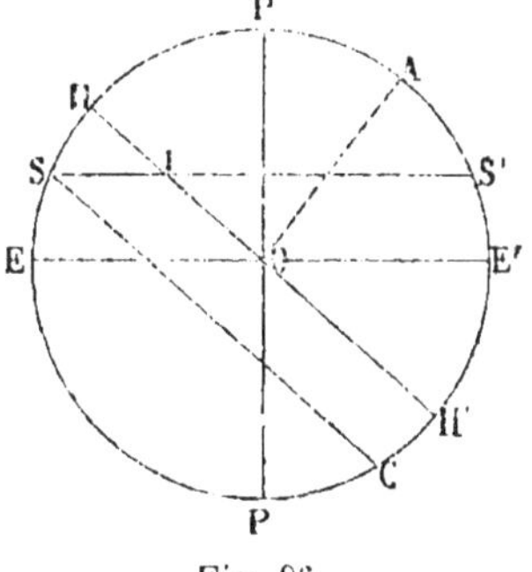

Fig. 96.

Soit S'S (fig. 96) le parallèle décrit par le Soleil au solstice d'été. Pour avoir l'horizon du point appartenant à la latitude cherchée, il suffit de prendre l'arc SH égal à 18°, et de tirer ensuite le diamètre HH' qui sera l'horizon du lieu A situé à la limite de la nuit close. On voit en effet que, pour le point A, il n'y a pas de nuit proprement dite le jour où le Soleil décrit le tropique S'S; car la partie IS' correspond au jour astronomique, et le reste IS au crépuscule; ce qui fait le parallèle tout entier.

Or, la latitude du point $A = AE' = PH = PE - (ES + SH) = 90° - (23° 27' + 18°) = 48° 33'$.

Donc le parallèle passant par 48° 33′ de latitude est la limite des pays sans nuit close au solstice d'été.

A Paris, par exemple, il n'y a pas de nuit absolue vers le 21 juin; on voit le crépuscule du soir empiéter sur celui du matin.

195. **Hauteur de l'atmosphère.** — Les phénomènes crépusculaires ont permis de calculer la hauteur de l'atmosphère, ou du moins celle des couches d'air assez denses encore pour réfléchir quelques rayons du Soleil. Soit H′H l'horizon d'un point V de la Terre; le crépuscule cesse le soir quand le rayon

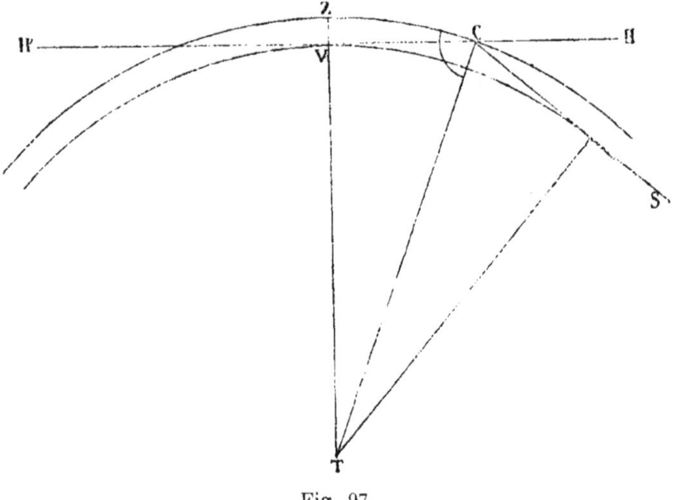

Fig. 97.

solaire SC (fig. 97), tangent à la surface terrestre, forme avec l'horizon l'angle HCS égal à 18°.

Cet angle a pour supplément SCH′ = 162°, d'où VCT ou $\frac{\text{VCS}}{2} = 81°$.

Cela posé, la résolution du triangle rectangle CVT, dont on connaît un angle aigu et le côté VT égal au rayon terrestre, donnera la longueur de l'hypoténuse CT. Retranchant de cette longueur le rayon de la Terre, on obtiendra la hauteur de l'atmosphère.

Par la trigonométrie, CT ou $(r + h) = \frac{r}{\sin. 81°}$, d'où $h = 79$ kilomètres.

III

196. **Inégalité des saisons.** — Le passagede la Terre aux quatre points de son orbite marqués par les équinoxes et les solstices détermine des périodes ou *saisons* qui ne comptent pas un même nombre de jours. Cette inégalité résulte de la forme elliptique de

l'orbite terrestre et de l'angle formé par son grand axe avec la ligne des solstices.

Soit $\gamma\gamma'$ la ligne des équinoxes perpendiculaire à celle des sols-

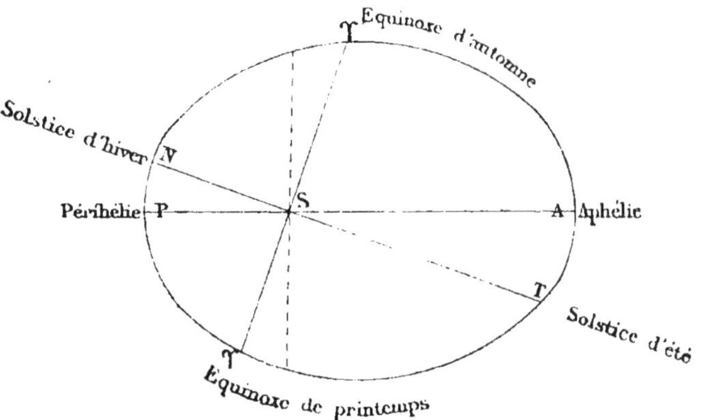

Fig. 98.

tices NT (fig. 98). D'après la deuxième loi de Képler, les temps employés par le rayon vecteur à parcourir les 4 secteurs γST, TSγ', etc., sont proportionnels aux aires de ces secteurs. Mais il résulte de l'excentricité de l'ellipse et de l'inclinaison de la ligne des solstices que ces 4 secteurs sont inégaux. Rangés par ordre de grandeur décroissante, ils correspondent à l'été, au printemps, à l'automne et à l'hiver.

Actuellement,	l'été dure environ	93	jours	14	heures.
	le printemps . .	92	»	20	»
	l'automne . . .	89	»	18	»
	l'hiver	89	»	1	»

Comme on le voit, le printemps et l'été réunis surpassent ensemble de près de huit jours les durées réunies de l'automne et de l'hiver.

197. **Influence de la précession des équinoxes et du déplacement du périhélie.** — La rétrogradation des points équinoxiaux et le déplacement du périhélie apportent aussi une légère modification dans la durée des saisons. Ces deux mouvements s'ajoutent pour augmenter de 62″ par an (181, 1°) l'angle PSN que fait le grand axe avec la ligne des solstices, et pour déplacer par le fait même le commencement de chaque saison.

Ainsi cet angle, dont la valeur actuelle est d'environ 10°, était nul vers le milieu du XIIIe siècle. A cette époque, le grand axe de l'ellipse coïncidait avec la ligne des solstices et se trouvait perpendiculaire à la ligne des équinoxes. De sorte que les quatre saisons étaient égales deux à deux.

L'angle de 10° formé par la ligne des apsides avec celle des solstices, correspond à l'intervalle de huit jours qui sépare les solstices du périhélie et de l'aphélie.

Remarque. Ce serait le moment d'exposer les causes principales de l'inégale température des saisons, de dire pourquoi la plus haute et la plus basse température n'ont pas lieu aux solstices, mais seulement un mois après, etc. etc. Mais ces questions appartiennent plus spécialement à la *météorologie.*

198. **Division de la Terre en cinq zones.** — Relativement à la température moyenne, il y a lieu de diviser la surface du globe en cinq grandes zones.

1° La *zone torride,* comprise entre les deux tropiques. L'action du Soleil y est très intense et peu variable; aussi n'y connaît-on en réalité qu'une seule saison, toujours chaude, mais présentant deux périodes, l'une sèche, l'autre pluvieuse.

2° *Les deux zones tempérées,* comprises entre les tropiques et les cercles polaires. Elles ont quatre saisons bien distinctes, et les alternatives de jour et de nuit, de chaleur et de froid, y sont d'autant mieux marquées que la latitude est plus septentrionale.

3° Les *deux zones glaciales,* situées entre les cercles polaires et les pôles. Elles n'ont réellement que deux saisons, un hiver rigoureux de 10 mois et un été très court, mais assez chaud.

La zone torride occupe environ 40 centièmes de la surface du globe; les deux zones tempérées en forment les 0,52, et les zones glaciales les 8 centièmes. Les zones tempérées, qui conviennent le mieux au séjour de l'homme sur la Terre, sont aussi les plus considérables en étendue.

199. **Influence du changement d'obliquité dans l'écliptique.** — La diminution progressive de l'inclinaison de l'écliptique (48″ par siècle ou 16′ en 2000 ans) apporte à la longue des modifications sensibles dans l'étendue des cinq zones terrestres. Autrefois les tropiques étaient plus éloignés qu'aujourd'hui de l'équateur, de sorte que le jour du solstice, à midi, l'on voyait l'image du Soleil au fond des puits de Syène, en Égypte. Ce fait, qui n'a plus lieu maintenant, est une preuve matérielle du changement d'obliquité dans l'écliptique.

Ce phénomène exerce en outre une légère influence sur la température des saisons et sur la longueur du jour et de la nuit.

Il en résulte, pour notre hémisphère, que les jours sont actuellement plus longs au solstice d'hiver, et plus courts au solstice d'été qu'ils n'étaient autrefois.

200. **Remarque.** Il est impossible de ne pas admirer comment le Créateur sait, de causes toujours très simples, faire sortir les effets les plus divers et les plus remarquables. Ainsi, ce mouvement régulier qui ramène tour à tour, après les glaces de l'hiver, les fleurs du printemps, les moissons de l'été et les fruits de l'automne; cette inégalité des jours et des nuits qui s'accorde si bien avec les travaux de chaque saison; cette différence des climats qui donne à chaque zone ses espèces si variées de plantes et d'animaux; en un mot, la plupart des phénomènes physiques que nous venons d'étudier dans ce chapitre, ont pour cause première l'inclinaison de l'axe terrestre ou l'obliquité de l'écliptique. Supprimez cette inclinaison, faites suivre au Soleil la ligne équatoriale, vous pourrez avoir l'éternel printemps du poète, mais la Terre ne sera plus ni si belle ni si riche, elle ne se composera plus une parure spéciale pour chaque climat et pour chaque saison, et votre vie s'écoulera moins accidentée sans doute, mais aussi moins agréable et plus monotone.

De même, si le froid ne succède pas brusquement à la chaleur; si nous ne sommes pas éblouis le matin par la subite radiation du Soleil, et surpris le soir par la brusque disparition de la lumière; si l'*ombre* n'est pas une complète *obscurité;* si la voûte céleste n'est pas *noire,* mais doucement azurée, c'est grâce à la couche d'air dont Dieu a enveloppé notre planète. L'atmosphère n'est pas seulement le principe de toute vie organique, le véhicule du son, l'aliment de la chaleur et de la lumière artificielles; c'est encore elle qui, pareille dans son ensemble à une immense lentille convergente, rassemble, courbe et ramène à la surface de la Terre les rayons lumineux qui n'arriveraient plus jusqu'à nous. Et c'est à ces quelques rayons brisés et réfléchis par les molécules aériennes que nous devons cette transition insensible de la nuit au jour et du jour à la nuit, à travers les teintes graduées de l'aurore du matin et de la brune du soir.

CHAPITRE IX

MESURE DU TEMPS

Jour sidéral, jour vrai, jour moyen. — Durée variable du jour vrai. — Durée du jour moyen. — Équation du temps. — Année tropique, année sidérale, année civile.

201. **Unités de temps.** — Le double mouvement de la Terre sur son axe et sur l'écliptique offre la mesure naturelle du temps et détermine les deux unités principales du *jour* et de l'*année*.

202. **Du jour.** — On distingue plusieurs sortes de jours : 1° le *jour sidéral* ou l'intervalle compris entre deux passages consécutifs d'une étoile au méridien; 2° le *jour solaire vrai* ou l'intervalle de deux passages consécutifs du Soleil au méridien; 3° le *jour solaire moyen,* que nous définirons tout à l'heure.

Chacun de ces différents jours se divise en 24 heures, l'heure en 60 minutes et la minute en 60 secondes. Mais il est clair que ces fractions de temps sont plus ou moins longues suivant la durée du jour auquel on les rapporte. C'est pourquoi l'on distingue aussi trois espèces d'heures ou de temps : le temps *sidéral* marqué par l'horloge sidérale des astronomes; le temps *vrai* marqué par les cadrans solaires, et le temps *moyen* marqué par les horloges et montres ordinaires.

203. **Durée du jour sidéral.** — Le jour sidéral n'étant autre chose que la durée d'une rotation entière de notre globe, sa longueur est constante et invariable, au moins depuis les siècles les plus reculés. Aussi est-il la base naturelle et fondamentale du temps en astronomie. Sa durée, mesurée par 86 400 oscillations du pendule sidéral, est en moyenne de $3^{m}\ 56^{s}$ plus courte que celle du jour solaire.

204. **Durée variable du jour vrai.** — Le jour solaire vrai est plus long que le jour sidéral d'une fraction équivalente au mou-

vement quotidien de la Terre sur son orbite, ce qui fait que le Soleil, marchant en sens contraire du mouvement diurne du Ciel, reste chaque jour un peu en retard sur les étoiles.

En outre, la durée du jour solaire n'est pas constante, c'est-à-dire qu'il ne s'écoule pas toujours le même temps entre deux passages consécutifs du Soleil au méridien. Cette inégalité tient à deux causes : 1° à la non-uniformité du mouvement de translation terrestre; 2° à l'obliquité de l'écliptique.

En effet, nous savons d'abord que le mouvement de la Terre sur son orbite n'est pas uniforme (loi des aires); il varie de l'*aphélie* au *périhélie* entre 57′ et 61′ par jour, à peu près. Il en résulte que le Soleil ne décrit pas constamment un même arc de l'écliptique, et l'on conçoit que cette variation dans la vitesse apparente de l'astre puisse en amener une dans la durée du jour vrai.

Mais d'ailleurs, l'arc d'écliptique parcouru en un jour fût-il constant, la longueur du jour solaire ne le serait pas; car l'obliquité de l'écliptique suffirait à elle seule pour produire des inégalités dans le mouvement du Soleil en ascension droite, comme le montre la figure suivante :

Soit γB un arc d'écliptique voisin de l'équinoxe et γA sa projection sur l'équateur. On a évidemment :

$$\gamma A < \gamma B.$$

Mais d'ailleurs $\gamma E = \gamma S$; donc, par compensation, $AE > BS$.

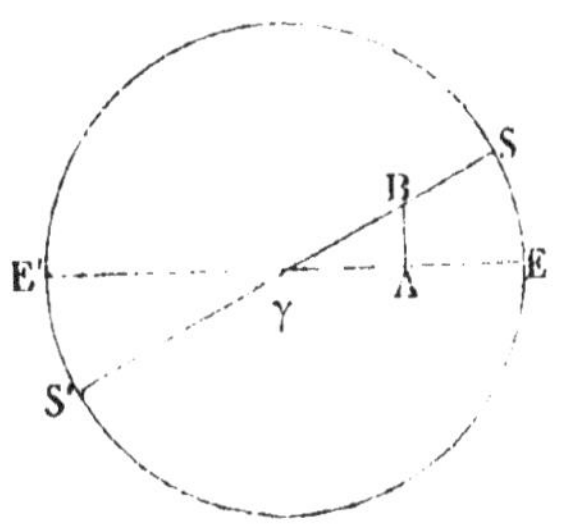

Fig. 99.

Ainsi un arc d'écliptique est tantôt plus grand, tantôt plus petit que sa projection sur l'équateur. Or c'est sur l'équateur que se comptent les ascensions droites; par conséquent, pour que le mouvement du Soleil en ascension droite fût régulier, c'est-à-dire pour que le jour solaire dépassât d'une quantité constante le jour sidéral, il faudrait que la marche apparente du Soleil fût non seulement uniforme, mais encore parallèle à l'équateur.

La durée du jour solaire n'est donc pas toujours la même; toutefois la différence entre le jour le plus long et le jour le plus court est peu considérable, puisqu'elle atteint à peine une minute.

205. **Durée du jour moyen.** — Nonobstant l'inégalité du jour solaire, c'est lui cependant, et non le jour sidéral, qu'on a pris pour mesure ordinaire du temps, parce que le travail et le repos de l'homme doivent être en harmonie avec la marche du Soleil.

Mais en adoptant le temps solaire, on a dû le ramener aux

conditions d'invariabilité indispensables à toute unité de mesure, et c'est pourquoi l'on a imaginé l'unité fictive du *jour solaire moyen.*

Concevons un Soleil fictif, que nous nommerons *Soleil moyen*, assujetti aux conditions suivantes :

1° *A décrire l'équateur d'un mouvement uniforme;* 2° *à se trouver en même temps que le Soleil vrai à l'équinoxe de printemps;* 3° *à décrire l'équateur dans le même temps que le Soleil vrai décrit l'écliptique.*

Il est évident que ce Soleil imaginaire évitera les deux causes d'irrégularité du jour vrai que nous avons signalées plus haut. Son mouvement en ascension droite sera uniforme, et ses passages au méridien auront lieu après des intervalles de temps tous égaux entre eux. Or, chacun de ces intervalles constitue précisément ce qu'on appelle le *jour solaire moyen.*

Il est facile de trouver le rapport du jour moyen au jour sidéral. La vitesse angulaire propre du Soleil moyen est égale à $\frac{57' + 61'}{2} = 59'$ par jour (à peu près). Lors donc que la sphère céleste, par suite de la rotation terrestre, a tourné de 360°; le Soleil moyen a tourné seulement de $360° - 59'$. La valeur du jour moyen, c'est-à-dire le temps nécessaire pour parcourir 360°, sera donc donnée par la proportion :

$$\frac{x}{1} = \frac{360°}{360° - 59'}, \text{ d'où } x = 1{,}0027 = 1^{\text{j. sid.}}\ 0^{\text{h}}\ 3^{\text{m}}\ 56^{\text{s}}.$$

Réciproquement, le rapport $\frac{360° - 59'}{360°} = 0{,}997\ldots$ donne pour la valeur du jour sidéral en temps moyen : $23^{\text{h}}\ 56^{\text{m}}\ 4^{\text{s}}$.

On doit donc dire que la Terre tourne autour de son axe en 24 heures sidérales ou en 23 heures moyennes 56 minutes 4 secondes.

206. **Équation du temps.** — Bien que la différence entre le temps vrai et le temps moyen soit assez faible et ne dépasse pas une demi-minute, l'accumulation de ces petites quantités finit par amener une différence totale qui peut s'élever au delà d'un quart d'heure. Or on appelle *équation du temps* la différence entre l'heure vraie et l'heure moyenne, ou ce qu'il faut ajouter à l'heure solaire des cadrans pour avoir l'heure moyenne des horloges.

L'équation du temps est positive quand le midi moyen est en avance sur le midi vrai; elle est négative dans le cas contraire.

Le mouvement en ascension droite du Soleil vrai et du Soleil fictif étant parfaitement connu, les astronomes calculent d'avance et consignent dans des tables spéciales l'heure moyenne à midi vrai pour chaque jour de l'année. L'équation du temps varie sans cesse: elle est nulle quatre fois par an, au milieu d'avril et de juin, vers la fin d'août et de décembre; alors le midi moyen coïncide avec le midi vrai. Mais à toute autre époque il y a désaccord, et c'est vers le commencement de novembre que se produit l'écart maximum de $16^m\ 18^s$, de sorte que, à cette époque, une horloge bien réglée doit marquer seulement $11^h\ 43^m\ 42^s$ au moment du passage du Soleil au méridien.

Dans la mesure des longitudes, le temps peut être exprimé indifféremment en heures soit moyennes, soit sidérales.

207. **Commencement du jour sidéral et du jour moyen, soit civil, soit astronomique.** — Le passage du point vernal au méridien marque l'origine du jour sidéral. Il commence donc successivement aux différentes heures du jour durant le cours de l'année.

Quant au jour solaire moyen, la plupart des peuples de l'Europe le font commencer à minuit et le partagent en deux périodes de 12 heures; c'est ce qu'on appelle le *jour civil.*

Les astronomes, au contraire, comptent le temps à partir de midi, de 0^h à 24^h, en faisant commencer le jour solaire 12 heures après le commencement du jour civil de la même date. C'est ce qu'on nomme le *jour astronomique.* Ainsi le 6 mars à 20 h. signifie, en langage ordinaire, le 7 mars à 8 h. du matin.

208. **Différentes sortes d'années.** — On peut estimer le mouvement périodique de la Terre autour du Soleil par rapport à plusieurs points : 1° par rapport au point vernal; 2° par rapport à une étoile; 3° par rapport au périhélie. De là trois sortes d'années, l'année *tropique,* l'année *sidérale,* l'année *anomalistique.*

209. **Année tropique.** — C'est l'intervalle compris entre deux retours consécutifs de la Terre à l'équinoxe de printemps. D'un grand nombre d'observations, on a conclu pour la durée *actuelle* de l'année tropique: $365^j\ 2422$ [1], c'est-à-dire 365 jours moyens $5^h\ 48^m\ 48^s$....

---

[1] $365^{j.\,m.}\ 2422... = 366^{j.\,sid.}\ 2422...$ Ainsi le nombre des jours sidéraux de l'année surpasse d'une unité celui des jours solaires. C'est là une conséquence directe de la translation de la Terre combinée avec sa rotation. En effet, le Soleil qui, au point de départ, passait au méridien avec une étoile donnée, se trouve en retard d'environ 4 minutes après une rotation entière. Le lendemain, nouveau retard s'ajoutant au précédent, et ainsi de suite jusqu'à ce que la révolution an-

Cette durée n'est évidemment qu'une moyenne, car les actions perturbatrices de la Lune et des planètes déterminent des variations périodiques qui font que, par le fait, l'année tropique n'atteint pas rigoureusement cette valeur. Actuellement elle diminue de $\frac{6}{1000}$ de seconde par an.

210. **Année sidérale.** — C'est le temps qu'emploie la Terre à revenir à la même position par rapport à une étoile donnée. Sa durée est de 365^j 25 637... ou 365 jours moyens 6^h 9^m 11^s.

L'année sidérale, par suite de la précession des équinoxes, est plus longue que l'année tropique de 20^m 23^s, c'est-à-dire de tout le temps nécessaire à la Terre pour parcourir un arc de 50″,2. En effet, la vitesse angulaire quotidienne de la Terre étant de 59′, on peut poser la proportion :

$$\frac{x}{1^j \text{ ou } 1440^m} = \frac{50'',2}{59'}, \text{ d'où } x = 20^m\ 23^s.$$

De même que le jour sidéral marque exactement la durée d'une rotation complète de la Terre, ainsi l'année sidérale exprime la durée entière d'une révolution complète autour du Soleil. Cependant ce n'est point l'année sidérale, pas plus que le jour sidéral, qu'on adopte pour mesure du temps civil, mais bien l'année tropique, basée sur le point vernal. La raison de cette préférence, c'est que la détermination des équinoxes et des solstices, points de départ des saisons, est pour l'homme de la plus haute importance.

211. **Année anomalistique.** — C'est l'intervalle de deux retours successifs de la Terre au périhélie. Comme la ligne des apsides se déplace d'environ 12″ par an dans le sens direct (181), l'année anomalistique représente le temps employé par la Terre à parcourir un arc de 360° + 12″, c'est-à-dire qu'elle est plus longue que l'année sidérale d'environ 4 minutes.

212. **Année civile.** — L'année, considérée comme période d'usage

---

nuelle ait donné un retard de $4^m \times 365 = 24$ heures ou un jour. Quand le Soleil rejoint l'étoile, il a donc passé une fois de moins que celle-ci au méridien.

Un phénomène analogue se produit lorsqu'on fait un voyage de circumnavigation. En se dirigeant vers l'ouest, on constate une heure de retard par 15°, et lorsqu'on a parcouru 15° × 24 ou 360° de longitude, toujours dans le sens opposé au mouvement diurne du Ciel, on est en retard de 24 heures ou d'un jour, c'est-à-dire qu'on a vu le Soleil passer au méridien une fois de moins que ceux qui sont restés au point de départ. C'est l'inverse qui a lieu quand on fait le tour du globe en marchant vers l'est. Ce phénomène fournit donc une solution du fameux problème de la *Semaine des trois jeudis*.

social, ne peut évidemment se composer d'un nombre de jours fractionnaire. Aussi est-on convenu, dans la détermination de l'année civile, de supprimer la fraction de l'année tropique et d'admettre le nombre rond de 365 jours.

De cette manière on néglige tous les ans 5 heures 48^m 48^s, ce qui produit au bout de 4 ans une erreur de 23^h 15^m 12^s, soit 1 jour moins 45 minutes. Il y a donc alors une avance d'un jour sur l'année astronomique; pour rétablir l'accord, on fait la dernière année civile de 366 jours, de sorte que de 4 ans en 4 ans les années comptent 1 jour de plus.

L'année de 365 jours est dite *commune*, celle de 366 jours s'appelle *bissextile* (nous dirons ailleurs la raison).

Les années bissextiles sont celles *dont le millésime est divisible par 4*.

Mais la correction d'un jour sur 4 années n'est pas absolument exacte, et au bout de 4 siècles, l'année civile se trouve en retard sur l'année tropique de 45 minutes $\times$ 100 = 3 jours et une légère fraction. C'est pourquoi l'on supprime trois bissextiles en 400 ans, en faisant porter la suppression sur les années *dont le millésime séculaire n'est pas divisible par 4*. Ainsi l'année 1900 ne sera pas bissextile, tandis que l'année 2000 le sera. (Voir, pour plus de détails, le chapitre consacré au calendrier dans le Livre V.)

CHAPITRE X

CADRANS SOLAIRES

Temps vrai marqué par les cadrans solaires. — Principes de leur construction. — Cadran équinoxial. — Cadran horizontal. — Cadran vertical. — Quelques remarques.

213. **Principes des cadrans solaires.** — Les cadrans solaires sont des instruments destinés à indiquer l'heure vraie par l'ombre d'un *style* projetée sur les *lignes horaires* d'une surface ordinairement plane. La *gnomonique* (γνώμων, *indicateur, gnomon,* de γινώσκω, *connaître*), c'est-à-dire l'art de construire les cadrans solaires, consiste essentiellement dans les deux opérations suivantes :

1° *Poser le style,* c'est-à-dire installer sur une surface plane (*table*) une tige fixe et parallèle à l'axe du monde; en d'autres termes, le style doit satisfaire à la double condition d'être situé dans le plan méridien et de faire avec l'horizon un angle égal à la latitude du lieu.

2° *Tracer les lignes horaires,* c'est-à-dire marquer sur la table les intersections de la surface plane avec les plans ou cercles horaires passant par le style, et faisant de part et d'autre du méridien des angles variant de 15° en 15°.

La raison de cette construction est évidente : puisque le Soleil, dans son mouvement diurne apparent, décrit chaque jour, à raison de 15° par heure, un cercle sensiblement parallèle à l'équateur, il ne peut donner des ombres dans la même direction pour les mêmes heures des différents jours de l'année, qu'autant que le style est perpendiculaire à l'équateur, c'est-à-dire parallèle à l'axe du monde.

214. **Diverses espèces de cadrans solaires.** — Un cadran solaire peut être, suivant la disposition de la table, *équinoxial, horizontal* ou *vertical.* Mais avant toute opération il est indispen-

sable de connaître la méridienne et la latitude du lieu où l'on se trouve. Nous avons dit (nos 52, 53, 152) comment s'obtiennent ces deux éléments; indiquons maintenant la construction des principaux cadrans solaires.

1° Cadran équinoxial.

215. On appelle *cadran équinoxial* ou *équatorial* celui dont la table est parallèle à l'équateur.

Soient OS le style (fig. 100), AB la table qui lui est perpendiculaire, HB un plan horizontal, et DM la méridienne du point D où le style rencontre ce dernier plan.

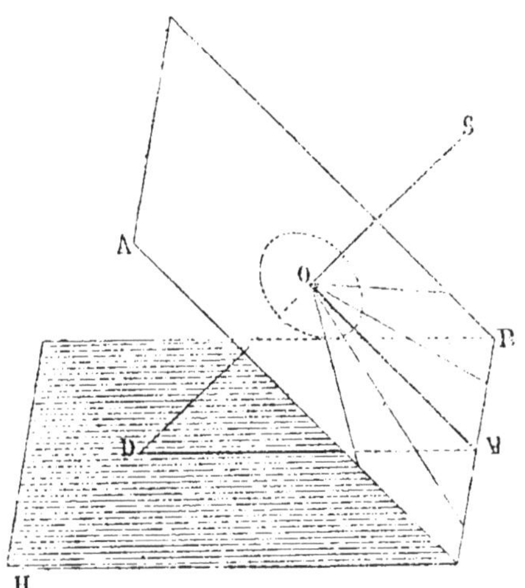

Fig. 100.

Comme les droites menées du point O dans le plan AB sont perpendiculaires à OS, l'angle dont l'ombre tourne autour de ce point est précisément égal à l'angle dont le Soleil tourne lui-même autour de l'axe du monde DS, en sorte que le mouvement de l'ombre est uniforme comme celui de l'astre du jour.

Donc 1° pour obtenir les lignes horaires du cadran équinoxial, il suffit de décrire sur la table une circonférence ayant O pour centre, de la partager en 24 parties égales et de joindre les points de division au point central.

2° Pour orienter l'instrument, il faut disposer la table de telle sorte que le style DS et la ligne OM choisie pour marquer midi aillent l'un et l'autre rencontrer la méridienne DM dans un même plan vertical. De plus il faut que cette méridienne fasse avec le style, du côté du nord, un angle ODM égal à la latitude du lieu, ou bien avec la ligne de midi, du côté du sud, un angle OMD complémentaire de cette latitude.

Le cadran équinoxial en lui-même n'est guère en usage; mais il sert à construire les autres.

2° Cadran horizontal.

216. On appelle *cadran horizontal* celui dont la table est horizontale et forme par conséquent avec le style un angle égal à la latitude du lieu.

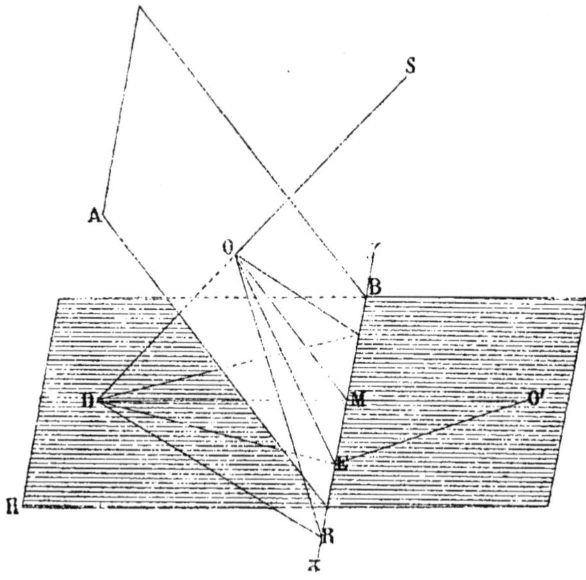

Fig. 101.

Soient HB (fig. 101) la table, DS le style et DM la méridienne du pied du style.

D'abord la ligne de midi est la méridienne DM elle-même, puisque le Soleil et l'ombre du style sont à midi dans le plan méridien.

Toutes les lignes horaires, DE, DR... devant nécessairement se rencontrer au point D, chacune d'elles sera déterminée par un second point qui lui appartienne.

Or, concevons un cadran équinoxial dont le centre soit un point quelconque O du style, et dont le plan AB coupe la table horizontale selon la droite xy, qu'on nomme l'*équinoxiale*.

Imaginons maintenant des plans passant par le style OS et par chacune des lignes horaires OE, OR... du cadran équinoxial; les intersections DE, DR... de ces plans avec la table HB seront les lignes horaires du cadran horizontal. Il suffit donc, pour avoir ces lignes horaires, de connaître les points E, R... où les lignes horaires du cadran équatorial coupent l'équinoxiale xy.

Cette simple construction nous fournit les moyens, soit de calculer les distances angulaires des lignes cherchées à celle de midi, soit de construire graphiquement ces lignes.

1° *Calcul des angles horaires.* Les triangles MOD, EMO, rectangles l'un en O, l'autre en M, nous donnent :

$$\text{OM} = \text{DM sin. } l = \frac{\text{ME}}{\text{tang. EOM}}, \text{ d'où nous tirons } \frac{\text{ME}}{\text{DM}} = \text{tang. EOM} \times \text{sin. } l.$$

Mais le triangle EMD, rectangle en M, nous donne aussi :

$$\text{ME} = \text{DM tang. EDM, d'où tang. EDM} = \frac{\text{ME}}{\text{DM}} = \text{tang. EOM} \times \text{sin. } l.$$

Si nous appelons e l'angle horaire EOM du cadran équinoxial, et h l'angle horaire correspondant EDM du cadran horizontal, nous aurons définitivement l'expression générale :

$$\text{tang. } h = \text{tang. } e \text{ sin. } l \qquad (1)$$

Ainsi pour une latitude quelconque l, il suffit de faire successivement dans cette formule e égal à 15°, 30°, 45°... quand on veut trouver les angles horaires d'un cadran horizontal.

2° *Construction graphique.* Si l'on faisait tourner le cadran équinoxial autour de xy, le point O viendrait en O' (fig. 101), et l'on aurait O'M = OM = DM sin. l. De là résulte cette construction extrêmement simple :

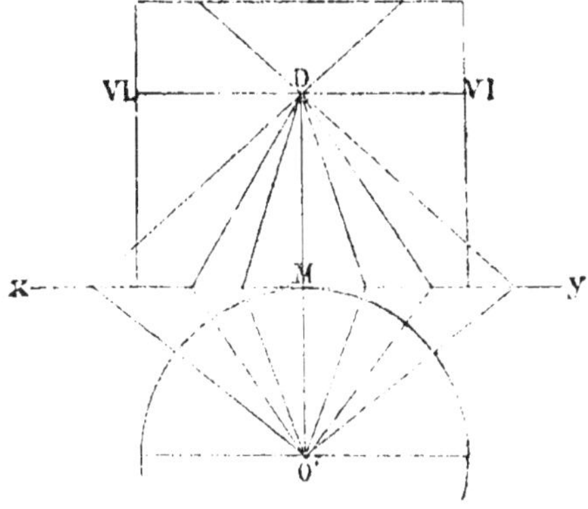

Fig. 102.

On prend sur la méridienne, à partir du style D et vers le nord, une longueur arbitraire DM (fig. 101 et 102), et on la prolonge d'une longueur MO' = DM sin. l. Du point O' comme centre avec O'M pour rayon, on décrit une demi-circonférence qu'on partagera en 12 parties égales, en ayant bien soin qu'un des points de division soit sur O'M. Enfin, les rayons des points de division étant prolongés jusqu'à la rencontre de l'équinoxiale xy, perpendiculaire à la méridienne, il ne reste plus qu'à joindre les points d'intersection avec le pied D du style.

La ligne de six heures est parallèle à l'équinoxiale, et les lignes au-dessus de celle de six heures sont les prolongements des lignes au-dessous.

3° Cadran vertical.

217. On donne ce nom à tout cadran dont la table est disposée dans un plan vertical. Selon que ce plan est perpendiculaire ou non à la méridienne, le cadran est dit *vertical méridional* ou *vertical déclinant.*

218. **Cadran vertical méridional.** — Sa construction ressemble à celle du cadran horizontal, à la seule différence près que O'M doit être égale, non à DM sin. l, mais à DM cos. l.

Pour l'orienter, on le place de manière que la ligne de midi DM soit verticale et dirigée de haut en bas à partir du pied D du style. Il faut, de plus, que ce style, à partir du point D, se dirige aussi de haut en bas, en faisant avec DM un angle égal au complément de la latitude.

219. **Cadran vertical déclinant.** — Ce cadran est, avec le cadran horizontal, celui qui est employé le plus communément. Pour le construire, il faut avant tout mesurer sa déclinaison, c'est-à-dire

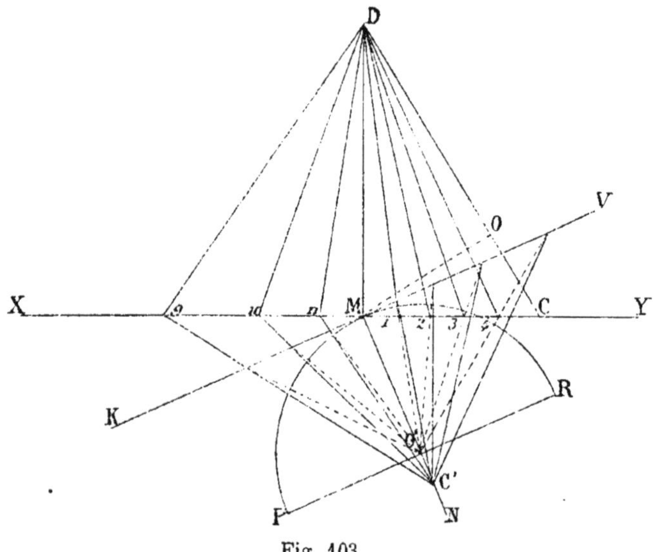

Fig. 103.

l'angle formé par son plan vertical avec le méridien. Cela fait, voici comment on peut procéder.

Soit DC le style d'un cadran déclinant et DM la ligne de midi;

menons arbitrairement une droite XY perpendiculaire à DM, et par le point M tirons une autre droite KV qui fasse avec XY un angle XMK égal à la déclinaison du plan vertical (fig. 103).

Du point M élevons sur KV une perpendiculaire indéfinie MN qui représentera la méridienne d'un cadran horizontal accessoire. Portons sur cette ligne la longueur MC′ = MC = MD cotang. *l*, le point C′ sera le centre du cadran horizontal. Il ne restera plus qu'à décrire ce cadran par le procédé du n° 216, en prenant C′ pour centre et C′M pour méridienne; les intersections de ses lignes horaires avec l'équinoxiale XY du cadran vertical nous donneront les seconds points cherchés des lignes horaires de ce dernier.

Mais nous pouvons utiliser les constructions déjà faites en prenant sur la méridienne, à partir de M, la longueur MO′ = MO = DM cos. *l*. Le point O′ sera le centre du cadran équinoxial à l'aide duquel on construira le cadran horizontal.

Si donc on décrit le demi-cercle PMR, et qu'on le divise en 12 parties égales, en prolongeant les rayons jusqu'à l'équinoxiale KV du cadran horizontal, et en achevant ce cadran comme cela est indiqué dans la figure, ses lignes horaires iront rencontrer XY en des points 9, 10, 11, — 1, 2, 3, etc. C'est par ces points d'intersection et par le centre D qu'il faut mener les lignes horaires du cadran vertical.

220. **Remarques.** — 1° Comme le Soleil ne décrit pas exactement des circonférences parallèles à l'équateur, et qu'en outre la hauteur de l'astre est légèrement modifiée par la réfraction et par la parallaxe aux différentes heures du jour et aux différentes époques de l'année; il ne faut demander une grande précision aux cadrans solaires que dans les environs de midi; ces causes ont, en effet, peu d'influence sur les heures les plus rapprochées de midi, et n'en ont aucune sur l'instant de midi même.

2° Il est avantageux de substituer au style une plaque circulaire solidement fixée au mur et percée d'un petit trou. Si à l'aide d'une bonne montre ou d'un chronomètre on détermine, à l'instant de midi, le centre de l'image, il suffit de mener par ce centre lumineux une verticale pour avoir la ligne de midi. Si à deux jours différents on marque à 1 heure la position du point brillant, on aura la ligne de 1^h en joignant les deux points, et ainsi de suite. Avec une bonne montre bien réglée, ce procédé est certainement le plus simple et le meilleur. Il faut évidemment tenir compte de l'équation du temps, si la montre donne le temps moyen.

3° C'est par un procédé semblable que l'on trace quelquefois sur les cadrans solaires ce qu'on appelle la *méridienne du temps moyen.* Si, en effet, on marque chaque jour sur le cadran la position du point brillant à midi moyen, et qu'on joigne ces positions successives par un trait continu, l'on obtiendra une courbe en forme de 8 qui fera connaître le temps moyen.

LIVRE V

LA LUNE

La Lune est, après le Soleil, l'astre qui nous intéresse le plus, soit par sa grandeur apparente, soit par les divers phénomènes dont il est la cause.

Après avoir déterminé la parallaxe, la distance et les dimensions de la Lune, nous étudierons ses mouvements, les phénomènes particuliers qu'elle nous présente dans son cours, ses influences sur la Terre et sa constitution physique.

CHAPITRE I

PARALLAXE ET DISTANCE DE LA LUNE

Valeur de la parallaxe lunaire. — Distance de la Lune à la Terre. — Diamètre apparent et diamètre réel. — Dimensions de la Lune. — Variation de la parallaxe lunaire.

221. **Parallaxe lunaire.** — La parallaxe moyenne de la Lune, mesurée par la méthode du n° 93, est de 57′ 2″; c'est-à-dire que c'est l'angle sous lequel un observateur placé au centre de l'astre verrait de face le *rayon équatorial* de la Terre. Les deux limites extrêmes de la parallaxe lunaire sont 54′ et 61′.

222. **Distance de la Lune à la Terre.** — La distance moyenne des deux centres de la Lune et de la Terre, calculée d'après la formule du n° 37, est égale à 60 rayons terrestres ou 96000 lieues; c'est à peu près la 400e partie de la distance de la Terre au Soleil, et un peu plus de la moitié du rayon de ce dernier astre.

223. **Diamètre apparent et diamètre réel de la Lune; ses dimensions.** — Le diamètre apparent de la Lune, à la distance moyenne, est de 31′ 8″. Par conséquent, si l'on désigne par d

le diamètre réel de notre satellite, et par 1 celui de la Terre, on aura :

$$\frac{d}{1} = \frac{31'8''}{2 \times 57'2''} = \frac{1868''}{6844''} = 0,273 = \frac{3}{11}.$$

Ainsi le diamètre, le rayon et la circonférence de la Lune ne sont que les $\frac{3}{11}$ du diamètre, du rayon et de la circonférence terrestres.

De même, si l'on prend la surface et le volume de la Terre pour unités, on trouve que la surface de la Lune égale $\frac{1}{14}$ environ, et son volume $\frac{1}{49}$.

Voici d'ailleurs le tableau des rayon, surface et volume lunaires exprimés en unités kilométriques.

Rayon de la Lune. . . . . 1740 kilomètres.
Méridien lunaire . . . . 10940 »

Surface = 38000000 kil. carrés, ou quatre fois environ la superficie de l'Europe.

Volume = 22150000000 kil. cubes; c'est-à-dire qu'il faudrait plus de 62 millions de Lunes pour combler l'intérieur du globe solaire.

224. **Variation de la parallaxe lunaire.** — La Lune étant peu éloignée de nous, sa parallaxe varie non seulement avec la distance de l'astre, mais aussi avec le lieu d'observation à la surface de la Terre. Ce fait est une conséquence de l'inégale longueur du rayon terrestre, et une vérification de l'aplatissement des pôles.

Remarquons encore que la Lune, dans le voisinage du zénith, est plus près de nous qu'à l'horizon, et que, par conséquent, c'est au moment de la culmination qu'elle doit apparaître avec ses plus grandes dimensions. On constate, en effet, que son diamètre apparent, soumis à des mesures rigoureuses, est plus grand au zénith qu'à l'horizon. Si donc la Lune, les astres, les constellations nous présentent des dimensions plus considérables à l'horizon qu'au méridien, ce n'est qu'une illusion d'optique due à l'interposition des objets terrestres et à la plus grande étendue de l'atmosphère. Telle est aussi l'origine de la forme surbaissée de la voûte céleste.

CHAPITRE II

MOUVEMENTS DE LA LUNE

Translation autour de la Terre : révolution synodique et révolution sidérale. — Rotation.

225. **Mouvements de la Lune.** — Indépendamment du mouvement diurne qu'elle partage avec tous les astres, et qui, étant bien compris, ne mérite plus de fixer notre attention, la Lune possède deux mouvements principaux : un *mouvement de translation* autour de la Terre, et un *mouvement de rotation sur elle-même.*

1° Mouvement de translation.

226. En examinant simplement les positions successives de la Lune par rapport au Soleil et par rapport aux étoiles, on fait aisément les remarques suivantes :

1° *Relativement au Soleil.* Les *instants* et les *points* des levers et des couchers de la Lune varient continuellement par rapport à ceux du Soleil ; il en est de même des hauteurs méridiennes. La Lune paraît donc tantôt se rapprocher et tantôt s'éloigner de l'astre du jour. Au bout de 29 jours $1/2$ environ, elle semble avoir fait le tour entier du Ciel par *rapport au Soleil.* C'est ce qui s'appelle une *révolution synodique* ou *lunaison.*

2° *Relativement aux étoiles.* La Lune se déplace aussi continuellement par rapport aux constellations célestes. Que l'on note, par exemple, une étoile traversant le méridien en même temps que la Lune à un jour donné ; on constatera le lendemain un retard bien prononcé de celle-ci sur l'étoile, retard qui s'accentue de plus en plus les jours suivants. Cet écart accuse donc un mouvement propre de la Lune par rapport aux étoiles ; et ce n'est qu'au bout de 27 jours $1/3$ environ qu'elle revient *au même point du Ciel,* après avoir parcouru les 360° de la sphère céleste. C'est ce qu'on appelle une *révolution sidérale* ou *périodique.*

De ces simples observations, nous concluons que la Lune *pos-*

sède un mouvement de translation d'occident en orient, qui s'effectue 13 fois plus vite environ que celui de la Terre. Reste maintenant à reconnaître la durée précise et le centre de ce mouvement.

227. **Mesure de la révolution synodique et de la révolution sidérale.** — En déterminant les époques précises de deux éclipses de Lune séparées par un nombre considérable de lunaisons, et en divisant par ce nombre l'intervalle total compris entre les deux phénomènes, les astronomes obtiennent la durée *moyenne* d'une révolution synodique. On a trouvé ainsi 29 j. 530 ou 29 j. 12 h. 44 m. 3 s.

La révolution sidérale, naturellement un peu moins longue que la révolution synodique, se déduit de cette dernière au moyen de la proportion $\frac{x}{29,530}=\frac{360^\circ}{360^\circ+a}$, dans laquelle la lettre a représente l'arc de 29°,1 que le Soleil semble parcourir pendant une lunaison. On trouve ainsi 27 j. 3216 ou 27 j. 7 h. 43 m. 11 s.

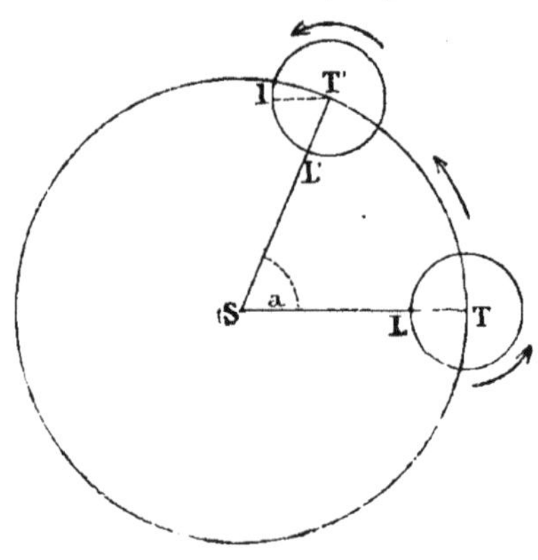

Fig. 104.

En effet, soient S, L, T le Soleil, la Lune et la Terre sur le même méridien (fig. 104). Au bout d'une lunaison la Terre sera venue en T', et la Lune en L'. Or, si notre satellite n'avait effectué qu'une révolution sidérale, il se trouverait en l sur le rayon T'l parallèle à TL. Il a donc parcouru 360° + l'angle lT'L' égal à l'angle a dont la Terre elle-même a tourné autour du Soleil dans le courant d'une révolution synodique.

228. **La Lune tourne autour de la Terre.** — Il résulte des observations les plus vulgaires : 1° que la Lune nous présente chaque mois à peu près les mêmes phénomènes; 2° qu'elle est tantôt en deçà, tantôt au delà de la Terre par rapport au Soleil; 3° que son diamètre apparent varie assez peu dans le cours d'une révolution.

Or, cet astre ne nous offrirait pas chaque mois les mêmes phénomènes, il ne prendrait pas telle et telle position par rapport au Soleil et à la Terre, il aurait un diamètre apparent plus variable, si le centre de son mouvement était autre que le globe terrestre.

D'une part, en effet, si la Lune tournait autour du Soleil, elle se transporterait bien loin de nous au delà de cet astre à chaque révolution mensuelle, et son diamètre apparent devrait subir un changement proportionnellement inverse, ce qui n'a pas lieu. D'autre part, la Lune se meut, comme tous les corps célestes, en vertu des lois de la gravitation universelle. Mais sa masse, nous le verrons bientôt, est de beaucoup inférieure à celle de la Terre. Donc la Lune obéit à l'attraction terrestre et tourne autour de nous. (*Voir n*° 15.)

Par le fait même, la Lune se meut aussi autour du Soleil; mais ce mouvement n'est pas direct, il n'est qu'une suite nécessaire de la translation annuelle de notre globe, qui est le vrai foyer de l'orbite lunaire. Pour caractériser ce mouvement, on dit que la Lune est le *satellite* de la Terre.

2° Mouvement de rotation.

229. De la fixité et de la permanence des taches que présente le disque de la Lune, on conclut que cet astre nous montre toujours la même face, et qu'il possède un mouvement de rotation d'une durée rigoureusement égale à celle de sa révolution sidérale.

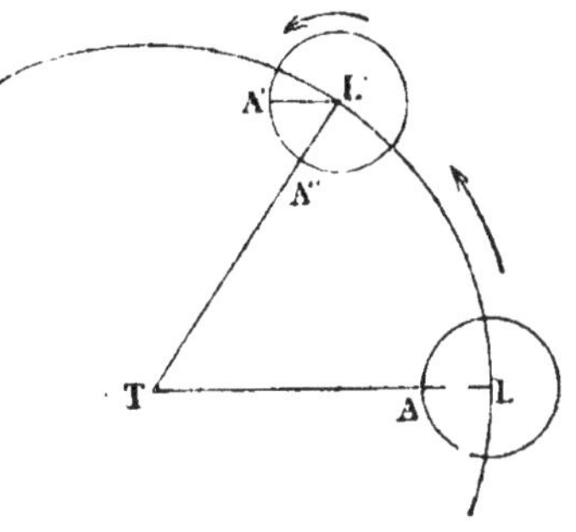

Fig. 105.

En effet, soit la tache A (fig. 105), vue au centre du disque lunaire sur la direction du rayon vecteur TL. Si l'astre venait occuper la position L' sans tourner sur lui-même, la tache serait vue en A' sur une parallèle à LA. Mais au contraire on la voit en A'' sur le rayon vecteur TL'. La Lune a donc tourné sur elle-même de l'angle A'L'A'' égal au mouvement angulaire LTL' de translation.

Ainsi la vitesse de rotation égale bien la vitesse de révolution sidérale, et il est clair d'ailleurs que les deux mouvements s'effectuent dans le même sens.

Donc, *la Lune tourne sur elle-même d'occident en orient* en 27 j. 3216. L'axe de rotation fait avec le plan de l'orbite de la Lune un angle de 83° $1/2$ environ, ce qui donne 6° $1/2$ pour l'inclinaison de l'équateur lunaire.

CHAPITRE III

NATURE ET IRRÉGULARITÉS DU MOUVEMENT LUNAIRE

Mouvement elliptique de la Lune. — Ligne des nœuds. — Excentricité de l'orbite. — Vitesse de translation. — Irrégularités du mouvement lunaire. — Accélération du moyen mouvement de la Lune.

230. **Mouvement elliptique de la Lune.** — Après avoir reconnu et calculé le mouvement de translation de la Lune, il importe de déterminer la nature de ce mouvement. On y arrive par des procédés tout à fait analogues à ceux que nous avons employés pour la détermination de l'orbite apparente du Soleil (livre III, chap. II). Nous n'y reviendrons pas. Il suffit de dire que l'orbite lunaire est inclinée de 5° 9′ sur l'orbite terrestre, et que le diamètre apparent de l'astre (vu du centre de la Terre) varie entre 29′ 31 et 32′ 56, pour avoir le droit de donner immédiatement la conclusion suivante :

La Lune décrit, conformément à la loi des aires, une ellipse dont la Terre occupe un foyer, et dont l'inclinaison sur l'écliptique est de 5° 9′.

231. **Ligne des nœuds.** — Par suite de l'inclinaison de l'orbite lunaire, notre satellite se trouve, dans chacune de ses révolutions, tantôt au nord et tantôt au sud de l'écliptique, qu'il traverse en deux points ou *nœuds* opposés, analogues aux points équinoxiaux de l'orbite terrestre. Le *nœud ascendant* correspond au passage du sud au nord, le *nœud descendant* au passage inverse. On appelle *ligne des nœuds* la droite qui joint ces deux points.

232. **Excentricité de l'orbite.** — En mettant, dans l'expression du n° 114 $e = \frac{D - d}{D + d}$, la valeur des diamètres apparents maximum et minimum de la Lune, on trouve que l'excentricité

de son ellipse égale 0,055 ou $\frac{1}{18}$, c'est-à-dire trois fois environ celle de l'orbite terrestre.

La connaissance de cette excentricité permet de calculer facilement les distances apogée et périgée de l'astre. Elles valent respectivement $63r$ et $57r$ environ, ou 101 000 et 91 000 lieues.

233. **Mouvement diurne moyen.** — La vitesse angulaire de notre satellite est en moyenne de $\frac{360°}{27,3216}$ par jour, ou 13° 10′ 35″. Cet arc réduit en temps donne 0 h. 52 m. 42 s. pour le retard diurne moyen de la Lune sur les étoiles. Si le mouvement lunaire était uniforme, le temps qui s'écoulerait entre deux culminations successives, c'est-à-dire le *jour lunaire moyen*, serait égal à 24 h. 52 m. 42 s. Mais d'abord, la vitesse de la Lune, en vertu de la loi des aires, varie beaucoup du périgée à l'apogée; et d'autres causes, qui vont être signalées, contribuent encore à l'irrégularité du mouvement. Aussi les valeurs extrêmes du jour lunaire s'écartent-elles considérablement de la valeur moyenne.

234. **Vitesse de translation et de rotation.** — L'ellipse de la Lune, mesurée par l'expression $2\pi \times 60r$, offre un développement de plus de 600 mille lieues, de sorte que la vitesse moyenne de translation, égale environ à 1 020 mètres par seconde, est près de 30 fois moins rapide que celle de la Terre.

Quant à la vitesse de rotation, elle est 100 fois moindre que celle de notre globe : un point de l'équateur lunaire ne parcourt que 4 mètres $^1/_2$ par seconde [1].

235. **Irrégularités du mouvement lunaire.** — Le mouvement de la Lune est sujet, comme celui de la Terre, à de nombreuses perturbations qui affectent la forme, les dimensions, la position, l'inclinaison de l'orbite et la durée de la révolution lunaire. Ces irrégularités résultent des attractions de la Terre et du Soleil sur la Lune. Voici l'énoncé des principales :

1° *La ligne des nœuds, comme celle des équinoxes, rétrograde sur le plan de l'écliptique, dont elle fait le tour complet en* 18 ans $^2/_3$.

---

[1] Si un voyage et un séjour dans la Lune étaient possibles, on pourrait à volonté jouir perpétuellement des rayons du Soleil en se dirigeant vers l'est avec la vitesse moyenne de 16 kilomètres par heure; ou bien, en se dirigeant vers l'ouest, contempler dans une nuit sans fin les astres et les constellations célestes.

2° *L'inclinaison de l'orbite sur l'écliptique varie, par suite d'une nutation de l'axe lunaire, entre 5° et 5° 17′ 1/2 (moyenne = 5° 9′ à peu près).*

Il suit de là que l'inclinaison de l'orbite lunaire sur l'équateur varie entre 18° 18′ et 28° 36′, ce qui explique pourquoi la hauteur méridienne de la Lune varie elle-même entre des limites très étendues.

3° *Le périgée a, dans le sens direct, un mouvement qui lui fait décrire une circonférence entière en un peu moins de 9 ans.*

4° *L'excentricité de l'orbite varie tantôt en plus, tantôt en moins; l'inégalité qui en résulte dans le mouvement de la Lune, et qui se manifeste surtout vers le premier et le dernier quartier, prend le nom d'*évection.

5° *La vitesse de la Lune n'a sa valeur moyenne qu'en quatre points de l'orbite; l'inégalité qui résulte des changements de vitesse dans la période d'une demi-révolution synodique, s'appelle* variation. *Elle dépend de la distance angulaire de la Lune au Soleil.*

6° *Enfin le mouvement de la Lune s'accélère quand celui de la Terre se ralentit, et réciproquement. Cette inégalité, qui dépend du lieu de la Terre sur l'écliptique, est dite* équation annuelle.

236. **Accélération du moyen mouvement de la Lune.** — La comparaison des observations anciennes et modernes prouve que la révolution sidérale est un peu moins longue aujourd'hui qu'autrefois, et conséquemment, que le mouvement lunaire subit une accélération d'environ 10″ par siècle. A cette augmentation de vitesse correspond nécessairement une diminution dans la distance moyenne de la Lune à la Terre, de sorte que notre satellite finirait par tomber sur nous, si sa vitesse augmentait indéfiniment.

Mais la théorie démontre que cette inégalité du mouvement moyen se rattache aux variations de l'excentricité de l'orbite terrestre, qu'elle n'aura pas toujours lieu dans le même sens, et qu'après un temps plus ou moins long la vitesse de la Lune se ralentira graduellement pour reprendre ses anciennes valeurs.

CHAPITRE IV

PHASES DE LA LUNE

La Lune n'est pas lumineuse par elle-même. — Conjonction, opposition, quadratures, syzygies. — Explication des phases. — Lumière cendrée.

237. Les mouvements que nous venons d'expliquer donnent lieu à trois principaux phénomènes : aux phases de la Lune, aux librations et aux éclipses. C'est ce que nous allons étudier dans plusieurs chapitres consécutifs.

238. **Origine des phases; la Lune n'est pas lumineuse par elle-même.** — En observant la Lune pendant quelques jours, on fait aisément les remarques suivantes :

1° La Lune ne se présente pas toujours, comme le Soleil, sous la forme d'un disque lumineux; son contour apparent varie depuis l'arc de cercle jusqu'au cercle entier, et c'est à l'ensemble de ces aspects qu'on donne le nom de phases (φάσις, de φαίνειν, apparaître).

2° Le croissant, dont elle affecte parfois la forme, a toujours sa convexité tournée vers le Soleil, et ses pointes opposées à cet astre.

3° Suivant que la Lune est dans la direction du Soleil ou dans la direction opposée, elle est complètement *invisible* ou complètement *visible*.

De ces observations, il est facile de conclure que la Lune n'est pas lumineuse par elle-même, et qu'elle ne brille que de la lumière du Soleil.

239. **Conjonction, opposition, quadratures, syzygies.** — Un astre quelconque est dit en *conjonction*, lorsque sa longitude est égale à celle du Soleil; en *opposition*, quand la différence de sa longitude avec celle du Soleil est de 180°; en *quadrature*, quand cette différence est de 90° ou de 270°.

6

Quand il s'agit de la Lune, on donne le nom commun de *syzygies* (σύν, ζεύγνυμι, joindre avec) à la conjonction et à l'opposition, et celui d'*octants* aux positions équidistantes des quadratures et des syzygies.

240. **Explication des phases.** — D'abord, vu le grand éloigne-

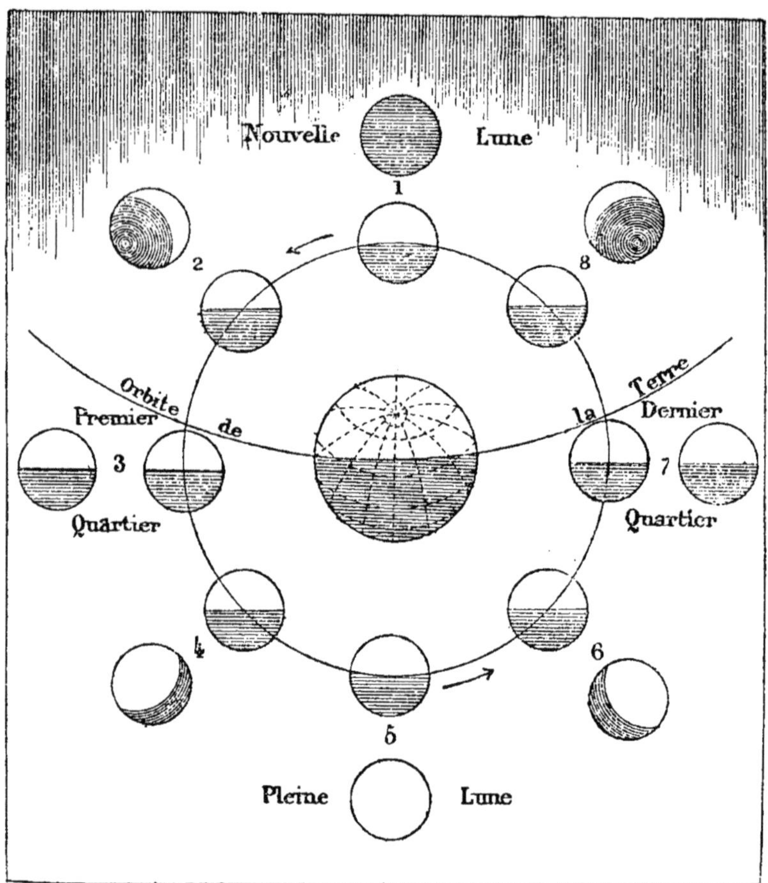

Fig. 106.

ment du Soleil, nous pouvons regarder comme sensiblement parallèles tous les rayons qu'il dirige sur la Lune dans ses diverses positions autour de la Terre. Ensuite, comme le mouvement de la Lune et celui de la Terre ont lieu dans le même sens, et que la vitesse angulaire de notre satellite est beaucoup plus rapide, nous pouvons supposer que la Terre est fixe et que la

Lune n'a qu'un mouvement relatif égal à la différence des mouvements de l'une et de l'autre.

Cela posé, un coup d'œil jeté sur la figure 106 suffira pour l'intelligence des phases lunaires.

Soient donc 1, 2, 3... les huit positions principales de la Lune autour de la Terre. Quel que soit le lieu de la Lune sur son orbite, elle a toujours une moitié de sa surface tournée vers la Terre, et une autre moitié exposée aux rayons du Soleil. A la conjonction en 1, l'hémisphère éclairé est totalement invisible pour nous, c'est la *néoménie* ou *nouvelle Lune.*

Dans les positions suivantes, l'astre qui, en vertu du mouvement synodique, s'est peu à peu dégagé des feux du Soleil, nous montre des portions de plus en plus grandes de son hémisphère éclairé, d'abord sous la forme d'un croissant plus ou moins délié, d'un demi-cercle au 1er quartier, en 3, et enfin d'un cercle complet à l'opposition ou à la *pleine Lune,* en 5. A cette époque, c'est-à-dire 14 jours après la conjonction, elle se lève au coucher du Soleil et passe au méridien vers minuit.

Dans la seconde moitié de sa course, la Lune repasse successivement, mais dans un ordre inverse, par des phases absolument identiques.

241. **Lumière cendrée.** — Il est évident, d'après la figure précédente, que la Terre doit offrir à la Lune les mêmes alternatives de lumière et d'obscurité; seulement les phases de l'une sont complémentaires de celles de l'autre, c'est-à-dire que la *nouvelle Terre* correspond à la *pleine Lune,* etc., et réciproquement.

La lumière grisâtre ou *cendrée,* qui rend visible toute la partie obscure du disque lunaire, lorsque, peu de temps avant ou après la néoménie, un mince croissant est seul directement éclairé par le Soleil, n'est que de la lumière réfléchie une première fois par la Terre vers la Lune, et une seconde fois par la Lune vers la Terre; c'est le reflet d'un reflet, un *clair de Terre.*

Cette faible lueur doit varier dans sa teinte et dans son intensité suivant l'état de l'atmosphère terrestre, et suivant les parties de notre globe qui renvoient à la Lune les rayons du Soleil.

CHAPITRE V

LIBRATIONS DE LA LUNE

Libration en longitude; libration en latitude; libration diurne.

242. **Librations lunaires.** — Nous avons dit que la Lune tourne toujours vers nous le même hémisphère. Mais cela n'est pas rigoureusement exact. Car, si l'on mesure avec précision la distance d'une tache au bord de la Lune, on constate que les points considérés ne restent pas toujours dans la même position par rapport au contour du disque. Chacun d'eux paraît osciller, dans le même temps et dans le même sens, autour d'une position moyenne, de sorte que l'on est tenté d'attribuer à la Lune tout entière un mouvement d'oscillation autour de son centre.

Ce balancement particulier, cette *libration,* n'est en réalité qu'une illusion d'optique, dont il est facile de donner l'explication.

On distingue trois sortes de librations, qui sont dues à trois causes distinctes : il y a la *libration en longitude,* la *libration en latitude,* et la *libration diurne.*

243. **Libration en longitude.** — Elle résulte de l'uniformité du mouvement de rotation, combinée avec la vitesse variable du mouvement de translation.

Soit PBAD (fig. 107) l'ellipse lunaire autour de son foyer T. Lorsque la Lune est au périgée P, la Terre voit le disque *cln.* Après un quart de révolution, notre satellite doit, en vertu de la loi des aires, occuper un point B de son orbite, tel que les deux secteurs PTB et ATB soient équivalents. Mais dans le même temps la Lune n'a tourné sur elle-même que d'un angle de 90°, inférieur à celui de translation. L'hémisphère visible n'est plus alors limité par *cPn,* mais par *oBs,* la tache *l* n'est plus au centre du disque, et le fuseau *cBo,* invisible dans la première position, apparaît sur le bord occidental.

Arrivée à l'apogée A, la Lune présente à la Terre le même hémisphère qu'au périgée; puis, dans la seconde moitié de la révolution sidérale, c'est le bord oriental du disque lunaire qui se découvrira.

Ainsi, la différence dans la vitesse angulaire des deux mouve-

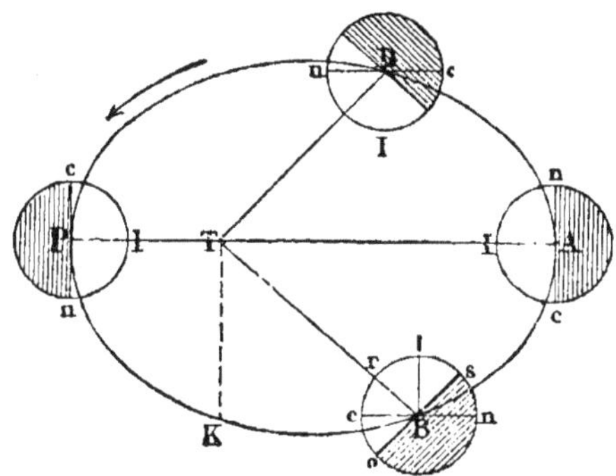

Fig. 107.

ments de la Lune est cause que nous pouvons apercevoir tantôt des portions plus occidentales, tantôt des portions plus orientales du disque. Cette oscillation a été nommée, pour ce motif, *libration en longitude*. L'amplitude de cette libration (c'est-à-dire l'angle *l*B*r*, ou BTK, égal à la différence des deux vitesses angulaires) peut atteindre près de 8°.

244. **Libration en latitude.** — Elle résulte de ce que l'axe de rotation n'est pas perpendiculaire au plan de l'orbite lunaire, mais incliné de 83° 1/2 sur ce plan. Lors donc que la Lune est

Fig. 108.

en L par exemple, elle nous montre son pôle boréal *p* (fig. 108), et nous cache son pôle austral *p'*, tandis que le contraire a lieu à l'autre extrémité L' de son orbite. Nous voyons ainsi, tantôt au nord, tantôt au sud, un fuseau dont l'amplitude maximum est de 6° 1/2. Ce second balancement, perpendiculaire à l'écliptique, est la *libration en latitude*.

245. **Libration diurne.** — Les deux premières librations s'accomplissent dans le cours d'une révolution lunaire, mais la

libration diurne a pour période la durée du jour sidéral, et résulte de ce que l'observateur, placé à la surface de la Terre, n'est pas au centre des mouvements de la Lune; car c'est vers le centre de notre globe que la Lune tourne toujours la même face.

Supposons donc deux observateurs, l'un au centre de la Terre en T (fig. 109), et l'autre à la surface en O. Quand la Lune est

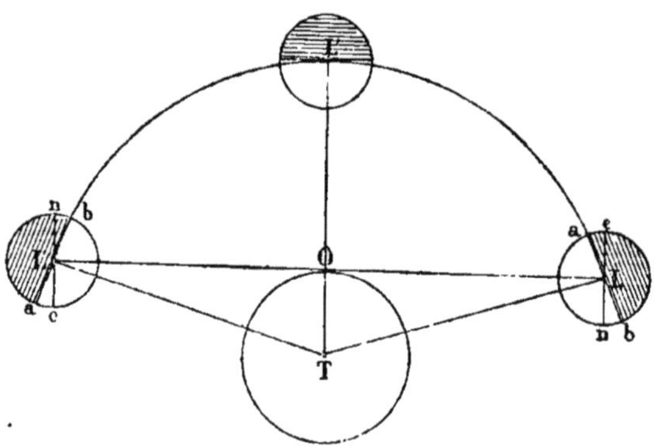

Fig. 109.

au méridien en L', les deux observateurs voient le même disque et les mêmes taches; mais, à l'horizon, il n'en est plus de même, comme on peut s'en convaincre par l'inspection de la figure.

La libration diurne, simple effet de parallaxe, a une amplitude d'environ 1°. En effet, l'angle aLc est égal à l'angle OLT, qui est précisément la parallaxe horizontale de la Lune. Cette libration pourrait donc s'appeler *parallactique.*

Les trois oscillations apparentes dont nous venons de parler existent simultanément, et il en résulte pour chaque tache de la Lune un *mouvement composé,* qui est celui qu'on observe réellement. En outre, la réunion de ces balancements réduit de la moitié aux $^3/_7$ la portion de la surface lunaire qui n'est jamais tournée vers notre globe.

CHAPITRE VI

DES ÉCLIPSES

I. Éclipses de Lune; possibilité et conditions de réalisation de ces phénomènes. — Circonstances diverses d'une éclipse totale de Lune.

II. Éclipses de Soleil, totales, partielles, annulaires. — Conditions de réalisation des éclipses solaires. — Aspect du Soleil pendant les différentes phases d'une éclipse.

III. Différences entre les éclipses de Lune et celles de Soleil. — Fréquence et périodicité des éclipses. — Utilité pratique.

246. **Différentes sortes d'éclipses.** — Une éclipse est la disparition totale ou partielle d'un astre par l'interposition d'un autre astre. Les principales éclipses sont celles du Soleil et de la Lune. Il y a aussi les éclipses des planètes secondaires ou *satellites*, et celles des étoiles et des planètes; mais ces dernières s'appellent plus spécialement *occultations*.

Avant d'étudier ces intéressants phénomènes, il convient d'exposer en quelques mots la théorie générale des ombres, sur laquelle repose l'explication des éclipses.

247. **Théorie générale des ombres.** — Concevons deux sphères

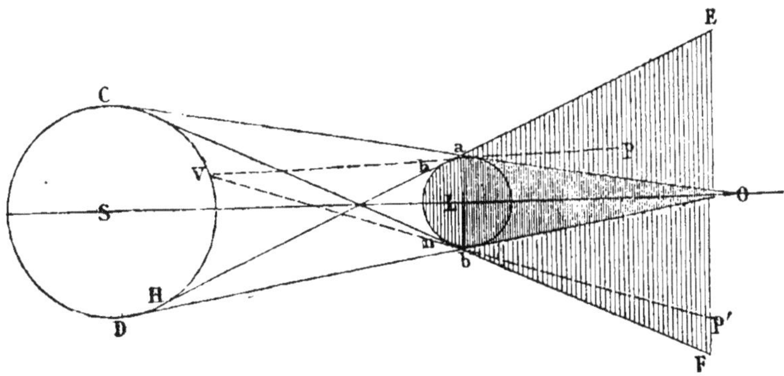

Fig. 110.

d'inégales dimensions, dont la plus grande, S, soit lumineuse, et l'autre, L, opaque (fig. 110). Faisons passer un plan par la ligne des centres et menons aux deux cercles d'intersection la tangente commune extérieure CO, et la tangente intérieure HE. Ces deux lignes, en tournant autour du globe opaque L, déterminent la région de l'*ombre pure aOb*, et la région de la pénombre E*hn*F. Voici la raison de ces dénominations.

Tout point situé dans le cône *aOb* ne reçoit du globe S aucun rayon de lumière, il est dans l'ombre pure. Mais tout point situé dans le tronc de cône indéfini E*hn*F, en dehors de l'ombre absolue, n'est ni dans l'obscurité complète, ni en pleine lumière; il est *presque* dans l'ombre, c'est-à-dire dans la pénombre. Ainsi le point *p*, qui est dans l'ombre par rapport à la région VD de la sphère lumineuse, est éclairé par la partie VC; c'est l'inverse pour le point *p'*. Chaque point de la pénombre reçoit du corps éclairant une somme de rayons lumineux d'autant moindre, évidemment, qu'il est plus voisin de l'ombre proprement dite.

En résumé, les points communs au cône et au tronc de cône sont dans l'ombre pure; ceux situés entre les tangentes intérieures et les tangentes extérieures jouissent de la pénombre. Au delà, il n'y a plus de rayons interceptés, c'est la clarté complète.

Or, la Terre et la Lune, sphères opaques, étant l'une et l'autre éclairées par le Soleil, qui est lui-même une sphère de dimensions beaucoup plus grandes, doivent projeter dans l'espace des ombres coniques, dont la géométrie calcule aisément les longueurs respectives.

Supposons maintenant que l'un de ces deux astres pénètre dans l'ombre de l'autre, et nous aurons éclipse : éclipse de Lune, si notre satellite entre dans le cône d'ombre terrestre; éclipse de Soleil, si la Terre passe à travers le corps d'ombre lunaire.

Telles sont les causes, fort simples, de ces deux sortes de phénomènes; nous allons les étudier séparément.

I. — Éclipses de Lune.

248. **Possibilité des éclipses de Lune.** — Une des conditions essentielles pour la possibilité des éclipses lunaires, c'est que le cône d'ombre de la Terre atteigne la Lune. Il faut donc déterminer la longueur de ce cône.

Représentons par R et r les rayons du Soleil et de la Terre, par d la distance de ces deux astres, et par x la longueur BO du cône d'ombre terrestre (fig. 111). Les triangles semblables SOA, TOB donnent $\frac{x}{d+x}=\frac{r}{R}$, d'où $x=\frac{dr}{R-r}=$ en moyenne 216 r.

Comme la distance maximum de la Lune n'est que de 63 r, le cône d'ombre pure s'étend toujours assez loin pour atteindre la Lune.

En outre, la largeur de ce cône, à la distance de la Lune, est

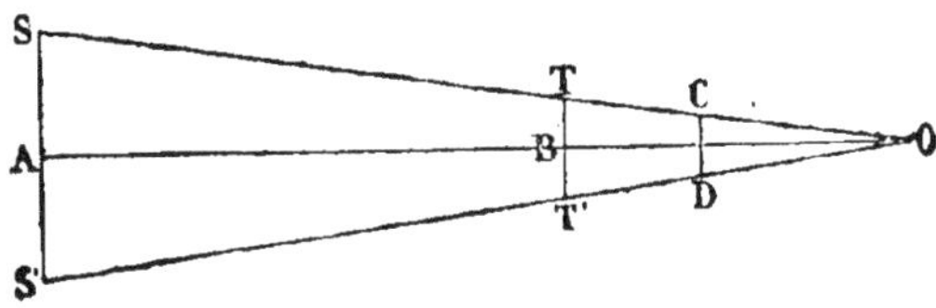

Fig. 111.

telle que notre satellite peut s'y plonger tout entier, et conséquemment être totalement éclipsé. En effet, appelons x le diamètre CD du cône d'ombre à la distance apogée de 63 rayons terrestres. En prenant pour unité le diamètre de la Terre, nous aurons la proportion :

$$\frac{x}{1} = \frac{216 - 63}{216} = \frac{7}{10} \text{ à peu près.}$$

Or le diamètre de la Lune n'est que les $\frac{3}{11}$ du diamètre terrestre; donc la Lune peut pénétrer non seulement en partie, mais aussi en totalité dans le cône d'ombre pure.

249. **Conditions de réalisation des éclipses de Lune.** — Si la Lune se mouvait dans le plan de l'écliptique, elle serait éclipsée à chaque opposition. Mais, en raison de l'obliquité de l'orbite lunaire (5° 9'), il ne peut y avoir d'éclipse qu'autant que notre satellite est assez voisin de l'un de ses nœuds au moment de la pleine Lune. De là, pour la réalisation d'une éclipse lunaire, les deux conditions suivantes :

1° *La Lune doit être en opposition, c'est-à-dire pleine.*

2° *Elle doit être près de l'un de ses nœuds, de façon que sa latitude soit moindre que la somme des demi-diamètres apparents de l'astre et du cône d'ombre.*

Soit L la Lune au moment où elle touche le cône d'ombre en passant dans le plan DOS (fig. 112). Sa latitude l est alors LTO, et l'on a

$$l = \text{NTO} + \text{NTL} = \text{CNT} - \text{COT} + \text{NTL}$$

ou bien $l = \text{CNT} - (\text{DTS} - \text{CDT}) + \text{NTL} = \text{CNT} + \text{CDT} + \text{NTL} - \text{DTS}.$

Mais

$$\text{CNT} = \text{parallaxe de la Lune} = \text{P}$$
$$\text{CDT} = \text{parallaxe du Soleil} = p$$
$$\text{NTL} = \frac{1}{2}\text{ diamètre de la Lune} = \frac{d}{2}$$
$$\text{DTS} = \frac{1}{2}\text{ diamètre du Soleil} = \frac{\text{D}}{2}.$$

On a donc

$$l = \text{P} + p + \frac{d - \text{D}}{2}$$

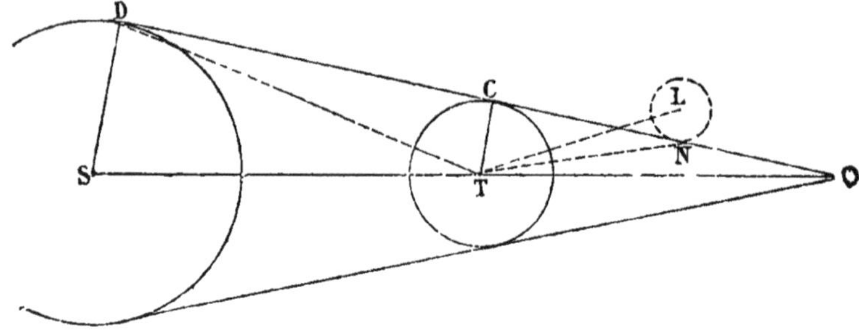

Fig. 112.

Si nous substituons à ces quantités leurs valeurs maximum et minimum, nous trouverons

Valeur maximum de $l = 62' \, 37''$
Valeur minimum de $l = 52' \, 25''$.

Ainsi, selon qu'on a, au moment de l'opposition

$l < 52'$, l'éclipse est certaine,
$l > 63'$, l'éclipse est impossible.

Entre ces deux limites, l'éclipse est douteuse, soit à cause des perturbations qui surviennent dans les mouvements de la Terre et de la Lune, soit à cause de la position de l'observateur à la surface, et non au centre du globe. Ce n'est que l'examen détaillé des circonstances qui montrera si l'éclipse doit réellement se produire.

250. **Circonstances diverses d'une éclipse de Lune.** — Il est aisé maintenant de comprendre comment les astronomes peuvent prédire les éclipses avec les diverses circonstances de chacune d'elles; les données fournies par la *Connaissance des temps,* ou d'autres qu'il est facile d'en déduire, suffisent à cet usage.

L'éclipse de Lune est *totale* ou *partielle,* suivant que l'astre pénètre en tout ou en partie dans l'ombre pure de la Terre. L'éclipse est dite *centrale,* quand le centre de la Lune coïncide avec l'axe même du cône d'ombre.

La Lune avant son *immersion,* traverse d'abord la pénombre, où elle commence à perdre un peu de sa lumière; puis, tout à coup, l'on voit se former une petite échancrure qui envahit peu à peu le reste du disque et rend l'éclipse totale, s'il y a lieu. Les mêmes phases se reproduisent pour l'*émersion*, dans l'ordre inverse.

La Lune éclipsée présente ordinairement une teinte rougeâtre due à l'action de l'atmosphère terrestre sur les rayons du Soleil.

251. **Influence de l'atmosphère terrestre.**— Les rayons du Soleil, en traversant notre atmosphère, éprouvent une réfraction qui réduit à environ 42 rayons terrestres la longueur du cône d'ombre pure, lequel ne s'étend jamais, en réalité, jusqu'à la Lune. Il n'y a donc, à proprement parler, point d'éclipse lunaire complète.

La lumière qui parvient ainsi par réfraction jusqu'à la Lune a subi une absorption considérable dans les couches d'air humide voisines du sol, et les rayons rouges pouvant seuls passer dans des conditions semblables, on a ainsi l'explication des apparences qu'offre le disque lunaire lors d'une éclipse totale. Telle est aussi l'origine de la teinte empourprée que présentent l'aurore, le Soleil couchant et les astres vus à travers le brouillard.

« On a vu, dit Pline, une éclipse de Lune pendant que le Soleil était encore visible. » Ce phénomène singulier, mais très rare, est encore un effet de la réfraction atmosphérique qui accélère le lever d'un des deux astres et retarde le coucher de l'autre.

II. — Éclipses de Soleil.

252. **Longueur du cône d'ombre lunaire.** — Il y a éclipse de Soleil lorsque la Lune s'interpose entre cet astre et la Terre. Or, la longueur du cône d'ombre lunaire, calculée comme celle de l'ombre terrestre, varie entre 57 $1/_2$ et 59 $1/_2$ rayons de la Terre. D'un autre côté, la distance de la Lune à la surface de notre globe varie aussi entre 56 et 62 rayons terrestres.

Il suit de là que le cône d'ombre pure peut tantôt atteindre la Terre, et tantôt ne pas l'atteindre. Comme d'ailleurs ce cône est beaucoup trop étroit pour que la Terre puisse y être entièrement plongée, il est manifeste que les éclipses de Soleil ne sont jamais visibles que pour une fraction d'un hémisphère terrestre.

253. **Éclipses totales, partielles, annulaires.** — Cela posé, si le cône d'ombre pure atteint notre globe, il y aura éclipse *totale* pour tous les points qui s'y trouvent plongés; éclipse *partielle* pour toutes les régions rencontrées seulement par la pénombre.

Si le cône d'ombre pure n'atteint pas la Terre, l'éclipse totale est naturellement impossible; néanmoins il y a éclipse partielle pour tous les lieux qui jouissent de la pénombre, et les observateurs placés dans le prolongement même du cône d'ombre pure sont alors témoins d'un phénomène tout particulier. La figure 113 montre en effet que, de tous les points du globe situés en *cd*, on voit le disque du Soleil déborder de toutes parts celui de la Lune, et apparaître comme un anneau lumineux.

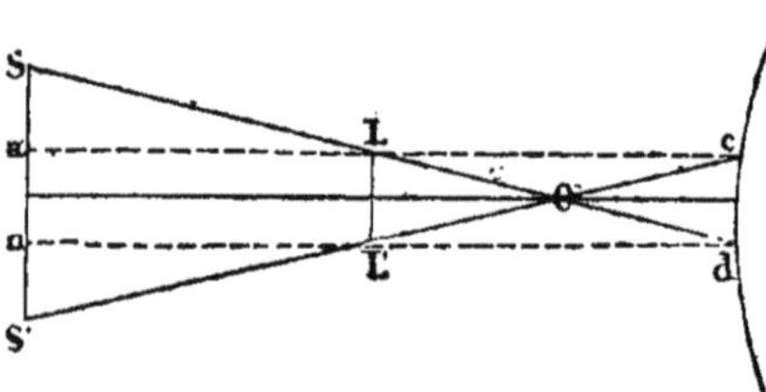

Fig. 113.

L'éclipse alors est dite *annulaire*, et si l'observateur est placé sur l'axe même du cône d'ombre, elle est *centrale.*

254. **Conditions de réalisation des éclipses de Soleil.** — Les éclipses de Soleil sont donc possibles; mais pour qu'elles aient lieu réellement, les conditions suivantes sont nécessaires. (Faire une construction et un raisonnement analogues à ceux du n° 249.)

1° *La Lune doit être en conjonction, c'est-à-dire nouvelle.*

2° *Elle doit être dans le voisinage de l'un de ses nœuds.* Suivant que sa latitude est moindre que 1° 24′ ou plus grande que 1° 34′, l'éclipse est certaine ou impossible. Entre ces deux limites, elle reste douteuse.

3° *L'éclipse totale de Soleil n'est possible que quand la Lune est au périgée et la Terre à l'aphélie.*

255. **Aspect du Soleil pendant les différentes phases d'une éclipse.** — Une éclipse simplement partielle n'offre rien de bien intéressant; elle diminue si peu la clarté du jour, que souvent elle n'est pas même remarquée des personnes non prévenues.

Il en est de même des éclipses annulaires; seulement le phénomène est beaucoup plus curieux, parce qu'il est bien plus rare.

Quant aux éclipses totales, c'est un spectacle d'une beauté tout à la fois sublime et effrayante. A peine le dernier rayon de l'astre éclipsé a-t-il disparu, que les ténèbres succèdent brusquement à la lumière, les étoiles brillent au ciel, et l'astre du jour est remplacé par un disque tout à fait noir, environné d'une gloire brillante, pareille à celle qui orne la tête des saints. Puis, de cette auréole lumineuse s'élancent des jets de flammes roses, des protubérances rougeâtres offrant l'aspect de nuages ou de pics neigeux colorés par le Soleil couchant. (Voir n° 123 et fig. 60.)

On comprend l'intérêt qui s'attache aujourd'hui à l'observation de ces curieux phénomènes, qui, grâce à l'analyse spectrale, ont déjà fourni d'importantes révélations sur la constitution physique et chimique du Soleil (123 et 124).

« Une éclipse ne commence à présenter un intérêt vraiment sérieux qu'à partir du moment où le centre du Soleil est couvert par la Lune. La lumière commence alors à diminuer d'une manière très sensible, et lorsque approche le moment de la totalité, cette diminution est tellement rapide, qu'elle a quelque chose d'effrayant. Ce qui frappe alors, ce n'est pas seulement l'affaiblissement de la lumière, c'est surtout le changement de couleur que présentent les objets. Tout devient triste, sombre et comme menaçant. Le paysage le plus vert se recouvre d'une teinte grise; dans les régions les plus élevées et les plus voisines du Soleil, le Ciel prend une couleur de plomb, tandis qu'auprès de l'horizon il devient d'un jaune verdâtre. Le visage de l'homme présente une teinte cadavérique analogue à celle que produit la flamme de l'alcool saturée de chlorure de sodium. Cette teinte jaunâtre et surtout l'abaissement de la température semblent accuser une diminution dans la puissance vitale de la nature.

« En même temps, un silence général s'établit dans l'atmosphère : les petits oiseaux disparaissent, les insectes se cachent; tout semble présager un imminent et terrible désastre. On conçoit très bien que les populations ignorantes soient saisies d'une immense frayeur en voyant ainsi pâlir l'astre du jour, et qu'elles se figurent assister au commencement d'une nuit éternelle. Le P. Faura nous dit que, dans la dernière éclipse de 1868, des Chinois se jetèrent dans des embarcations pour échapper au désastre; ils ne furent pas même rassurés par la présence des astronomes qui étaient là avec leurs instruments tout prêts à faire leurs observations. » (P. Secchi.)

III. — Différences entre les éclipses de Lune et celles de Soleil.

256. Il existe des différences essentielles entre les éclipses de Lune et les éclipses de Soleil :

1° Les premières sont visibles pour tout l'hémisphère tourné vers la Lune, tandis que les secondes ne sont visibles que pour une portion assez restreinte de l'hémisphère éclairé par le Soleil.

2° Les éclipses de Lune présentent partout les mêmes apparences et les mêmes phases; les éclipses de Soleil, au contraire, sont totales pour certains lieux, partielles pour d'autres, et invisibles pour le reste de l'hémisphère éclairé.

3° La durée maximum d'une éclipse lunaire avec toutes ses phases est au plus de 4 heures; celle d'une éclipse de Soleil peut aller jusqu'à 6 heures. Par contre, la phase de totalité d'une éclipse de Lune peut atteindre 2 heures, tandis que la plus grande durée de l'obscurité totale, dans les éclipses de Soleil, ne dépasse pas 5 à 6 minutes.

En résumé, ce qui distingue essentiellement les éclipses de Lune de celles du Soleil, c'est que les premières sont *générales*, et que les autres sont *locales*. On comprend sans peine la raison de cette différence. Notre satellite ne brille que d'une lumière d'emprunt; par conséquent, s'il vient à perdre cette lumière, l'éclipse qui en résulte sera visible au même instant et de la même manière pour tout l'hémisphère témoin du phénomène.

Le Soleil, au contraire, lumineux par lui-même, n'est pas réellement obscurci, mais seulement caché par l'interposition de la Lune, et au moment où il est éclipsé pour un pays, il montre son disque brillant aux régions voisines. De plus, le mouvement de rotation de la Terre n'influe pour ainsi dire pas sur le phénomène des éclipses lunaires, tandis que la grandeur et la durée des phases d'une éclipse solaire dépendent à la fois de la rotation terrestre et de la translation lunaire. Ces deux mouvements combinés font que le cône d'ombre de la Lune, ou son prolongement, et le cône de pénombre se déplacent rapidement et balayent à la surface de la Terre une zone plus ou moins large qui, dans son ensemble, ne constitue jamais qu'une fraction d'un hémisphère terrestre.

Signalons encore une différence, c'est que les éclipses lunaires commencent par le bord oriental de la Lune, tandis que les éclipses solaires commencent par le bord occidental du Soleil. Cela vient, dans les deux cas, de l'excès de vitesse de la Lune sur la Terre, dans le mouvement d'Occident en Orient.

257. **Fréquence et périodicité des éclipses.** — A l'inspection des

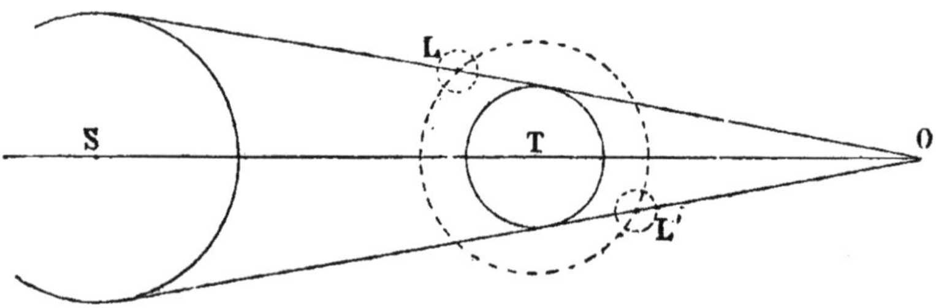

Fig. 114.

limites de latitude fixées précédemment (249 et 254), et de la figure 114, où le cône tangent extérieurement au Soleil et à la Terre est de moitié plus large dans la région L que dans la région L', on voit que, sur l'ensemble du globe, le nombre d'éclipses solaires est supérieur au nombre d'éclipses lunaires presque dans le rapport de 3 à 2. Mais dans un lieu *déterminé* il y a, pour la raison donnée plus haut (256), moins d'éclipses visibles du Soleil que de la Lune.

Pendant chaque période de 18 ans 11 jours, il se produit, terme moyen, 70 éclipses, dont 29 de Lune et 41 de Soleil. Jamais, dans une même année, il n'y a plus de 7 éclipses, et jamais moins de deux. Quand il y en a deux seulement, elles sont toutes deux de Soleil.

Cette période de 18 ans 11 jours se compose presque exactement de 233 lunaisons et de 19 révolutions synodiques des nœuds de la Lune [1]. Par conséquent, le Soleil, la Lune et ses nœuds se retrouvent, au bout de ce laps de temps, à peu près dans les mêmes conditions relatives, et les éclipses doivent se représenter sensiblement dans le même ordre et avec les mêmes circonstances. Cette période, déjà connue des Chaldéens sous le nom de *Saros,* pourrait servir à calculer avec assez d'exactitude les éclipses de Lune, mais non celles de Soleil, qui sont locales.

Aujourd'hui c'est par des calculs reposant sur les théories mathématiques les plus délicates que les astronomes indiquent, longtemps à l'avance, non seulement le jour, mais l'heure, la minute exacte, la durée et les phases d'une éclipse [2] pour chaque point de la Terre. Ce degré de précision est bien certainement le meilleur *criterium* de la science astronomique.

258. **Utilité pratique des éclipses.** — Les éclipses sont des phénomènes d'un grand intérêt pour l'astronomie, la géographie et même l'histoire. Ainsi les éclipses lunaires confirment la sphéricité du globe terrestre et l'opacité de la Lune; elles servent à calculer la durée exacte et l'accélération séculaire du mouvement synodique de notre satellite, etc.

On a vu, dans le livre du Soleil, quel parti la science a su tirer des éclipses totales de cet astre pour l'étude de sa constitution physique. Quant aux éclipses partielles, les moins intéressantes de toutes, elles servent encore à vérifier l'exactitude des tables astronomiques relatives aux mouvements du Soleil et de la Lune.

Dans la géographie, les éclipses de Lune et de Soleil, ainsi que les occultations d'étoiles par la Lune, qui sont aussi de véritables éclipses, servent au calcul des longitudes terrestres.

---

[1] La révolution synodique des nœuds est le temps employé par le Soleil à revenir au même nœud lunaire. Ce temps, puisque le mouvement rétrograde des nœuds est de 3′ 10″ par jour, et le mouvement moyen du Soleil de 59′ 8″, est évidemment égal à $\frac{360^\circ}{59' 8'' + 3' 10''} = 346 \text{ j. } 62$

[2] On évalue quelquefois les phases d'une éclipse par le nombre de *doigts :* le doigt est la 12e partie du diamètre de l'astre éclipsé et se subdivise en 60 minutes.

Enfin, il n'est pas jusqu'à l'histoire qui ne mette à profit le calcul des éclipses. Ces curieux phénomènes qui frappaient tant l'imagination des anciens, et dont ils n'ont pas manqué de nous transmettre le récit détaillé, fournissent le moyen de fixer avec exactitude la date des événements passés, ou de corriger de fausses indications. Citons un exemple entre plusieurs :

Hérodote, à propos de la guerre entre les Mèdes et les Lydiens, parle d'une éclipse de Soleil qui surprit les deux armées aux prises sur le champ de bataille, changea brusquement le jour en nuit, mit fin au combat et amena la paix. Les historiens ont assigné à cet événement des dates très diverses, depuis le 1er octobre 583 jusqu'au 3 février 626 avant J.-C. Or, en calculant l'époque précise de cette éclipse, comme s'il s'agissait de la prédire, on a trouvé qu'il faut la fixer au 28 mai 585 avant l'ère chrétienne.

CHAPITRE VII

INFLUENCES DE LA LUNE SUR LA TERRE

Phénomène des marées; explication. — Calcul de la force qui produit la marée. — Marées solaires. — Résultat des deux attractions du Soleil et de la Lune. — Établissement du port, etc.

Influence de la Lune sur les phénomènes météorologiques. — Lune rousse.

259. **Observation du phénomène des marées..** — Il existe un certain nombre de phénomènes intimement liés à l'attraction de la Lune sur le sphéroïde terrestre. Nous avons déjà parlé de la nutation et de la précession, qui sont des inégalités de mouvement dues en tout ou en partie à l'action de la Lune sur la Terre. Il nous reste à examiner le phénomène des *marées,* dans lequel notre satellite joue le principal rôle.

Deux fois par jour, dans l'espace de $24^h\ 50^m$, on voit les eaux de l'Océan s'élever et s'abaisser successivement au-dessus et au-dessous d'un niveau *moyen.* Dans le 1er cas, c'est le *flux,* la *haute* ou *pleine mer,* et la durée de cette période ascendante est d'environ 6 heures; dans le 2e cas, c'est le *reflux,* le *jusant* ou la *basse mer,* et ce second mouvement s'exécute aussi à peu près en 6 heures. La durée de la marée montante n'est pas, du reste, absolument égale à celle de la marée descendante.

Il y a donc chaque jour deux hautes mers et deux basses mers. Comme, pour deux pleines mers consécutives, la hauteur des eaux n'est pas toujours la même, on appelle *marée totale* la demi-somme des élévations de deux pleines mers consécutives au-dessus de la basse mer intermédiaire.

On a reconnu :

1° Que la mer s'élève successivement dans chaque lieu un peu après l'heure du passage de la Lune au méridien;

2° Que le retard journalier des marées est en moyenne de 50 minutes, comme celui de la Lune;

3° Que les marées ne reviennent à la même heure qu'au bout de $29^j\ {}^1/_2$, c'est-à-dire après une lunaison;

4° Que la hauteur des marées varie avec les distances de la Terre au Soleil et à la Lune surtout, et aussi avec les déclinaisons de ces astres; elle augmente quand ces quantités diminuent, et réciproquement;

5° Que, dans chaque lunaison, les marées sont plus fortes aux syzygies, et plus faibles aux quadratures.

Ces faits mettent en évidence le concours simultané de la Lune et du Soleil dans la production des marées, et l'action prépondérante du premier de ces astres. Voyons maintenant comment le principe d'attraction universelle permet d'expliquer le phénomène, et ne considérons d'abord que l'action lunaire.

260. **Explication du phénomène. Marées lunaires.** — Supposons, pour plus de simplicité, la Lune située dans le plan de l'équateur, la Terre sphérique et recouverte entièrement par les eaux de la mer.

Appelons m la masse de la Lune (fig. 115), d sa distance au centre de la Terre, f l'attraction exercée par l'unité de masse à l'unité de distance, et r le rayon de la Terre.

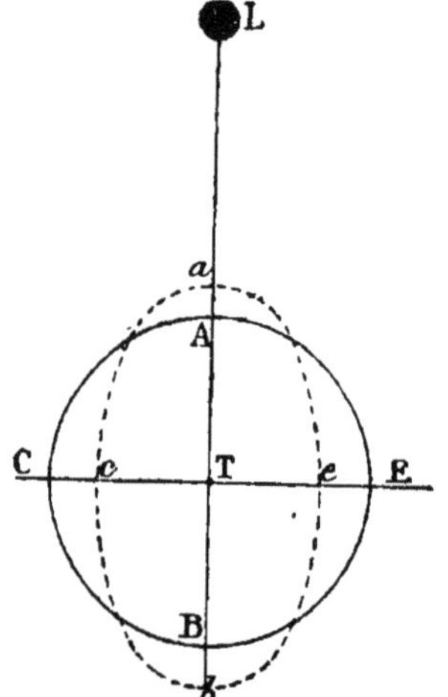

Fig. 115.

D'après les lois de la gravitation, les actions de la Lune sur le point A, le point T et le point B sont respectivement

$$\frac{fm}{(d-r)^2},\quad \frac{fm}{d^2} \quad \text{et} \quad \frac{fm}{(d+r)^2},$$

c'est-à-dire que la Lune attire le centre T moins que le point A et plus que le point B, diamétralement opposé.

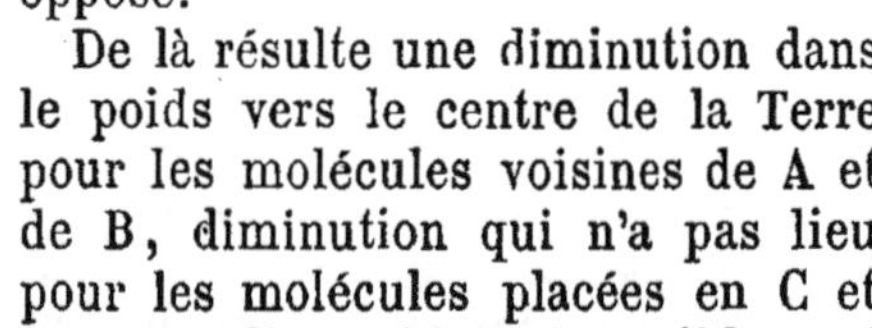

De là résulte une diminution dans le poids vers le centre de la Terre pour les molécules voisines de A et de B, diminution qui n'a pas lieu pour les molécules placées en C et

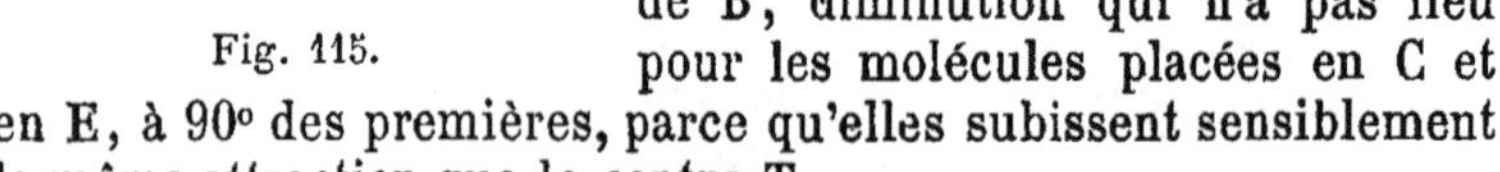

en E, à 90° des premières, parce qu'elles subissent sensiblement la même attraction que le centre T.

Donc, 1° l'attraction lunaire doit produire un renflement de la masse liquide vers A et B, et un aplatissement vers C et E; 2° les deux protubérances a et b, et les deux dépressions c et e, par suite de la rotation terrestre qui amène successivement les divers points de l'équateur dans la direction de la Lune, changent continuellement de place sur la surface du globe; 3° par conséquent, dans l'intervalle d'un jour lunaire, c'est-à-dire dans $24^h\ 50^m$, il doit se produire deux hautes mers correspondant aux passages supérieur et inférieur de la Lune au méridien, et deux basses mers correspondant au lever et au coucher de la Lune.

261. **Calcul de la force qui produit les marées.** — D'après ce qui précède, la force qui soulève l'eau de A en a (fig. 115) est évidemment égale à

$$\frac{fm}{(d-r)^2} - \frac{fm}{d^2} = \frac{fm\left[d^2-(d-r)^2\right]}{d^2(d-r)^2} = \frac{fm(2dr-r^2)}{d^2(d-r)^2}.$$

Mais r n'étant que $\frac{d}{60}$, on peut sans grande erreur négliger r^2 au numérateur et r au dénominateur, et l'expression devient

$$\frac{2fmdr}{d^4} \quad \text{ou} \quad \frac{2fmr}{d^3}$$

Ainsi la force qui produit la marée est proportionnelle à la masse m du corps attirant, et en raison inverse du cube de la distance d au centre de la Terre.

262. **Marées solaires.** — L'attraction du Soleil produit une marée analogue à la marée lunaire, mais plus faible, parce que la masse énorme de cet astre se trouve, dans le cas présent, plus que compensée par sa distance. La formule précédente $\frac{2fmr}{d^3}$, appliquée au Soleil, donnerait donc une valeur inférieure à celle qui exprime l'action de la Lune sur l'Océan, et il résulte, en effet, de l'observation, que la marée solaire n'est en moyenne que les 0,45 de la marée lunaire.

263. **Résultat des deux attractions. — Établissement du port, etc.** — Tantôt le Soleil favorise l'action de la Lune, comme à l'époque des syzygies, et tantôt il la combat, comme aux quadratures, de sorte que la marée observée dans les ports n'est que la résultante de ces deux actions combinées.

Mais l'ébranlement imprimé à un point de l'Océan par la Lune ou par le Soleil ne se communique pas instantanément à toute son étendue; l'inertie des molécules aqueuses les empêche de suivre subitement la marche de l'astre qui agit sur elles. Voilà pourquoi, sur les côtes de France, les grandes marées des syzygies, par exemple, n'ont lieu qu'environ 36 heures après l'instant de la nouvelle et de la pleine Lune. De plus, la configuration des côtes et les circonstances locales produisent un nouveau retard, qui fait varier d'une quantité constante pour chaque lieu l'instant de la haute mer qui devrait suivre le passage de la Lune au méridien. Ce retard, déterminé par l'observation, s'appelle *établissement du port.* Il est de 7^h 45^m à Bordeaux, de 3^h 36^m à Brest, de 10^h au Havre, etc.

Les lacs, les petites mers, comme la mer Caspienne, n'ont pas de marée, parce que les attractions sur les divers points de leur surface trop peu étendue ne diffèrent pas assez entre elles pour produire une variation dans le niveau ordinaire. La Méditerranée elle-même, qui ne communique avec l'Océan que par le canal étroit de Gibraltar, n'offre que des oscillations peu prononcées.

Enfin, la hauteur de la marée est très variable avec les localités, parce qu'elle ne dépend pas seulement de l'attraction, mais encore de la résistance qu'offrent les côtes à la propagation des ondes. Ainsi à Saint-Malo, sur le détroit encaissé de la Manche, l'eau monte parfois jusqu'à 16 mètres au-dessus du niveau le plus bas, tandis qu'à Brest elle ne s'élève qu'à 6 ou 7 mètres. Dans les îles de la grande mer du Sud, les marées sont à peine de 35 centimètres.

264. Influence de la Lune sur les phénomènes météorologiques. — De ce que l'attraction lunaire est la cause principale des grandes oscillations de la mer, certains esprits n'ont pas manqué de conclure que la Lune devait avoir aussi quelque influence sur les oscillations de notre océan aérien, et, par suite, sur la pluie et le beau temps, sur la végétation, etc., voire sur telle ou telle maladie.

Nous renvoyons le lecteur qui voudrait s'édifier là-dessus à l'*Annuaire du Bureau des longitudes pour* 1878, dans lequel M. Faye a fait bonne et spirituelle justice de tous les préjugés lunaires.

Quant au terrible phénomène de la *Lune rousse,* si funeste aux plantes et aux fleurs printanières, il faut en attribuer la cause, non à la lumière de l'astre des nuits, mais au rayonnement nocturne. Ajoutons cependant, pour compléter sur ce point l'explication classique d'Arago, que la débâcle des glaces dans les régions septentrionales, débâcle qui pousse en avril des glaçons flottants jusque dans nos mers, favorise l'œuvre du rayonnement nocturne en ramenant préalablement l'air à des températures voisines de 0°. Or, comme la rupture des glaces dans le nord est provoquée par les hautes marées, c'est-à-dire par la nouvelle et la pleine Lune, il n'est pas étonnant que le peuple ait observé une certaine corrélation entre les phases lunaires et les gelées meurtrières du printemps.

CHAPITRE VIII

CONSTITUTION DE LA LUNE

Masse et densité de la Lune. — Sa constitution physique. — Hauteur des montagnes lunaires. — Absence probable d'atmosphère; conséquences. — Rôle de la Lune par rapport à la Terre.

265. **Masse et densité de la Lune.** — Avant d'étudier la nature physique de la Lune, disons quelle est sa masse.

Le rapport des masses de la Lune et de la Terre se déduit de plusieurs phénomènes astronomiques, entre autres de la hauteur des marées.

La force qui soulève l'eau étant proportionnelle à la masse du corps attirant et en raison inverse du cube de sa distance (261), si nous désignons par M et m les masses du Soleil et de la Lune, par D et d leurs distances à la Terre, le rapport g des deux forces attractives est évidemment égal à $\frac{Md^3}{mD^3}$. Or $g = 0{,}45$ (262), et les autres valeurs aussi sont connues; donc $m = \frac{1}{80}$ environ.

Par conséquent, la densité de la Lune n'est que les 0,6 de celle de la Terre, ou à peu près 3 fois la densité de l'eau.

Enfin, l'intensité de la pesanteur à sa surface est environ $1/6$ de celle qui presse les corps sur le sol terrestre.

266. **Forme de la Lune.** — Lorsqu'elle est pleine, la Lune nous paraît exactement ronde, sans aplatissement sensible. Elle est donc sphérique; cependant il ne faut pas prendre ce terme à la rigueur, car la théorie de l'attraction universelle conduit à penser que le globe lunaire, primitivement fluide, a dû acquérir sous l'action de la gravité terrestre la forme d'un ellipsoïde légèrement allongé dans la direction de la Terre. Cet allongement détermine, dans l'hémisphère tourné vers nous, un excès de poids qui le fait sans cesse retomber de notre côté; de là vient que la Lune nous présente constamment la même face, et que la durée de sa rotation est si rigoureusement égale à celle de sa révolution sidérale.

267. **Constitution physique de la Lune.** — Les taches que l'on

distingue à l'œil nu sur le disque lunaire ne sont ni gazeuses ni

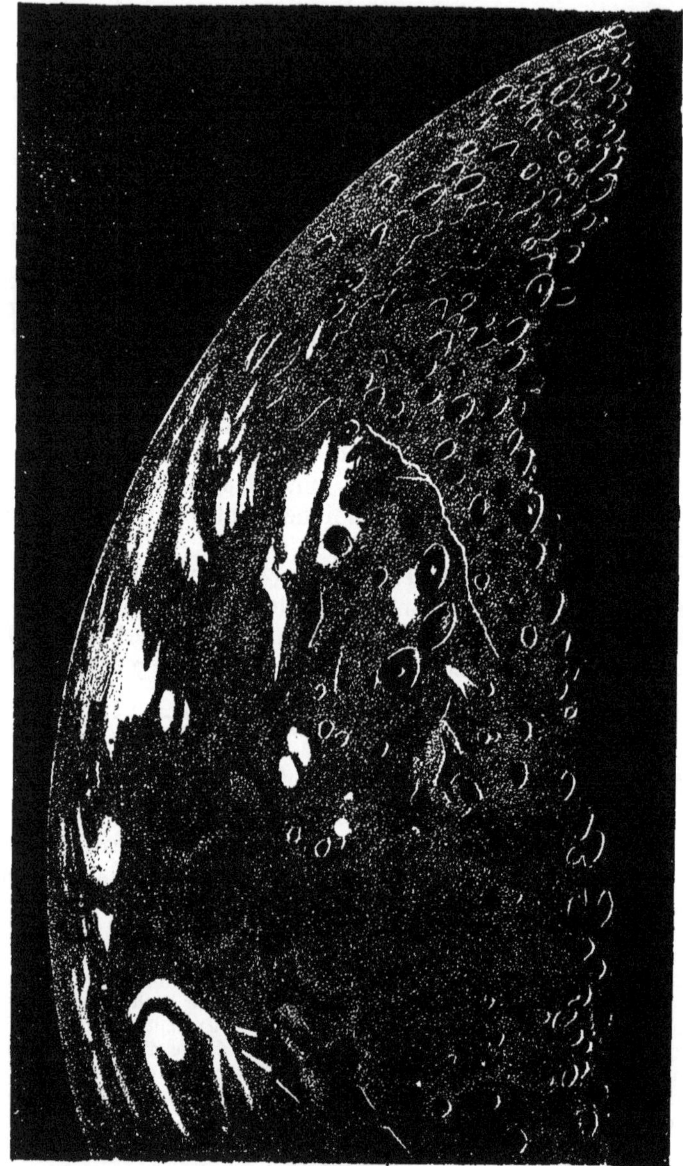

Fig. 116.

mobiles, comme celles du Soleil, mais solides et permanentes.

Obscures ou brillantes, elles proviennent des effets d'ombre et de lumière que le Soleil produit à la surface de l'astre, et permettent déjà de conclure que cette surface, loin d'être unie, est couverte d'aspérités et de dépressions.

Vues au télescope, ces taches augmentent prodigieusement en nombre et en grandeur. Elles apparaissent tantôt comme de hautes montagnes qui projettent leur ombre à l'opposé du Soleil; tantôt comme des vallées profondes, de larges cavités, dont le côté le plus rapproché du Soleil est plongé dans la nuit, tandis que la paroi opposée reçoit ses rayons; tantôt enfin comme de grandes plaines grisâtres auxquelles on a donné jadis, bien à tort, le nom de *mers*.

Toutes ces inégalités de la Lune nous expliquent les dentelures qui découpent le bord rectiligne de son disque aux quadratures (fig. 116).

Ces montagnes de la Lune sont d'origine volcanique : la plupart, au lieu de former de grandes chaînes, comme celles qui sillonnent la surface terrestre, offrent l'aspect de cratères, de cirques analogues à ceux de l'Auvergne et des Pyrénées, mais en général beaucoup plus considérables. Souvent il s'élève du milieu

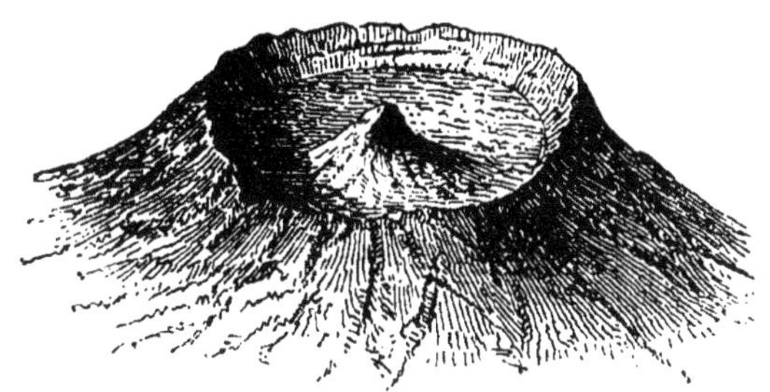

Fig. 117.

de ces cavités circulaires un ou deux *pitons* ou éminences coniques (fig. 117).

Une apparence remarquable qu'on observe surtout dans la pleine lune consiste en des bandes lumineuses qu'on voit rayonner tout autour des cratères, et qui tiennent plutôt à la nature du sol qu'à un accident de terrain, puisqu'elles ne projettent pas d'ombres.

Ainsi, ce qui domine sur la Lune, c'est le caractère volcanique. Nul doute que cet astre n'ait été, dans le principe, le siège de violentes convulsions et de révolutions géologiques successives.

268. **Hauteur des montagnes lunaires.** — On a pu, même avant

de connaître la hauteur des montagnes terrestres, calculer celle des principales montagnes de la Lune.

Quand on observe cet astre au télescope vers le premier quartier, on voit le sommet des montagnes éclairé avant la base, de sorte qu'on assiste réellement à un lever de Soleil sur la Lune. Les points brillants nous paraissent alors détachés du disque lunaire, à peu près comme des étoiles qui en seraient voisines. Ce phénomène permet de mesurer la hauteur des montagnes.

On emploie aussi une autre méthode basée sur la détermination de la longueur des ombres projetées par les montagnes sur le disque brillant de la Lune. Cette méthode sert également à évaluer la profondeur d'une cavité lunaire.

Pour expliquer plus facilement comment les hauteurs des montagnes lunaires ont pu être mesurées, nous supposerons que l'on opère lors du 1er quartier.

1re Méthode. Soient *o* le sommet brillant d'une montagne située dans l'hémisphère obscur, et AB le cercle d'illumination perpendiculaire aux rayons du

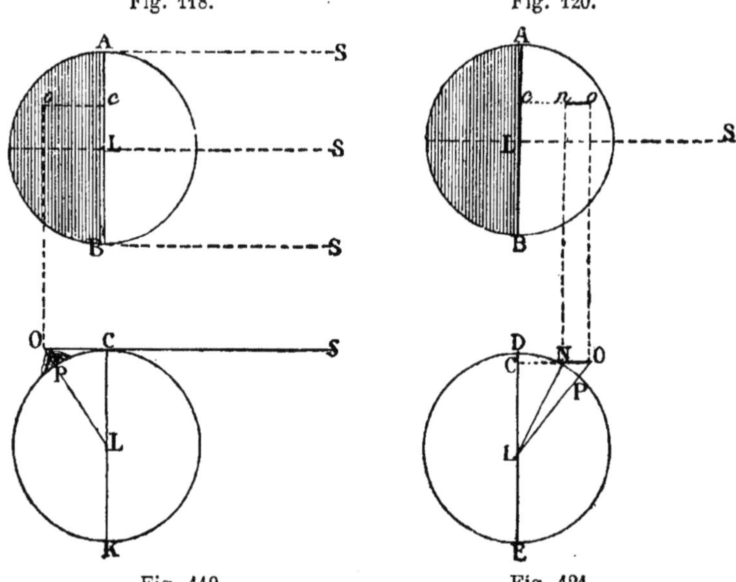

Fig. 119. Fig. 121.

Soleil S (fig. 118). On mesure, avec une lunette munie d'un micromètre, la valeur angulaire de *oc*, laquelle sert ensuite à trouver sa longueur absolue, puisque la distance de la Lune est connue.

Faisons alors passer un plan par le centre de l'astre et le rayon solaire qui éclaire le sommet *o*, et soit CPK (fig. 119) la section circulaire faite par ce plan dans le globe lunaire ; la tangente SO représente le rayon lumineux rasant la cime, et OP est la hauteur à mesurer.

Or, dans le triangle OCL, les deux côtés connus de l'angle droit, c'est-à-dire

LC ou R, et OC ou *oc*, permettent de calculer l'hypoténuse OL. La hauteur cherchée est donc égale à OL — R.

2e Méthode. Soit *on* une ombre aperçue sur le demi-disque lumineux, et projetée perpendiculairement à AB (fig. 120). On peut mesurer cette ombre ainsi que la distance *nc* au diamètre du cercle d'illumination. Faisons encore passer un plan par le centre de la Lune et par le rayon solaire qui rase le sommet *o*, et soit DNE (fig. 121) la section circulaire faite par ce plan dans le globe lunaire; N sera le point où le rayon lumineux du sommet vient rencontrer la surface de l'astre, et où, par conséquent, l'ombre se termine. C'est la hauteur OP qu'il s'agit de mesurer.

Or, dans le triangle rectangle LCN on connaît l'hypoténuse LN = R, et NC = *nc*; ce qui permet de calculer LC. Alors le triangle rectangle LCO, dans lequel CO = *on* + *nc*, fera connaître LO, et, par conséquent, LO — LP ou OP, qui est la hauteur cherchée.

C'est à l'aide de ces procédés qu'on a pu mesurer la hauteur de plus de 1100 montagnes : plusieurs d'entre elles ont jusqu'à 7 et 8 mille mètres d'élévation, comme les plus hautes cimes de l'Himalaya. Les inégalités de la Lune sont donc relativement 3 ou 4 fois plus considérables que celles de notre globe, ce qui n'a rien de surprenant; car la pesanteur à la surface de notre satellite étant près de 6 fois moindre qu'ici-bas, l'on conçoit que les montagnes lunaires soulevées par les agents intérieurs aient pu atteindre une aussi prodigieuse élévation.

269. **Absence probable d'atmosphère.** — Une atmosphère quelconque autour de la Lune donnerait lieu à plusieurs phénomènes faciles à constater: 1° quelque faible que fût sa densité, cette atmosphère serait réfringente et deviendrait sensible dans les occultations d'étoiles; 2° la ligne de séparation de la lumière et de l'ombre ne serait pas nettement tranchée, il y aurait *aurore* et *crépuscule*, une sorte de transition de la partie éclairée de l'astre à la partie obscure; 3° des taches mobiles, des nuages flottants se formeraient nécessairement dans l'enveloppe gazeuse et seraient visibles pour nous; 4° enfin, la lumière de la Lune donnerait dans le spectre, comme celle de Mars par exemple, des raies noires spéciales dues à l'absorption d'une partie des rayons solaires par l'atmosphère de l'astre.

Or, comme les observations les plus minutieuses n'ont jamais fait reconnaître aucun des phénomènes que nous venons de mentionner, on en conclut que la Lune n'a pas d'atmosphère sensible, à moins qu'elle ne soit confinée au fond des vallées et des cratères, ou que, d'après une opinion récemment émise par un illustre astronome, elle ne soit accumulée sur l'hémisphère que nous n'apercevons pas.

270. **Conséquences de l'absence d'atmosphère.** — S'il n'y a pas

d'air sur la Lune, il ne saurait y avoir ni eau ni liquides volatiles quelconques; sans quoi l'absence de pression atmosphérique et l'action énergique du Soleil rendraient l'évaporation extrêmement facile et détermineraient la formation spontanée. d'une couche nuageuse, d'une véritable atmosphère.

En l'absence d'un milieu aérien, il n'y a sur la Lune ni bruit, ni son, ni écho pour rompre la monotonie du silence le plus profond. Point de lumière ni de chaleur diffuses : le ciel y est absolument noir, les étoiles brillent en plein jour et ne scintillent pas; le Soleil, quelle que soit sa hauteur au-dessus de l'horizon, projette avec une égale force sa lumière éblouissante sur les divers points de la surface éclairée, et tout objet qu'il n'atteint pas de ses rayons est plongé dans les ténèbres.

Le climat de notre satellite ne peut donc être que fort extraordinaire. A un froid très vif, rendu plus glacial encore par une longue nuit de 15 jours, succède brusquement une chaleur de même durée, plus brûlante que celle de nos régions tropicales.

Sans air ni eau, privée des deux agents les plus essentiels à la vie organique telle, du moins, que nous la concevons, la Lune doit être une création morte, un désert aride, inanimé, *silencieux* et *muet*, selon l'expression de Humboldt.

271. **Rôle de la Lune par rapport à la Terre.** — Signalons, pour terminer notre étude de la Lune, quelques-uns des services rendus par elle à l'homme et à la Terre. Indépendamment de la douce clarté qu'elle répand sur nos nuits, elle offre au navigateur isolé sur la surface des mers un excellent moyen de reconnaissance; car les distances variables de cet astre par rapport aux étoiles sont comme des signaux astronomiques dont l'heure calculée d'avance par les astronomes sert au marin pour la détermination de la longitude, et, par suite, de sa position précise sur l'Océan.

Ensuite la Lune, en soulevant deux fois par jour les eaux de la mer, les pousse dans l'intérieur des fleuves et en rend le lit assez profond pour permettre aux vaisseaux de s'y engager sans péril ou d'entrer dans les rades sans toucher le fond.

De plus, sans le flux et le reflux, sans les marées qui dispersent partout le sel que l'Océan produit en abondance, ce vaste amas d'eau, qui est le réceptacle de toutes les immondices du globe, ne tarderait pas à croupir dans une stagnation perpétuelle et à se convertir en un dangereux foyer de putréfaction.

Enfin le cours de la Lune sert aussi à la mesure du temps et a formé la base du calendrier de tous les peuples, surtout dans l'antiquité, alors qu'on ne connaissait pas la durée exacte d'une révolution solaire.

Ces quelques considérations suffisent à montrer le rôle que notre satellite, dans le plan de la sagesse divine, est destiné à remplir à l'égard de la Terre.

Remarque. Quelques cosmographes reproduisent la réflexion suivante de l'illustre Laplace :

Autrefois on croyait que la Lune avait été donnée à la Terre pour l'éclairer pendant les nuits. « Dans ce cas, la *nature* n'aurait pas atteint le but qu'elle se serait proposé, puisque souvent nous sommes privés de la lumière de notre satellite. » C'est plutôt la Terre qui serait destinée à éclairer la Lune. Pour que la lumière de la Lune remplaçât constamment celle du Soleil, il aurait fallu « mettre, à l'origine, la Lune en opposition avec le Soleil, dans le plan même de l'écliptique, à une distance de la Terre égale à la centième partie de la distance de la Terre au Soleil, etc. etc. » (*Exposition du système du monde.*)

Indignor, quandoque bonus dormitat Homerus ! Tout en reconnaissant que notre globe serait un splendide luminaire pour la Lune, dans le cas imaginaire où elle serait peuplée d'êtres vivants, nous ferons observer que ce n'est pas seulement pour présider au jour et à la nuit que le Soleil et la Lune ont été créés, mais encore pour servir de signe et marquer les temps, *et sint in signa et tempora, et dies et annos* (Genèse, I, 14). Or ce but ne serait pas atteint si la Lune ne présentait pas le phénomène des phases, c'est-à-dire si elle n'était pas tantôt invisible, tantôt partiellement ou totalement visible. Les phases de la Lune, en effet, facilement observables, ont permis aux peuples les moins instruits de reconnaître la période lunaire et de mesurer le temps.

D'autre part il fallait, pour rendre les observations plus faciles et plus précises, donner au disque apparent de l'astre des dimensions assez considérables. C'est pourquoi Dieu a placé notre satellite si près de la Terre. Ainsi la Lune, de concert avec le Soleil, qui marche 13 fois moins vite, et avec les étoiles, qui nous servent de points de repère, est comme la grande aiguille de l'horloge qui marque le temps sur le cadran de la voûte céleste ; la distance de cette modeste planète, sa vitesse angulaire, ses phases, ses dimensions apparentes, tout se rapporte admirablement au rôle qu'elle est chargée de remplir par rapport à l'homme. On peut donc affirmer, *sans manquer à la science*, que la Terre est une raison suffisante de l'existence de la Lune, et que celle-ci a été créée pour nous, quelle que soit d'ailleurs la destination des autres corps célestes.

CHAPITRE IX

DU CALENDRIER

I. Principales divisions du temps : le jour, la semaine, le mois, l'année et le siècle.

II. Divers calendriers : julien, grégorien, russe, républicain.

III. *Comput ecclésiastique : nombre d'or, épacte, cycle solaire, lettre dominicale, indiction. — Fixation de la fête de Pâques.*

I. — Principales divisions du temps.

272. **But du calendrier.** — Le calendrier a pour objet la distribution du temps en périodes plus ou moins longues, imaginées pour les usages sociaux, et basées sur la périodicité des faits astronomiques les plus importants pour les hommes.

Le nom de *calendrier* est dérivé du mot *calendes* (καλεῖν, appeler), qui désignait chez les Romains le premier jour du mois, parce que c'était en ce jour qu'on appelait le peuple aux assemblées.

Les principales périodes actuellement en usage sont le *jour*, la *semaine*, le *mois*, l'*année* et le *siècle*.

273. **Le jour.** — La vicissitude admirable et perpétuelle de la lumière et des ténèbres produite par la rotation de la Terre détermine naturellement la longueur de la période appelée *jour*. Le jour civil n'est autre chose que le jour solaire moyen (205) comprenant, entre deux minuits, 24 parties ou *heures* égales.

Les Juifs et les Romains partageaient l'intervalle compris entre le lever et le coucher du Soleil en quatre parties égales, qu'ils nommaient *prime*, *tierce*, *sexte* et *none*. L'Église se sert encore de ces quatre heures principales pour l'office divin.

274. **La semaine.** — La création du monde, telle qu'elle est exposée dans la Genèse, a évidemment donné l'idée des semaines

de sept jours. Il faut en effet que cette période de temps, presque indépendante des mouvements astronomiques, doive son origine à une tradition primordiale, à un fond commun appartenant à l'histoire de toutes les nations, pour circuler ainsi sans interruption à travers les siècles, mêlée, dès les premiers jours, aux calendriers des plus anciens peuples. Ce fait est une preuve de l'unité primitive de l'espèce humaine.

Les peuples s'étant ensuite livrés à l'idolâtrie, donnèrent aux sept planètes, parmi lesquelles ils rangeaient le Soleil, les noms de leurs divinités principales et consacrèrent le 1er jour au Soleil, le 2e à la Lune, le 3e à Mars, le 4e à Mercure, le 5e à Jupiter, le 6e à Vénus et le 7e à Saturne. Dans la langue chrétienne, le jour du Soleil est appelé *jour du Seigneur, dies dominica,* dimanche.

275. **Le mois.** — Le mois, comme son nom l'indique dans les langues anciennes et dans plusieurs langues modernes, tire son origine du mouvement de la Lune autour de la Terre. La durée d'une lunaison, en effet, est à peu près égale à la 12e partie de l'année.

Nous avons conservé l'ordre et la dénomination des mois du calendrier romain. Des sept premiers, ceux de rang impair ont 31 jours; les autres, excepté février, en ont 30; c'est l'inverse qui a lieu pour les cinq derniers.

L'irrégularité de leur nomenclature et de leur durée provient des changements qu'ils ont subis dans la suite des temps. Ainsi, sous Romulus, l'année ne se composant que de dix mois dont *mars* était le premier, les 7e, 8e, 9e et 10e s'appelaient *septembre, octobre, novembre* et *décembre,* dénominations qui sont de vrais contre-sens dans le calendrier actuel.

Plus tard on y ajouta *janvier,* consacré à Janus, et *février,* consacré au culte des morts (*februa,* cérémonies expiatoires). A la réforme du calendrier par Jules César, les Romains, reconnaissants d'un tel bienfait, donnèrent le nom de *Julius* (juillet) au mois *quintilis,* dans lequel César était né. Enfin, une flatterie du sénat changea le nom du mois *sextilis* en celui d'*Augustus* (août), et pour que ce dernier ne fût pas inférieur à celui de Julius, on prit un jour de février pour le reporter sur août, qui eut alors 31 jours.

Les Romains partageaient, d'une manière très incommode pour les calculs, le mois en trois parties appelées *calendes, nones* et *ides.*

Les calendes, premier jour du mois, étaient des époques célèbres par l'échéance des payements et par les contrats. Les nones arrivaient le 7 dans les mois de mars, de mai, de juillet et d'octobre, et le 5 dans les autres mois; c'étaient des jours néfastes, consacrés aux mânes, et durant lesquels personne, Auguste lui-même, n'osait entreprendre rien de sérieux. Les ides tombaient le 15 ou le 13; c'étaient des jours consacrés à Jupiter.

Les autres jours du mois se comptaient en rétrogradant depuis les calendes, les nones ou les ides. Ainsi, au lieu de dire le 24 janvier, on disait le 9e jour avant les calendes de février; le 4e jour des ides d'août pour le 10 août; la veille des nones d'avril pour le 4 avril, etc. On se conforme encore assez souvent à cet usage à la cour de Rome et dans la liturgie.

276. **L'année.** — La révolution apparente du Soleil autour de la Terre, dans l'espace de 365 jours $1/4$ environ, fixe la longueur de l'année. Cette période, de toutes la plus importante, se compose de 12 mois, ou de 52 semaines plus 1 ou 2 jours, suivant que l'année est commune ou bissextile.

Le point de départ de l'année civile, ou le jour du *nouvel an,* a varié suivant le temps et les lieux. En France, il a été fixé successivement à Noël, à Pâques, et enfin par Charles IX, en vertu d'une ordonnance de 1563, au 1er janvier. Les autres nations civilisées ont adopté ce système.

277. **Le siècle.** — Un intervalle de cent années s'appelle un siècle; mais ce mot n'a pas toujours eu cette acception. Le 20e siècle de notre ère commencera le 1er janvier 1901.

On donne quelquefois le nom de *lustre* à une période de 5 années.

II. — Divers calendriers.

278. La partie capitale, dans un calendrier, est la fixation du nombre de jours compris dans l'année civile. Bien que le phénomène astronomique qui sert de base à la détermination de l'année se renouvelle uniformément, les anciens ont varié beaucoup sur le nombre de jours qu'ils accordaient à cette importante période, et c'est ce qui a souvent rendu très obscures la chronologie et l'histoire. Tant que la science ne fut pas assez avancée, chez certains peuples du moins, pour constater la durée d'une révolution solaire, on compta par lunaisons, plus facilement observables, les grands intervalles historiques.

« Les Égyptiens, dit Plutarque, eurent d'abord des années d'un mois, puis des années de quatre mois. Voilà pourquoi cette nation a l'air de remonter si haut dans le passé : ils déroulent dans leur histoire une série infinie d'années, parce qu'il y a des mois qui comptent chacun pour un an. » (*Vie de Numa.*)

On ne tarda pas cependant à reconnaître que 12 révolutions de la Lune remplissent à peu près la durée d'une révolution solaire, et l'on prit, de très bonne heure, 12 lunaisons pour l'équivalent d'une année, sauf à intercaler de temps à autre un certain nombre de jours complémentaires, pour rétablir l'accord entre la marche du Soleil et la période adoptée.

Quelque simple que nous paraisse aujourd'hui la manière d'obtenir cet accord si désirable, ce n'est qu'après bien des tâtonnements qu'on est arrivé à des résultats satisfaisants : de là les calendriers *égyptien, julien, grégorien,* etc. Il importe surtout de connaître les deux derniers.

279. **Calendrier julien.** — Le défaut radical de tous les calendriers de l'antiquité consistait dans la négligence de la fraction de jour, mal appréciée alors, qu'il faut ajouter au nombre entier 365, pour avoir la vraie mesure de l'année tropique (209). Au temps de Jules César, le désordre du calendrier romain était tel, que les mois avaient changé de saison et que les *autumnalia* ou fêtes d'automme se célébraient vers la fin du printemps.

Pour rétablir l'ordre, Jules César, supposant, d'après l'astronome égyptien Sosigène, que l'année tropique était juste de $365^{j}\,1/_4$, décida que l'année commune serait de 365 jours, et que tous les 4 ans on ferait l'intercalation d'un jour dans le mois de février. Or, il y avait à Rome, le 6e jour avant les calendes de mars, une fête dite le *Régifuge,* instituée en mémoire de l'expulsion de Tarquin. Pour ne point changer cette date, et pour conserver au mois de février ses 28 jours et son caractère antique de mois pair, choses auxquelles tenait beaucoup la superstition romaine, on plaça entre le 7 et le 6 des calendes de mars, c'est-à-dire entre le 23 et le 24 février, le nouveau jour complémentaire, qui fut appelé, pour cette raison, *bis sexto calendas*, *bissexte* (le second 6e jour des calendes). De là le nom de *bissextiles* donné aux années de 366 jours.

La réforme julienne eut lieu l'an 708 de Rome, 45 ans avant l'ère chrétienne.

280. **Calendrier grégorien.** — On devait sentir à la longue l'insuffisance de la correction julienne. L'année tropique est de 365 j. 2422 ; l'année de J. César était de 365 j. 25, ce qui donne une erreur de 0,0078 par an, ou 3 j. 12 en 400 ans, de sorte que

vers la fin du xve siècle, l'équinoxe de printemps arrivait déjà le 11 mars, au lieu de se présenter le 21, comme cela avait eu lieu en 325, lors du concile de Nicée.

Pour ramener la concordance entre l'année civile et l'année tropique, le pape Grégoire XIII ordonna :

1° Que le lendemain du 4 octobre 1582 serait compté pour le 15;

2° Que les années dont le millésime est divisible par 4 seraient bissextiles, à l'exception des années séculaires, dont le millésime n'est pas divisible par 400. (Voir n° 212.)

Ainsi réglé, le calendrier grégorien est conforme aux lois de la science et aux besoins de la société : l'erreur presque insignifiante qu'il commet encore n'amène qu'une avance d'un jour en 4000 ans.

281. **Calendrier russe.** — La réforme grégorienne fut accueillie avec empressement par les pays catholiques. Mais parce qu'elle venait du pape, les protestants d'Allemagne ne l'adoptèrent que plus tard, et les Anglais seulement en 1752.

Aujourd'hui encore, le schisme grec et russe, plus opiniâtre que l'hérésie, aime mieux n'être pas d'accord avec le Soleil que de l'être avec Rome. Il conserve encore l'usage du *vieux style,* ou du calendrier julien, de sorte que son année est maintenant de 12 jours en retard sur la nôtre. Aussi, pour qu'une date russe soit comprise des autres peuples, a-t-on l'habitude d'écrire au-dessous la date grégorienne : $\frac{1}{13}$ janvier, $\frac{24 \text{ août}}{5 \text{ septembre}}$, etc.

282. **Calendrier républicain.** — Dans ce calendrier, renouvelé en partie des Égyptiens, l'année était divisée en 12 mois de 30 jours, suivis de 5 ou 6 jours complémentaires ; c'étaient les *sans-culottides.*

Le mois était partagé en 3 décades de 10 jours; les noms des jours étaient *primi, duodi, tridi,* etc.; le dixième, *décadi,* était férié.

L'année commençait à l'équinoxe d'automne, époque de la proclamation de la république (1er vendémaire, 22 septembre 1792).

Les mois d'automne étaient: *vendémiaire, brumaire, frimaire;*
Ceux d'hiver: *nivôse, pluviôse, ventôse;*
Ceux de printemps: *germinal, floréal, prairial;*
Ceux d'été: *messidor, thermidor, fructidor.*

Tel était le calendrier républicain, qui vécut 13 ans, jusqu'au 1er janvier 1806. Nous n'en parlerions pas, si l'on ne rencontrait çà et là des actes publics ou privés, des faits historiques, des écrits de tout genre datés suivant ce calendrier.

283. **Période julienne.** — Vers l'époque de la réforme du calendrier par Grégoire XIII, on imagina une période artificielle qui peut servir de mesure universelle en chronologie. C'est un espace de 7 980 ans que l'on obtient par le produit des trois nombres premiers entre eux 19, 28 et 15, représentant trois cycles célèbres du comput ecclésiastique dont il sera question tout à l'heure.

Cette période est appelée *julienne*, du nom de *Jules-César Scaliger*, à qui elle fut dédiée par l'inventeur, Joseph Scaliger, son fils, érudit français du XVIe siècle.

On fait commencer la période julienne 4713 ans avant J.-C., de sorte que pour trouver le nombre correspondant à une année quelconque dans cette période, il suffit d'ajouter 4713 au millésime donné.

III. — Comput ecclésiastique.

284. La partie difficile de l'importante réforme opérée par Grégoire XIII n'était pas de mettre d'accord les deux années civile et tropique, et de ramener l'équinoxe à une date fixée; c'était de faire entrer l'année lunaire dans le calendrier, afin de pouvoir déterminer à l'avance le jour de la fête de Pâques, dont la date, d'après le principe posé par le concile de Nicée, dépend des mouvements combinés de la Lune et du Soleil. Ce problème fut résolu d'une manière très ingénieuse à l'aide de certaines règles dont l'ensemble constitue ce qu'on appelle le *comput ecclésiastique*.

Le comput (du latin *computus*, calcul) renferme cinq éléments : le *nombre d'or*, l'*épacte*, la *lettre dominicale*, le *cycle solaire* et l'*indiction*.

Le nombre d'or fait connaître l'épacte, au moyen de laquelle on calcule le quantième de la Lune; le cycle solaire et la lettre dominicale déterminent ensuite le jour du dimanche. Ces diverses données servent enfin à la fixation de la fête de Pâques, à laquelle sont subordonnées les autres fêtes mobiles de l'année.

285. **Nombre d'or.** — C'est le numéro d'ordre d'une année quelconque dans une période de 19 ans appelée *cycle lunaire*, après laquelle les lunaisons reviennent aux mêmes dates. (235 lunaisons = 19 ans à très peu près.)

Cette période, proposée par Méton aux jeux olympiques, 400 avant Jésus-Christ, fut trouvée si admirable que les Athéniens voulurent l'inscrire en lettres d'or sur le temple de Minerve. C'est pour cette raison que le numéro de chaque année du cycle lunaire est encore appelé de nos jours le *nombre d'or*.

286. **Épacte.** — L'épacte (ἐπακτός, surajouté) est l'âge de la Lune au 1er janvier, et l'on appelle âge de la Lune le nombre de jours écoulés depuis la dernière néoménie.

Comme l'épacte résulte de l'excès de l'année solaire sur l'année lunaire, il suffit, pour la calculer, de connaître cet excès, qui est de 11 jours. Par exemple, les années solaire et lunaire concordant en 1881, l'épacte de cette année sera zéro, c'est-à-dire que la Lune sera nouvelle le 1er janvier. L'année suivante, à la même date, la Lune aura déjà 11 jours, 22 en 1883, 33 — 30 en 1884, et ainsi de suite, c'est-à-dire que l'épacte sera successivement 11, 22, 3, 13, etc.

L'épacte une fois connue, voici comment on calcule l'âge de la Lune pour un jour donné :

Ajoutez à l'épacte le quantième du mois, plus autant d'unités qu'il y a de mois écoulés depuis mars inclusivement; la somme sera l'âge de la Lune. Dans le cas où la somme dépasse 30, *on retranche une lunaison.*

L'âge de la Lune ainsi déterminé peut n'être exact qu'à un jour près, vu qu'une lunaison vaut 29 jours $^1/_2$, et non 30.

287. **Différence entre la nouvelle Lune ecclésiastique et la nouvelle Lune astronomique.** — Il est bon de remarquer que la nouvelle Lune déterminée par l'épacte n'est pas la vraie nouvelle Lune astronomique qui correspond à une syzygie, mais la nouvelle Lune ecclésiastique qui suit la première de deux jours et qui brille quelques instants après le coucher du Soleil, sous la forme d'un croissant très délié. D'après cela, dans le calendrier ecclésiastique, on ne compte que 13 jours, et non 15, de la nouvelle à la pleine Lune.

288. **Lettre dominicale.** — Dans le calendrier perpétuel qui se trouve en tête de la plupart des livres d'église, les noms des jours de la semaine sont remplacés par les sept lettres A, B, C, D, E, F, G, écrites périodiquement en regard des dates respectives depuis le 1er janvier jusqu'au 31 décembre ; chaque lettre représente donc le même jour pendant toute l'année.

Celle qui indique le dimanche s'appelle *lettre dominicale;* elle change chaque année en rétrogradant d'un rang ou de deux, suivant que l'année est commune ou bissextile, parce que l'année civile compte 52 semaines plus 1 ou 2 jours.

Ainsi la lettre dominicale pour 1886 étant C, ce qui indique un vendredi pour le 1er jour de l'an, celle de 1887 sera B, celle de 1888 (bissextile) A et G, et ainsi de suite. La première lettre dominicale des années bissextiles sert pour janvier et février seulement.

289. **Cycle solaire.** — C'est une période de 28 ans, au bout de laquelle les lettres dominicales se reproduisent dans le même ordre et au même quantième. Ce retour périodique des mêmes dates aux mêmes jours de la semaine ne peut évidemment avoir lieu qu'après 7 bissextiles ou 28 années.

290. **Indiction romaine.** — C'est un cycle de 15 ans, qui n'a aucun rapport avec les mouvements du Soleil et de la Lune, car il fut créé par Constantin pour abolir l'usage païen de compter par olympiades. Cette période, fréquemment employée par les anciens auteurs, n'est plus en usage que dans certains actes de la chancellerie romaine.

291. **Détermination du nombre d'or, du cycle solaire et de l'indiction par la période julienne.** — La période julienne (283) offre cet avantage particulier, qu'étant le produit des trois facteurs premiers entre eux 19, 28 et 15, qui représentent les cycles lunaire, solaire et d'indiction, il ne se rencontre pas dans cette période deux années occupant le même rang dans chacun de ces trois cycles. Donc, quand on connaît le numéro d'une année dans la période julienne, en le divisant successivement par 19, 28 et 15, les restes des trois divisions marquent le rang de cette année dans les divers cycles.

Ainsi, pour l'année 1886, on trouve, en s'arrêtant aux restes des divisions successives :

1° Reste de $\frac{4713 + 1886}{19} = 6 =$ nombre d'or.

2° Reste de $\frac{4713 + 1886}{28} = 19$ dans le cycle solaire.

3° Reste de $\frac{4713 + 1886}{15} = 14$ dans l'indiction.

292. **Fixation de la fête de Pâques.** — La tradition porte que la résurrection de Notre-Seigneur Jésus-Christ eut lieu après une pleine Lune et peu après l'équinoxe du printemps. Pour se conformer à cette tradition et pour fixer le monde chrétien sur la célébration de la Pâque, le concile de Nicée ordonna, en 325, que le jour de Pâques serait le *premier dimanche d'après la pleine Lune qui suit l'équinoxe de printemps,* c'est-à-dire celle qui tombe après le 20 mars. Il suffit donc de chercher la date de cette pleine Lune, et le dimanche suivant est le jour de Pâques.

Voici la règle à l'aide de laquelle on trouve le jour de Pâques dans une année quelconque :

1° *Cherchez l'épacte de l'année proposée, ainsi que sa lettre dominicale;*

2° *Cherchez ensuite, au moyen de l'épacte, à quelle date, après le 7 mars, tombe la nouvelle Lune pascale; puis ajoutez 13 jours à cette date pour avoir la pleine Lune;*

3° *Voyez enfin le premier jour, après cette pleine Lune, auquel répond la lettre dominicale : ce jour est le dimanche de Pâques.*

Gauss, l'illustre mathématicien allemand, a donné une formule très curieuse pour déterminer immédiatement le jour de Pâques sans le secours des épactes ni des lettres dominicales. Elle consiste dans les cinq divisions suivantes :

1° *Divisez le millésime donné par* 19, *et appelez* a *le reste;*

2° *Divisez* « *par* 4, *et appelez* b *le reste;*

3° *Divisez* « *par* 7, *et appelez* c *le reste;*

4° *Divisez* 19a + 23 *par* 30, *et nommez* d *le reste;*

5° *Divisez* 2b + 4c + 6d + 4 *par* 7, *et nommez* e *le reste.*

Le jour de Pâques sera le $22 + d + e$ de mars; ou, si cette somme dépasse 31, ce sera le $d + e - 9$ d'avril.

Cette formule peut servir jusqu'en 1899; à partir de cette année jusqu'à l'an 2100, il faudra lui faire subir une légère correction consistant à remplacer 23 par 24 dans le quatrième dividende, et 4 par 5 dans le cinquième.

Remarque. Il est aisé de s'assurer qu'il y a 35 dates possibles pour la fête de Pâques, depuis le 22 mars au plus tôt jusqu'au 25 avril au plus tard.

LIVRE VI

LES PLANÈTES

Nous donnerons 1° des notions générales sur les planètes, et 2° des détails sur chacune d'elles.

CHAPITRE I

NOTIONS GÉNÉRALES SUR LES PLANÈTES

Caractères communs à toutes les planètes. — Planètes inférieures et supérieures. — Révolution synodique et révolution sidérale. — Distances moyennes des planètes. — Série de Titius. — Mouvements apparents. — Élongation, digression. — Éléments des orbites planétaires.

293. **Caractères communs à toutes les planètes.** — Nous avons déjà dit (31) à quels caractères on reconnaît les planètes; nous allons résumer ce qui leur est commun.

1° Toutes les planètes sont des corps ronds, opaques, réfléchissant les rayons solaires.

2° Elles sont animées, dans le sens direct, d'un double mouvement de rotation sur elles-mêmes et de translation autour du Soleil.

3° Elles se meuvent conformément aux trois lois de Képler.

4° Leurs mouvements sont assujettis à certaines irrégularités périodiques et séculaires : rétrogradation des nœuds, variation de l'excentricité, déplacement du périhélie, etc.

5° Leurs orbites, peu excentriques et peu inclinées sur le plan de l'écliptique, sont comprises dans la zone céleste du zodiaque. (*Il y a des exceptions pour quelques planètes télescopiques.*)

Tels sont les principaux caractères communs à toutes les planètes, parmi lesquelles, évidemment, l'analogie veut que nous rangions la Terre.

294. **Planètes inférieures et supérieures.** — On connaît aujourd'hui 8 planètes principales et environ 166 planètes *télescopiques* ou *astéroïdes*. Voici leurs noms, dans l'ordre des distances au Soleil :

Mercure, Vénus, la *Terre, Mars,* les *Astéroïdes, Jupiter, Saturne, Uranus* et *Neptune.*

Les planètes Mercure et Vénus, plus voisines du Soleil que la Terre, sont dites *inférieures* ou *intérieures;* les autres, plus éloignées de l'astre central, sont les planètes *supérieures.*

Il est clair qu'une planète inférieure ne saurait se trouver en opposition avec le Soleil; mais elle peut être en *conjonction inférieure* ou en *conjonction supérieure*, suivant qu'elle est en deçà ou au delà du Soleil par rapport à la Terre.

Les planètes supérieures n'arrivent qu'une fois en conjonction, mais en revanche elles peuvent être en opposition et en quadrature (239).

295. **Révolution synodique et révolution sidérale.** — On appelle *révolution synodique* le temps qu'une planète, *vue de la Terre,* met à revenir en conjonction ou en opposition, c'est-à-dire à reprendre même longitude que le Soleil.

On appelle *révolution sidérale* le temps qu'une planète, *vue du Soleil* qui est le centre des mouvements planétaires, met à parcourir les 360° de son orbite réelle. Cette seconde durée peut se déduire de la mesure directe de la révolution synodique; on emploie la formule $x = \frac{1}{\frac{s}{t} \pm 1}$, dans laquelle s représente la révolution synodique de la planète, et t la révolution sidérale de la Terre.

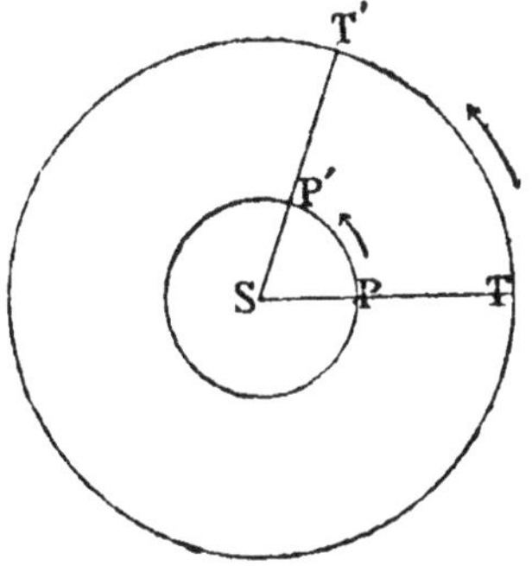

Fig. 122.

En effet, soient P et T (fig. 122) les positions relatives d'une planète inférieure et de la Terre à l'époque d'une conjonction, P' et T' leurs positions lors de la conjonction suivante.

La planète, animée de la vitesse angulaire la plus grande (3e loi de Képler), a parcouru, pour revenir en conjonction, 360° de plus que la Terre, qui n'a décrit dans le même temps s que l'arc TT'.

C'est cet arc, ou l'angle PSP', qu'il

s'agit d'apprécier. Or, il est évidemment égal à $\frac{360^\circ s}{t}$; par suite, nous avons la proportion :

$$\frac{x}{s} = \frac{360^\circ}{\frac{360^\circ s}{t} + 360^\circ}$$

d'où l'on déduit, après simplification,

$$x = \frac{1}{\frac{s}{t} + 1}.$$

Quand la planète est supérieure, les rôles sont intervertis, et le signe positif, au dénominateur, devient négatif, puisque la planète parcourt 360° de moins que la Terre dans l'intervalle d'une révolution synodique.

296. **Distances moyennes des planètes.** — Quand on connaît les révolutions sidérales des planètes et la distance de l'une d'elles, il est aisé de calculer la distance de toutes les autres au moyen de la proportion $\frac{T^2}{t^2} = \frac{R^3}{r^3}$ fournie par la 3e loi de Képler.

Si, par exemple, nous prenons pour termes de comparaison la distance et la révolution sidérale de la Terre, Uranus, dont la révolution est de 84 ans, aura une distance égale à $\sqrt[3]{84^2} = 19$, c'est-à-dire que cette planète est 19 fois plus éloignée du Soleil que la Terre.

Voici du reste les distances des planètes rapportées au rayon de l'orbite terrestre pris comme unité :

Mercure,	*Vénus,*	la *Terre,*	*Mars,*	les *astéroïdes,*
0,39	0,72	1,00	1,52	2,6

Jupiter,	*Saturne,*	*Uranus,*	*Neptune.*
5,2	9,54	19,18	30,04

297. **Série de Titius.** — Il existe entre ces distances une sorte de loi assez remarquable publiée pour la première fois par Titius à Wittemberg et reproduite par Bode, en 1778.

Prenez la progression géométrique 3, 6, 12, 24, 48, 96, 192 et 384; écrivez 4 avant le premier terme en ajoutant le même nombre à tous les autres; divisez ensuite chaque résultat par 10, vous obtiendrez la série suivante qui représente assez bien l'ordre dans lequel sont échelonnées les diverses planètes, à l'exception de Neptune toutefois :

0,4	0,7	1	1,6	2,8
Mercure,	*Vénus,*	la *Terre,*	*Mars,*	les *astéroïdes,*

5,2	10	19,6	38,8
Jupiter,	*Saturne,*	*Uranus,*	*Neptune.*

Quand Titius formula cette règle empirique, on ne connaissait ni le groupe des astéroïdes, ni les planètes Uranus et Neptune. La découverte d'Uranus en 1781, et celle des planètes télescopiques au commencement de ce siècle, parurent d'abord confirmer cette loi singulière, qu'on pouvait jusqu'à un certain point croire rationnelle. Mais Neptune, trouvé en 1846, s'écarte trop du nombre 38, pour qu'on puisse voir dans la série de Titius autre chose qu'un moyen très simple de fixer dans la mémoire les distances approximatives des planètes au Soleil. Chose non moins remarquable, il existe des relations analogues dans les distances des satellites à leurs planètes respectives [1].

La figure 124 donne une idée des grandeurs relatives des distances des planètes principales au Soleil, et de l'ensemble du système solaire.

298. **Mouvements apparents des planètes.** — Si nous nous trouvions au centre des mouvements planétaires, ils nous paraîtraient aussi simples et aussi réguliers que celui de la Lune. Mais placés sur la Terre, nous voyons tourner les planètes autour d'un centre qui n'est pas le lieu d'observation, et cette position excentrique complique beaucoup les apparences.

Il en résulte d'abord que les planètes semblent tourner autour de nous tantôt dans le sens direct, tantôt dans le sens rétrograde, et s'arrêter aussi par intervalles, quand le mouvement change de direction. En outre, la Terre se déplaçant elle-même et dans le même sens, mais avec une vitesse différente de celle des planètes, il en résulte que la durée des révolutions apparentes est plus grande ou plus petite que celle des révolutions réelles, suivant que l'orbite est intérieure ou extérieure à l'orbite terrestre.

La durée du mouvement rétrograde est du reste bien moindre que celle du mouvement direct. Ainsi Vénus, dont la marche directe comprend en moyenne 542 jours, ne rétrograde que pendant 42 jours seulement. La rétrogradation des planètes inférieures a lieu un peu avant et après leur conjonction inférieure, et celle des autres planètes avant et après l'opposition.

En mesurant chaque jour les coordonnées d'une planète, et en

---

[1] Voici qui est plus curieux encore. En appliquant à Neptune un calcul que Képler, guidé par des raisons d'harmonie céleste, avait fait pour Saturne dans le but de déterminer approximativement la distance des étoiles fixes, on trouve un nombre qui diffère assez peu de la distance des étoiles les plus rapprochées de nous. Déjà le grand astronome avait supposé l'existence d'une planète inconnue entre Mars et Jupiter.

portant sur un globe les valeurs obtenues, on trouve non pas un grand cercle de la sphère, mais bien une courbe composée d'arcs directs et d'arcs rétrogrades, distincts et séparés les uns des autres, comme le représente la figure 123.

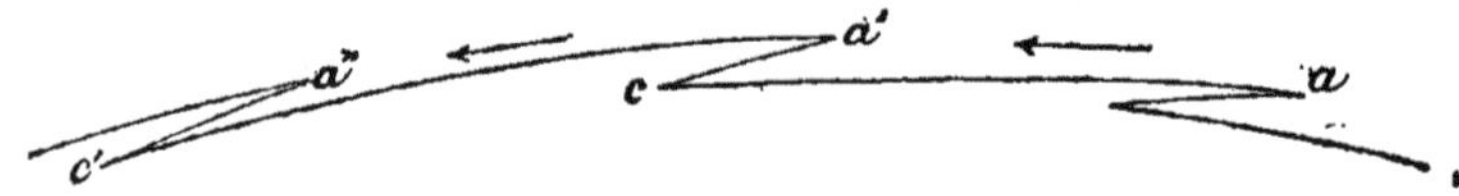

Fig. 123.

En définitive, malgré leurs stations et leurs rétrogradations, les planètes finissent par accomplir, d'occident en orient, et dans un temps plus ou moins long, les 360° de leurs orbites apparentes. L'irrégularité des mouvements planétaires est tout à la fois une conséquence et une preuve, non seulement de la translation de la Terre, mais aussi de la révolution qu'exécutent autour du Soleil tous les astres errants maîtrisés par sa puissante attraction. (Voir Livre IV, chap. VI.)

299. **Élongation, digression.** — On appelle *élongation* d'une planète sa distance angulaire au Soleil. L'élongation maximum d'une planète inférieure prend le nom de *digression*. La digression de Vénus est de 48°, celle de Mercure ne dépasse pas 28°. Quant aux planètes supérieures, leur élongation peut aller à 180°, puisque la Terre se trouve placée entre elles et le Soleil.

300. **Éléments des orbites planétaires.** — Pour assigner la position d'une planète dans l'espace à un moment donné, il faut connaître les éléments suivants :

1° *La longitude du nœud ascendant* et *l'inclinaison de l'orbite sur l'écliptique;* ces deux éléments déterminent déjà la position de l'orbite dans l'espace;

2° *La longitude du périhélie,* qui indique la direction de l'ellipse dans le plan de l'orbite ;

3° *L'excentricité* et le *demi-grand axe,* quantités qui font connaître la forme et les dimensions de l'ellipse;

4° *La durée de la révolution sidérale* et *la longitude de la planète à une époque déterminée,* par exemple, au 1er janvier 1850, à midi *moyen.* Ces deux derniers éléments permettent, grâce au principe des aires, de calculer la position de la planète sur son orbite à un instant donné.

Tels sont les éléments fondamentaux des mouvements planétaires. Aujourd'hui les astronomes calculent ces éléments avec

LE MONDE SOLAIRE
Mercure 7°
Vénus 3°23'
Mars 1°51'
Jupiter 1°19'
Écliptique
124
Pallas 34°
Saturne 2°29'
Neptune 1°47'
Uranus 0°46'
Orbite de Neptune
Orbite d'Uranus
Orbite de la Comète de Halley
Orbite de Saturne
Orbite de Jupiter
Mars
Terre
Vénus

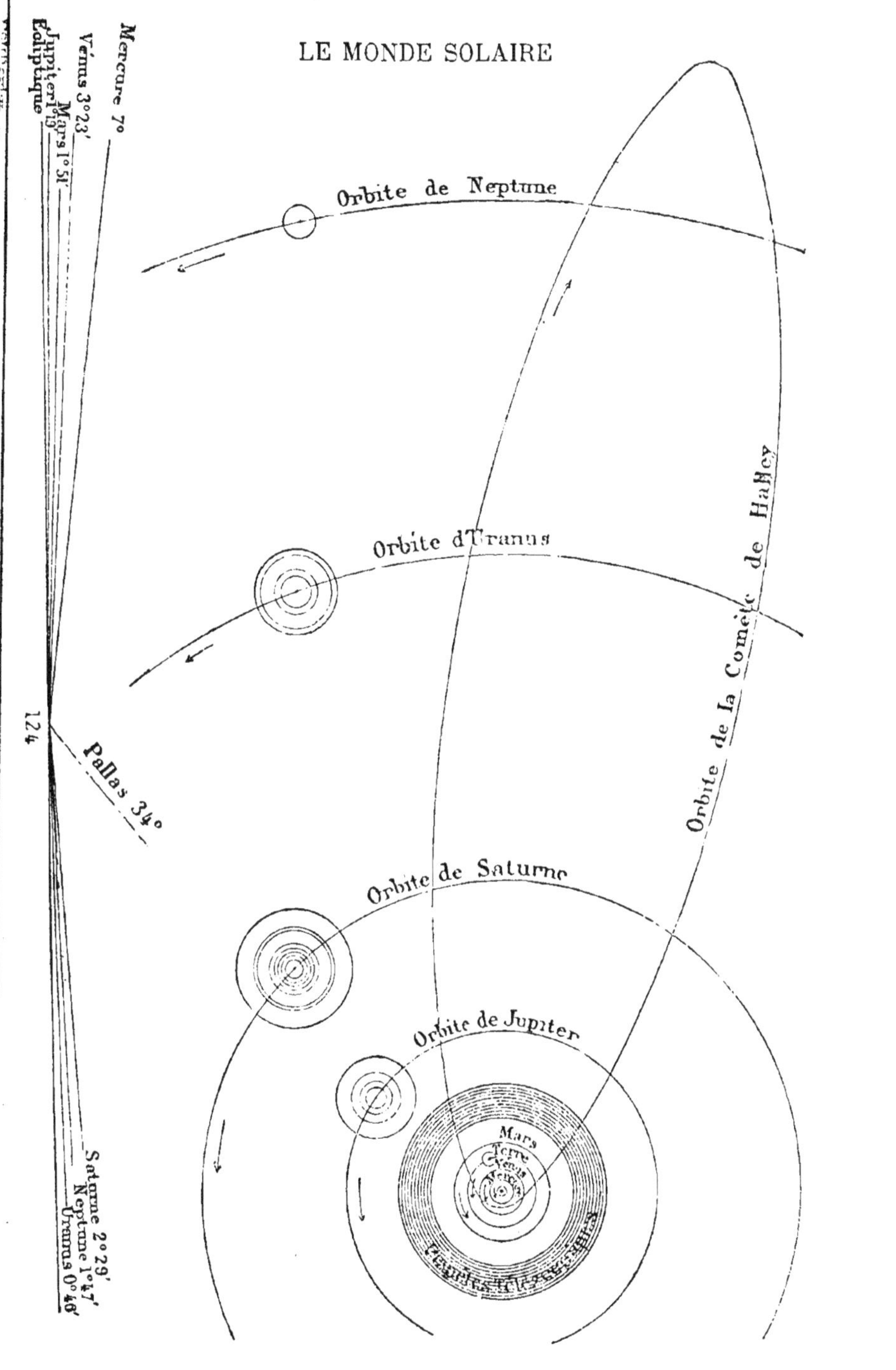

Fig. 124.

autant de facilité que de précision et les connaissent jusque dans les moindres détails.

Pour passer de ces notions générales sur le monde planétaire à l'étude de chaque planète en particulier, nous donnons dans les tableaux suivants les principaux éléments elliptiques et physiques des planètes.

301. **Éléments elliptiques des planètes.**

PLANÈTES.	Révolutions sidérales en années.	Distances moyennes.	Excentricités.	Inclinaisons.	Longitudes des périhélies.	Longitudes des nœuds ascendants.	Longitudes moyennes au 1er janv. 1850 à midi moyen.
Mercure. .	0,24	0,39	0,206	7° 0′	75°7′	46°33′	327°15′20″
Vénus. . .	0,62	0,72	0,007	3°23	129°27	75°19	245°33 15
La Terre. .	1,00	1,00	0,017	0° 0	100°21	0° 0	100°46 44
Mars. . . .	1,88	1,52	0,093	1°51	333°17	48°23	83°40 31
Astéroïdes.	3-6	2,2-3,5	0,04-0,34	0,4-34°			
Jupiter. . .	11,86	5,20	0,048	1°19	11°54	98°54	160° 1 20
Saturne . .	29,46	9,54	0,056	2°30	90° 6	112°21	14°50 41
Uranus . .	84,02	19,18	0,047	0°46	168°16	73°14	28°25 42
Neptune. .	164,60	30,04	0,009	1°47	47°14	130° 6	355° 8 59

302. **Éléments physiques des planètes.**

PLANÈTES.	Diamètres réels.	Volumes.	Masses.	Densités.	Pesanteur à la surface.	Rotations.	Inclinaisons des axes sur les orbites.	Aplatissements.
Mercure .	0,378	0,05	0,075	1,38	0,521	$0^j\ 24^h\ 5^m$	20° ?	Insensible.
Vénus . .	0,954	0,87	0,787	0,91	0,86	23 21	40°12	id.
La Terre.	1,000	1,00	1,000	1,00	1,00	23 56	66° 1/2	1/299
Mars. . .	0,540	0,16	0,109	0,71	0,38	24 37	61° 18	1/33
Jupiter. .	11,160	1390,0	309,0	0,24	2,58	9 55	86° 54	1/17
Saturne .	9,527	865,0	92,0	0,12	1,10	10 30	64°	1/19
Uranus. .	4,221	75,0	15,77	0,21	0,88	?	?	?
Neptune .	4,407	86,0	18,54	0,22	0,95	?	?	?

CHAPITRE II

DÉTAILS SUR LES DIVERSES PLANÈTES

I. Mercure, Vénus, Mars. — II. Les petites planètes. — III. Jupiter, Saturne, Uranus, Neptune.

303. **Division des planètes principales en deux groupes.** — Il semble, en jetant les yeux sur le tableau des éléments physiques

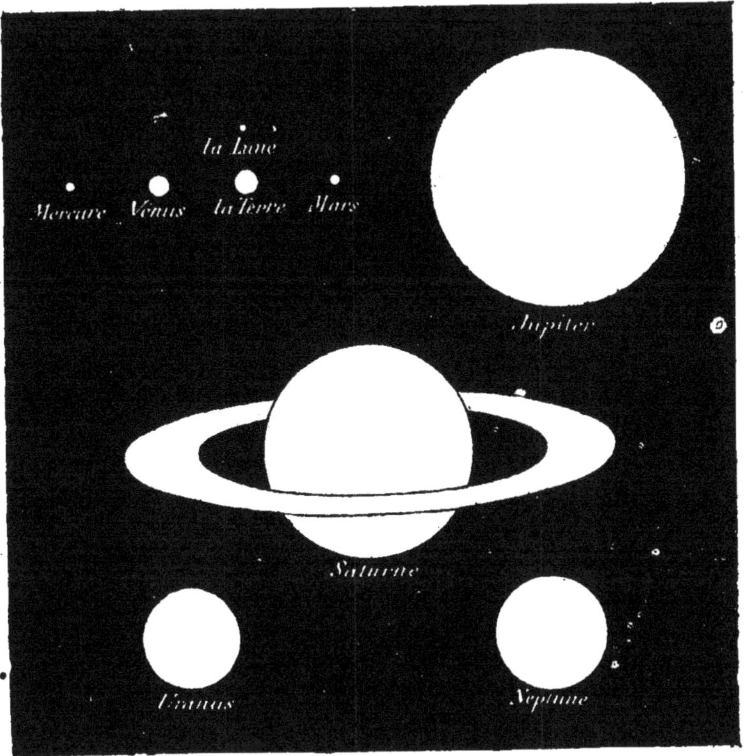

Fig. 125.

du système planétaire, qu'on peut partager les planètes principales en deux groupes bien distincts, séparés entre eux par la région des planètes télescopiques. Le premier groupe comprend Mercure, Vénus, la Terre et Mars, de dimensions moyennes et peu inégales; le deuxième renferme Jupiter, Saturne, Uranus et Neptune, de dimensions bien plus considérables. La figure 125, qui représente les planètes dans leurs vraies dimensions relatives, fait bien ressortir ce premier trait de ressemblance entre les astres d'un même groupe.

La comparaison des autres éléments nous fournit de nouvelles analogies sous le rapport des masses, des densités, des durées des rotations, etc. Ainsi, dans le premier groupe, les masses sont comparables à celle de la Terre, les densités sont 5 à 6 fois celle de l'eau; les durées des rotations, de 24 heures à peu près; dans le second, les masses sont beaucoup plus considérables; les densités, en moyenne 4 fois $1/2$ plus faibles; les vitesses de rotation, deux fois plus rapides, etc. Enfin, dans le premier groupe, seule la Terre a un satellite, tandis que les grosses planètes en ont au moins 17 à elles quatre.

1er Groupe.

304. **Mercure.** — (Année, 88 j. — Révolut. synod. de 106 à 130 j. — Diamètres apparents, 4″,6 - 12″. — Distance moyenne au Soleil, 14 millions de lieues.) Mercure, la plus petite des planètes principales, est si souvent plongé dans les feux du Soleil qu'il est rarement visible à l'œil nu. L'intensité des radiations solaires y est 7 fois plus forte que sur notre globe, et si l'inclinaison de son axe est réellement de 20°, les variations de la température, des saisons et de la durée relative des jours et des nuits doivent être fort considérables. Quelques-uns de nos métaux, comme le plomb, seraient souvent à l'état liquide à la surface de cet astre.

Vu au télescope, Mercure présente des phases comme la Lune; son croissant offre une troncature qui fait supposer sur cette planète des montagnes d'une prodigieuse élévation.

L'apparition accidentelle de bandes obscures sur le disque de l'astre et la permanence de certaines raies *telluriques* dans son spectre sont des témoignages probables en faveur de l'existence d'une atmosphère autour de Mercure.

Quelquefois l'on voit cet astre traverser, sous la forme d'un point noir, le disque solaire en moins de trois heures; mais, par suite de l'inclinaison de l'orbite, ce phénomène est assez rare.

305. **Vénus.** — (Année, 225 j. — Révolut. synod., 584 j. — Diamètres, 10″-62″. — Distance moyenne au Soleil, 27 1/2 millions de lieues.) Vénus, *l'étoile du berger,* est si resplendissante que parfois sa lumière brille en plein jour ou produit à nuit close des ombres sensibles. La forte obliquité de son équateur doit exercer une grande influence sur la température et sur la longueur relative des jours et des nuits, à moins qu'une atmosphère très épaisse, dont l'existence est à peu près démontrée, ne vienne tempérer la rigueur des saisons.

Vénus est hérissée de très hautes montagnes, car son croissant offre, lors des phases, des inégalités considérables.

Les passages de Vénus sur le disque solaire sont des phénomènes rares, mais importants, parce qu'ils servent, ainsi que nous l'avons vu, à déterminer la parallaxe et la distance du Soleil. Après s'être succédé dans l'intervalle de huit ans, ils ne reparaissent plus qu'au bout d'un nouvel intervalle de plus d'un siècle. On en calcule l'époque, comme celle des éclipses. Le dernier passage s'est effectué en 1874; le plus prochain aura lieu le 6 décembre 1882.

Vénus se rapproche beaucoup, par ses dimensions et plusieurs de ses éléments physiques, de la planète que nous habitons. Mais celle qui offre le plus d'analogie avec la Terre, c'est Mars.

306. **Mars.** — (Année, 687 j. — Révolut. synod., 780 j. — Diamètres, 4″-26″. — Distance moyenne au Soleil, 56 millions de lieues.) Mars apparaît à l'œil nu comme une belle étoile rougeâtre, mais qui, par suite de l'excentricité de l'orbite, est soumise à des variations d'éclat considérables.

La succession des jours et des nuits, la variation des saisons, et tout ce qui regarde la distribution de la lumière et de la chaleur solaires, sont autant de phénomènes presque semblables sur Mars et sur notre globe, abstraction faite des différences qui proviennent de l'intensité moitié moindre des radiations du Soleil et de la durée plus longue de l'année de Mars [1].

Ce n'est pas là le seul trait de ressemblance entre cet astre et la Terre. Vu au télescope, Mars offre des taches sombres et verdâtres que l'on regarde comme des mers, et des taches de couleur rougeâtre marquant sans doute la végétation des continents. On y distingue aussi plusieurs îles d'assez grandes dimensions, des mers intérieures comme notre Méditerranée, et des sortes de Cas-

---

[1] D'après M. Hall, de Washington, Mars aurait deux satellites, découverts en 1877.

piennes isolées de l'Océan. Mais tandis que, sur la Terre, c'est l'hémisphère boréal qui contient les régions continentales les plus vastes, c'est le contraire sur Mars.

Vers les pôles brillent deux taches d'une éclatante blancheur, dont l'une diminue d'amplitude pendant que l'autre s'accroît progressivement. On les assimile aux amas de glace et de neige accumulés pendant l'hiver à l'un des pôles terrestres et qui fondent pendant l'été. « Lors de l'opposition de 1856, dit le P. Secchi,

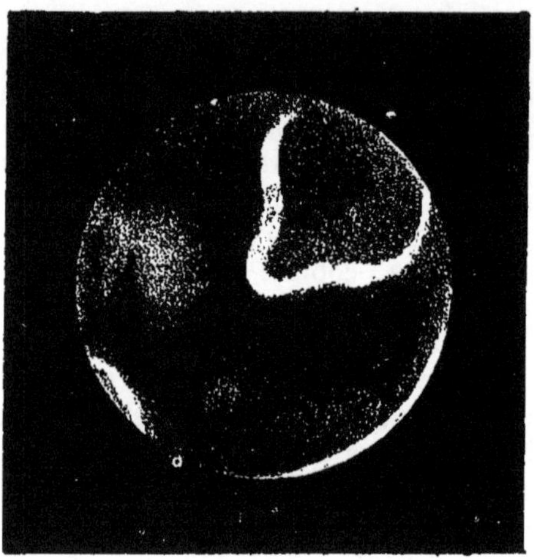

Fig. 126.

les deux taches neigeuses de Mars diminuaient à vue d'œil sous l'action des rayons solaires, tandis qu'elles augmentaient d'éclat et d'étendue lorsqu'elles échappaient à la radiation directe du Soleil. »

Mais s'il y a de la neige sur Mars, il doit y avoir une atmosphère. En effet, l'occultation des étoiles par Mars commence avant que le globe même de l'astre les éclipse. L'analyse spectrale lui découvre également une atmosphère analogue à la nôtre, formée de gaz et de vapeurs. Cette enveloppe gazeuse est parfois sillonnée de nuages épais qui semblent poussés par d'impétueux ouragans.

En résumé, Mars présente des analogies si frappantes avec la Terre que celle-ci, vue de la planète Vénus, offrirait à peu près les mêmes apparences.

II. — Les petites planètes entre Mars et Jupiter.

307. **Planètes télescopiques.** — Le 1er janvier 1801, l'astronome Piazzi, à Palerme, inaugura le XIXe siècle par la découverte fortuite d'une petite planète située entre Mars et Jupiter, et qui reçut le nom de Cérès. De 1801 à 1807, on reconnut dans la même région du Ciel Pallas, Junon et Vesta. Ainsi se trouvait comblée la lacune signalée dans la loi de Titius.

Trente-huit ans s'écoulèrent depuis lors jusqu'à l'apparition de la 5e petite planète en 1845. Mais à partir de cette époque, le nombre des astéroïdes s'accrut rapidement; il s'élève aujourd'hui à 192, dont 50 ont été découverts par les astronomes français. Il est probable qu'on en trouvera encore beaucoup d'autres.

Les plans dans lesquels se meuvent ces petits astres sont très inégalement inclinés sur l'écliptique. L'inclinaison de plusieurs est à peu près nulle, tandis que celle de Pallas dépasse 34°. De plus, les orbites sont très excentriques et tellement entrelacées qu'on peut les comparer dans leur ensemble à un amas de cerceaux matériels, dont l'un pris au hasard soulèverait tous les autres : preuve assez forte d'une commune origine.

Toutes ces planètes, dites *télescopiques* à cause de leur petitesse, sont comprises dans une zone dont la largeur moyenne est de plus de 60 millions de lieues. Mais elles y sont très inégalement distribuées, les 3/4 se trouvent dans la moitié de la zone située du côté de Mars. Sans connaître exactement leurs volumes, on sait qu'elles sont toutes plus petites que la Lune; il y en a dont la superficie totale ne dépasse certainement pas celle d'un de nos plus petits départements.

M. Leverrier est arrivé, par la discussion des perturbations de Mars, à ce résultat remarquable : *La somme totale de la matière constituant les petites planètes situées entre les distances moyennes* 2,26 *et* 3,5 *ne peut dépasser le* 1/3 *de la masse terrestre.*

III. — Groupe des grosses planètes.

308. **Jupiter.** — (Année, près de 12 ans. — Révolut. synod., 399 j. — Diamètres, 30″-47″. — Distance moyenne au Soleil, 192 millions de lieues.) — Jupiter, la plus colossale de toutes les planètes, a l'aspect d'une belle étoile jaunâtre, parfois aussi resplendissante que Vénus. Il tourne en moins de 10 heures autour d'un axe

presque perpendiculaire au plan de l'orbite, de sorte qu'il y a peu de différence entre les saisons et la durée des jours et des nuits de cette planète.

Le disque de Jupiter est généralement sillonné de larges bandes alternativement brillantes et obscures, presque toujours parallèles à l'équateur. Les observations spectrales ont établi que la plupart des raies de son spectre coïncident avec celles du spectre solaire; il en est de même d'ailleurs des spectres des autres planètes, ce qui prouve qu'elles ne brillent que par réflexion. Des raies telluriques indiquent en outre l'existence, autour de Jupiter, d'une enveloppe gazeuse très absorbante, d'où il est permis de conclure à la présence de la vapeur d'eau dans l'atmosphère de cet astre.

Fig. 127.

Jupiter reçoit du Soleil 25 fois moins de chaleur et de lumière que nous. Mais une chose qui peut y suppléer jusqu'à un certain point, c'est qu'il a 4 satellites ou lunes dont une au moins brille sans cesse pendant ses courtes nuits de 5 heures. Le retour périodique des taches observées à la surface de ces satellites a permis de constater non seulement qu'ils tournent tous d'occident en orient autour de Jupiter, mais aussi qu'ils le font, comme la Lune, avec une vitesse moyenne égale à celle de leur translation, de manière à présenter toujours la même face à la planète centrale.

Ces petits astres, sauf le 4e, c'est-à-dire le plus éloigné, s'éclipsent à chaque révolution. Le premier d'entre eux disparaît dans l'ombre de Jupiter toutes les 42 heures; ce qui amène fréquemment le retour d'un phénomène fort utile pour déterminer les longitudes géographiques et constater la vitesse de la lumière (nº 22).

309. **Saturne.** — (Année, 29 ans $^1/_2$. — Révolut. synod. 378 j. — Diamètres, 15″-20″. — Distance moyenne au Soleil, 330 millions de lieues.) — Saturne, environ 900 fois plus gros que la Terre, ne brille cependant, vu sa grande distance, que comme une étoile de 2e grandeur, d'une teinte légèrement plombée. Son disque offre plusieurs bandes obscures, parallèles à l'équateur, attribuées

par Herschell à une atmosphère très épaisse. L'analyse spectrale a confirmé cette prévision et révélé de plus, dans cette atmosphère, l'existence de quelque gaz ou vapeur qui ne se trouve pas dans la nôtre. Vers les pôles on distingue aussi, comme pour Mars, des taches blanchâtres qui seraient l'indice de neiges perpétuelles.

La rapidité de sa rotation a donné à Saturne une forme très aplatie. L'inclinaison de son axe lui procure, comme à la Terre, l'inégalité des jours et des nuits et les vicissitudes des saisons, dont chacune est équivalente à plus de 7 de nos années. Les radiations solaires y sont 90 fois moins intenses que sur notre planète; en revanche, il est accompagné de 8 lunes qui lui prêtent leur éclat.

Fig. 128.

Mais ce qui fait de cette planète un astre à part dans le monde solaire, c'est un système de plusieurs anneaux larges et très minces, concentriques à Saturne, situés à peu près dans le plan de son équateur, séparés les uns des autres par de petits intervalles, et du globe central par un espace beaucoup plus considérable, enfin tantôt visibles et tantôt invisibles ou réduits à une ligne droite, suivant les positions respectives de Saturne et de la Terre autour du Soleil.

Les anneaux extérieurs sont opaques, réfléchissent la lumière solaire et projettent sur Saturne une ombre bien marquée. L'anneau intérieur, qui se dédouble lui-même, est au contraire obscur et transparent, car il laisse apercevoir le corps de la planète.

La largeur totale du système annulaire est d'environ 16 000 lieues, et la longueur diamétrale de 70 000 lieues à peu près.

On a pu constater que les anneaux tournent autour de Saturne. D'ailleurs la théorie indique la nécessité de ce mouvement de rotation pour la parfaite stabilité de tout le système.

D'après Struve, qui a étudié minutieusement les anneaux de Saturne, il paraît que le système est sujet à des changements considérables tant dans sa position que dans ses dimensions propres, et qu'il se rapproche de la planète. S'il en est ainsi, ne peut-on pas supposer que les anneaux sont de simples agrégats de matière discontinue formant autour de Saturne une ceinture d'aérolithes ou d'étoiles filantes?

310. **Uranus.** — (Année, 84 ans. — Révolut. synod. 369 j. — Distance moyenne au Soleil, 710 millions de lieues.) — Cette planète, 75 fois plus grosse que la Terre, est cependant à peine visible à l'œil nu. Elle voit le Soleil de la taille d'une pièce de 50 centimes, et en reçoit presque 400 fois moins de chaleur que la Terre. Son spectre présente plusieurs bandes sombres, indices probables d'une atmosphère.

Sur les 8 satellites souvent attribués à Uranus, 4 seulement ont une existence bien prouvée et paraissent se mouvoir dans le sens rétrograde.

311. **Neptune.** — (Année, 165 ans. — Révolut. synod. 366 j. — Distance moyenne au Soleil, 1115 millions de lieues.) — Neptune, relégué aux confins actuels du monde solaire, n'est visible que dans les télescopes. Vu son énorme distance et la date récente de sa première apparition, on ne sait presque rien sur sa nature physique, si ce n'est que son spectre paraît identique à celui d'Uranus.

On lui a aussi découvert un satellite situé à une distance à peu près égale à celle qui sépare la Lune de la Terre.

La *prédiction* de Neptune par Leverrier, dont la science pleure la perte récente, est un des plus beaux triomphes de l'astronomie moderne. Les savants, frappés des anomalies observées dans le mouvement d'Uranus et que l'attraction des planètes connues ne suffisait pas à expliquer, avaient mis en 1845 cette question à l'ordre du jour : *Quel est l'astre inconnu qui, conjointement avec Jupiter et Saturne, produit les perturbations d'Uranus?* Pour attaquer ce problème, il fallait de l'audace, et pour le résoudre il fallait du génie.

Leverrier se mit résolument à l'œuvre et entreprit un travail sans précédents, qui, mené à bonne fin, devait assurer à son auteur le plus beau triomphe qu'un astronome puisse rêver. A l'aide d'une profonde analyse, non seulement il détermina les éléments approximatifs de la planète perturbatrice, mais il parvint même à fixer la position qu'elle devait occuper dans le Ciel et publia, le 31 août 1846, le résultat de ses calculs.

Trois semaines plus tard, un astronome prussien, M. Galle, guidé par les indications de Leverrier, chercha et vit *au bout de sa lunette* l'astre que le hardi calculateur avait vu *au bout de sa plume.* Il n'y avait pas une différence d'un degré entre la longitude réelle de Neptune et celle prédite par l'astronome français.

A cette nouvelle, un long cri d'admiration retentit à travers l'Europe savante : *En fait de découvertes astronomiques,* écrivit

Encke de Berlin, *rien de plus splendide que le travail de M. Leverrier; c'est la preuve la plus éclatante qu'on puisse imaginer de la justesse du principe de l'attraction universelle* [1].

312. **Observation.** — En terminant ce qui regarde les planètes, on peut se demander si Mercure et Neptune marquent bien les limites du monde planétaire. Dieu a si richement peuplé l'espace qu'il y a très probablement des astres que leur proximité des rayons solaires ou leur grand éloignement a dérobés jusqu'ici aux regards des astronomes. Nous ne saurions, dans l'état actuel de la science, dire avec certitude jusqu'où s'étend la sphère d'attraction du Soleil. Mais, quoi qu'il en soit, d'autres corps célestes, les *comètes,* les *bolides,* les *étoiles filantes,* etc., circulent encore dans les régions planétaires. Comme ces corps diffèrent beaucoup des planètes, nous allons les grouper et les étudier à part dans un VIIe et dernier livre.

---

[1] M. Leverrier est mort en octobre 1877. Tous les orateurs appelés à parler sur sa tombe ont rendu le plus magnifique témoignage au grand astronome français. L'un d'eux a dit, au nom du conseil scientifique de l'Observatoire : « On n'apprendra pas sans émotion que l'étude du Ciel et la foi scientifique n'avaient fait que consolider en lui la foi vive du chrétien ; c'est là un exemple donné de bien haut à notre siècle. »

Dans les derniers jours de sa vie, le savant astronome, « qui fut illustre avant l'âge », avait fait placer un grand crucifix dans les salles de l'Observatoire où, malade, il se traînait encore, allant de ses chers instruments à la croix, et pensant à la mort en homme qui avait vu Dieu dans ses œuvres. (*Univers* du 21 octobre 1877.)

LIVRE VII

LES COMÈTES ET LES MÉTÉORES COSMIQUES

Dans un 1er chapitre, nous étudierons les comètes; dans un 2e, les étoiles filantes, les bolides, les météorites.

CHAPITRE I

LES COMÈTES

Aspect, mouvement et nature physique des comètes. — Leur nombre. — Comètes périodiques.

313. **Caractères distinctifs des comètes.** — On donne le nom de *comètes* (κόμη, chevelure) à des astres chevelus qui apparaissent çà et là dans le ciel sous la forme de nébulosités plus ou moins brillantes. Elles diffèrent des planètes de plusieurs manières : par leur *aspect*, par la *nature* de leurs *mouvements*, et par leur *constitution physique.*

314. **Aspect des comètes.** — Une comète présente ordinairement trois parties distinctes :

1° Le *noyau*, point central où la matière paraît plus condensée et plus brillante ;

2° La *chevelure*, nébulosité blanchâtre qui entoure le noyau et forme avec lui la *tête* de la comète ;

3° La *queue*, sorte de traînée lumineuse plus ou moins longue.

Rien d'ailleurs n'est plus variable que l'aspect d'une comète. Il y en a qui n'ont ni queue ni noyau, et sont réduites à de simples nébulosités; d'autres, en revanche, sont douées de plusieurs queues. Ces singuliers appendices peuvent être droits ou courbes (fig. 129 et 130), d'égale largeur ou en éventail, etc. Leur longueur, réelle ou apparente, est quelquefois prodigieuse. On a vu des queues embrassant dans le ciel des arcs de plus de 100°, c'est-à-dire des dizaines de millions de lieues. Ordinairement dirigée à l'opposé du Soleil, la queue, après le passage au périhélie, précède la tête de la comète au lieu de la suivre.

Les noyaux, ordinairement circulaires, quelquefois munis d'aigrettes, présentent aussi les plus grandes diversités d'éclat et de

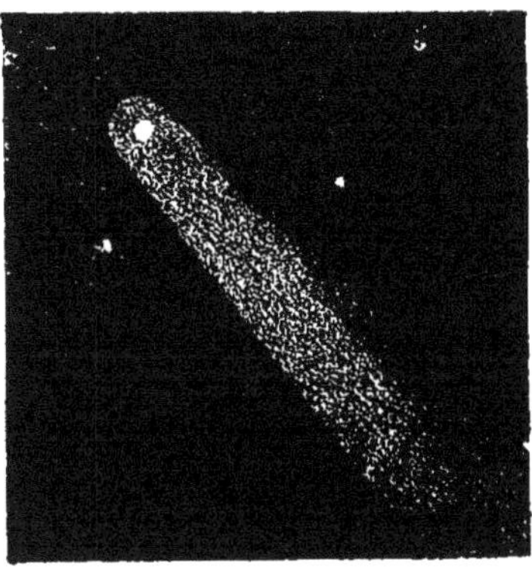

Fig. 129.

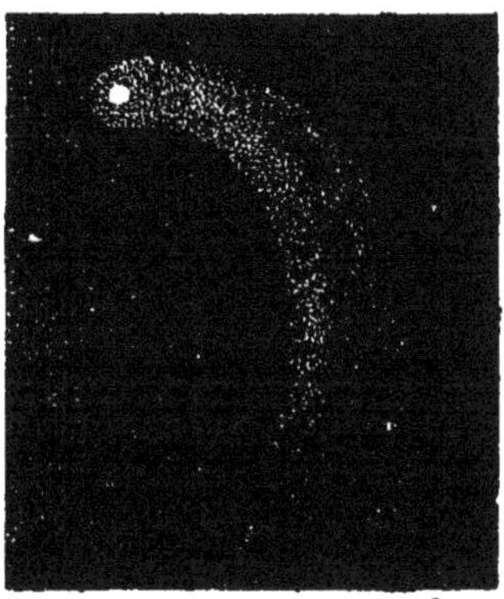

Fig. 130.

dimensions. Il y en a qui brillent autant que Vénus, et d'autres qui sont à peine visibles. On a observé des noyaux de toutes les dimensions, depuis 10 lieues jusqu'à 10 000 lieues de diamètre. Quant aux chevelures, elles sont beaucoup plus considérables; celle de la grande comète de 1811 n'embrassait pas moins de 450 000 lieues, c'est-à-dire plus de 140 fois le diamètre de la Terre.

Mais il importe de remarquer qu'une même comète varie de forme et de dimensions, non seulement d'une apparition à l'autre, mais même dans le seul cours d'une apparition, surtout quand elle se rapproche du Soleil. Ces changements d'aspect résultent soit des variations de distance, soit d'un effet de perspective dû aux positions de l'astre et de la Terre, soit enfin et surtout des modifications réelles subies par la comète même dans sa structure et dans son volume.

315. **Mouvement propre des comètes.** — Les comètes sont, comme les planètes, des astres doués d'un mouvement propre à travers les étoiles. Ce mouvement, parfois si rapide, qu'on a vu des comètes décrire en un seul jour des arcs de 80°, 120° même en longitude, obéit aux lois de Képler, et cela se comprend aisément, puisque le principe de l'attraction s'étend à tous les corps.

Mais, à part ce point de ressemblance, les comètes se distinguent des planètes, soit par la grande excentricité des orbites, soit par l'inclinaison de leurs plans qui passe par toutes les valeurs possibles, soit par le sens tantôt direct et tantôt rétrograde des mouvements propres; la moitié au moins des comètes circulent d'orient en occident.

Abstraction faite des graves et nombreuses perturbations produites dans la marche des comètes par les attractions planétaires, les orbites de ces astres singuliers ne peuvent être, d'après les lois de Newton, que des sections coniques, très souvent des ellipses dont le Soleil occupe un des foyers. Mais ces ellipses sont tellement excentriques, qu'on peut les assimiler, dans le voisinage du périhélie, à des arcs de parabole. Et de fait, les astronomes, pour calculer les diverses positions d'une comète, supposent d'abord que l'orbite est parabolique, sauf à voir si les observations ultérieures nécessiteront des corrections dans le sens d'une ellipse ou même d'une hyperbole, ce qui est plus rare.

Par là le calcul se trouve évidemment simplifié, et trois observations d'ascension droite et de déclinaison suffisent pour déterminer les éléments paraboliques de l'astre, lesquels d'ailleurs sont les mêmes que ceux des orbites planétaires (300), à l'exception de l'excentricité et du demi-grand axe que l'on remplace par la distance du périhélie. On y ajoute aussi le sens du mouvement.

En résumé, les comètes parcourent le Ciel dans toutes ses parties et dans toutes les directions, de sorte que le nom d'astres vagabonds leur conviendrait tout autant que celui d'astres errants aux planètes.

316. **Constitution physique des comètes.** — Les comètes sont formées de matières d'une ténuité extrême, et dont les gaz les plus dilatés ne sauraient nous donner aucune idée. C'est pourquoi, malgré leurs grandes dimensions, elles n'ont que des masses insignifiantes comparativement à celles des planètes. En effet :

1° La lumière des étoiles traverse les parties les plus denses d'une comète sans subir ni réfraction ni diminution d'éclat, et cependant un léger nuage suffit pour intercepter les rayons stellaires.

2° Le volume extraordinaire des comètes démontre la faiblesse de leurs masses; car, plus un corps a de masse, plus il attire et concentre les corps environnants. Si la Terre, par exemple, diminuait de masse, l'atmosphère se dilaterait aussitôt et occuperait un plus grand espace.

3° La disparition des comètes à la distance de Jupiter, c'est-à-dire dans la région où les planètes sont encore parfaitement visibles, et la mobilité continuelle qu'on observe dans la forme et dans l'éclat des comètes, sont des preuves de l'extrême rareté de la matière de ces astres.

4° Tandis que les attractions planétaires exercent une action considérable sur les comètes, l'observation n'a jusqu'à présent signalé aucune perturbation dans le mouvement des planètes ou même des satellites près desquels une comète a passé. Ainsi des comètes, à diverses époques, se sont approchées beaucoup de la Terre et n'ont produit aucun trouble dans son mouvement. On a même vu un de ces astres traverser deux fois le système des satellites de Jupiter, sans y causer la moindre perturbation.

Donc les comètes ne sont que des amas de poussière, ou des agglomérations de corpuscules, très probablement des essaims d'étoiles filantes, en un mot, des masses sans consistance n'offrant rien qui ressemble à un corps solide.

Quant à la nature de la substance cométaire, l'analyse spectrale a révélé à M. Huggins et au P. Secchi la présence, dans toutes les comètes étudiées jusqu'ici, du carbone soit simple, soit combiné avec un autre élément. Il paraît de plus que la lumière dont brillent les comètes est due en partie à l'incandescence propre du noyau, en partie aux rayons du Soleil réfléchis par la nébulosité.

317. **Nombre des comètes.** — Képler affirme que les comètes sont aussi nombreuses dans le Ciel que les poissons dans l'Océan. Cette comparaison n'a rien d'exagéré. Certains calculs basés sur le nombre des comètes observées jusqu'aujourd'hui, portent à plus de 20 millions le chiffre de celles qui circulent en deçà de l'orbite de Neptune.

En réalité le nombre des comètes paraît illimité. Le télescope en découvre de nouvelles presque tous les ans, et il n'y a pas de raison pour borner l'espace cométaire à l'orbite de Neptune.

318. **Comètes périodiques.** — On appelle ainsi les comètes qui décrivent des ellipses autour du Soleil et dont on peut prédire le retour. On n'en connaît qu'un très petit nombre, et cela pour plusieurs raisons. D'abord, la durée de la plupart des périodes de révolution est si considérable pour ces astres, qu'il est impossible de s'assurer de leur périodicité par l'observation. Citons, par

exemple, la comète de 1811, dont la période paraît être de 30 siècles.

Ensuite, les comètes ne sont visibles que pendant une faible partie de leur révolution, de sorte que l'arc de courbe observé ne peut donner qu'approximativement les éléments de la trajectoire.

Enfin, ces astres si légers n'ont qu'à passer dans le voisinage d'une planète pour que les éléments de l'orbite soient modifiés d'une manière sensible; il peut même arriver qu'une comète, en passant à l'aphélie, ralentisse assez sa marche pour se laisser entraîner dans la sphère d'attraction de quelque autre Soleil, et ne plus reparaître dans notre monde planétaire.

Il n'est donc pas étonnant que, sur tant de comètes observées jusqu'alors, on en connaisse à peine une dizaine dont la périodicité soit certaine. Citons la *comète de Halley* [1], qui parcourt en 76 ans, dans le sens rétrograde, une ellipse tellement allongée que son aphélie est situé au delà de l'orbite de Neptune, et son périhélie à l'intérieur de l'orbite de Vénus. Cet astre a éprouvé, en 1759, un retard de 586 jours, dû aux attractions de Saturne et de Jupiter, et prédit par Cléraut.

La période de la *comète d'Encke,* fixée d'abord à 3 ans $^1/_3$, diminue progressivement par l'effet des perturbations qu'elle éprouve en traversant notre système solaire.

La *comète de Faye,* qui accomplit sa révolution en 7 ans $^1/_2$, paraît subir aussi dans sa marche une accélération sensible.

Une autre comète, celle de *Biéla,* a présenté, en 1846, le singulier phénomène d'un dédoublement. Elle apparut sous la forme

---

[1] La comète de Halley parut, en 1456, avec une longue queue recourbée comme un sabre turc. Les peuples, déjà épouvantés par la chute de Constantinople, virent dans cette apparition le présage de nouveaux malheurs. Calixte III mit à profit cette frayeur pour secouer l'inertie de la chrétienté et provoquer une croisade contre Mahomet II, qui s'apprêtait à ravager l'Occident. En même temps il ordonna des prières publiques par toute l'Église, afin d'obtenir la protection du Ciel. Mais il est faux qu'il ait excommunié la comète, comme le racontent certains auteurs ; c'est une accusation ridicule.

Signalons encore une autre erreur non moins absurde. On a dit, et c'est encore la tradition, que Charles-Quint avait été déterminé à descendre du trône par l'apparition de la comète qui porte son nom. Or, le puissant empereur abdiqua le 27 octobre 1555, et la comète n'apparut que le 1er mars 1556. Elle ne fut donc pour rien dans l'abdication du monarque.

Ajoutons en passant que Charles-Quint, tout en choisissant pour retraite le couvent de Youste, en Estramadure, ne se fit jamais moine, n'assista jamais à ses propres funérailles, ne donna jamais le moindre signe de démence, etc. Quand donc les historiens, voire certains savants, cesseront-ils de faire du roman à propos de rien ?

de deux comètes distinctes, s'éloignant peu à peu l'une de l'autre. En 1852, on revit les deux parties voyageant de concert, mais à une distance de 500 000 lieues. Depuis lors on n'a plus été témoin du phénomène, et l'on suppose que c'est cette comète, ou du moins l'un de ses fragments, qui a donné lieu à ces apparitions extraordinaires d'étoiles filantes observées dans la direction de sa course.

319. **D'où viennent les comètes?** — D'après Laplace, les comètes seraient, par leur origine, étrangères au système planétaire. La nature et les éléments de leurs orbites sont tels, en effet, qu'il est permis de regarder les comètes comme des voyageuses vagabondes passant d'un monde à l'autre et n'errant qu'accidentellement dans le nôtre. Plusieurs peuvent y avoir été jadis introduites par quelque attraction planétaire et pourront un jour en être expulsées par une attraction inverse.

« Les comètes, dit M. Delaunay, occupent, pour ainsi dire, une position mixte, appartenant tantôt au système stellaire, tantôt au système planétaire. »

En admettant que chaque Soleil compte dans sa sphère d'attraction un ou plusieurs groupes de comètes, il paraît vraisemblable que quelques-uns de ces corps quittent de temps en temps leur étoile centrale, pour aller soit dans des ellipses permanentes, soit dans des paraboles provisoires, errer autour d'un autre Soleil.

CHAPITRE II

LES MÉTÉORES COSMIQUES

Bolides, aérolithes, étoiles filantes. — Leur origine cosmique. — Théorie de M. Schiaparelli sur les étoiles filantes.

320. **Météores cosmiques.** — En dehors des astres que nous avons étudiés jusqu'alors, il existe des milliers de petits corps circulant dans l'espace suivant les lois de la gravitation universelle. Ils deviennent visibles lorsque, venant à rencontrer la Terre dans son orbite, ils pénètrent plus ou moins avant dans son atmosphère. Ces phénomènes aériens qu'on appelle *bolides, aérolithes, étoiles filantes*, etc., sont compris sous la dénomination générale de *météores cosmiques.*

321. **Bolides.** — Ce sont des météores présentant l'aspect de globes enflammés, qui brillent tout à coup dans l'atmosphère, lancent des étincelles ou laissent derrière eux une traînée lumineuse, éclatent quelquefois avec bruit, tombent sur le sol ou disparaissent dans l'air.

Ordinairement, les bolides se présentent avec des dimensions apparentes assez considérables pour être approximativement évaluées. Leur diamètre peut atteindre des dizaines, et même, selon quelques savants, plusieurs centaines de mètres. La vitesse de ces corps, parfois énorme, est en général comparable aux vitesses planétaires. Dès lors, leur entrée rapide dans l'atmosphère doit produire les effets du *briquet à air* [1], et l'on conçoit que la chaleur développée par la résistance et la soudaine compression des molécules gazeuses, soit assez forte pour amener les bolides à l'état d'incandescence. C'est à cette incandescence,

---

[1] Instrument de physique servant à démontrer que la compression brusque de l'air et des gaz dégage une quantité de chaleur suffisante pour allumer des matières inflammables.

d'ordinaire toute superficielle, qu'il faut attribuer le vernis noirâtre dont leur surface est recouverte.

La chute de ces météores est souvent accompagnée de détonations pareilles au bruit du canon, se terminant par un sifflement et par une pluie de projectiles ou de fragments de pierre enflammés. C'est là peut-être l'origine immédiate de la plupart des *aérolithes* ou *météorites,* c'est-à-dire des pierres tombées du Ciel.

322. **Aérolithes.** — Malgré les traditions positives de l'antiquité et du moyen âge, les hommes de science, d'une défiance souvent excessive à l'endroit des croyances populaires, se refusaient à admettre la réalité des chutes de pierres météoriques, lorsque, le 26 avril 1803, eut lieu la pluie mémorable de Laigle, dans le département de l'Orne. Après l'explosion d'un bolide, 3000 pierres environ se trouvèrent rassemblées dans un espace ovale de 12 kilomètres de longueur. Depuis, on a constaté un certain nombre de chutes pareilles, notamment celle d'Orgueil (Languedoc), en 1864, et celle de Poultousk, en 1868.

Quant à la constitution chimique de ces météores, l'analyse y a reconnu jusqu'à présent 22 éléments simples, dont aucun n'est étranger à notre globe; mais la manière dont ils sont associés donne aux masses météoriques un caractère commun qui permet de les distinguer. Il est remarquable que les trois corps qui prédominent dans l'ensemble des météorites, le *fer,* le *silicium* et l'*oxygène,* sont aussi ceux qu'on trouve le plus abondamment dans les roches terrestres.

323. **Étoiles filantes** [1]. — Ce sont des points brillants semblables à des étoiles, qui tracent un rapide trait de feu sur la voûte céleste et disparaissent aussitôt. La plupart des étoiles filantes sont blanches, beaucoup sont diversement colorées, quelques-unes passent successivement par les couleurs de l'arc-en-ciel. Il y en a qui brillent aux yeux avec les dimensions apparentes de Vénus.

---

[1] On trouve chez différents peuples, au sujet des étoiles filantes, les croyances les plus naïves et parfois les plus poétiques. Tantôt c'est saint Laurent (10 août) secouant son gril, ou bien ce sont les larmes brûlantes du martyr; tantôt c'est le Ciel qui s'entr'ouvre et laisse voir ses mille flambeaux. Ici, chaque étoile filante est l'âme d'un trépassé s'envolant de ce monde; là c'est une âme pleurante du purgatoire; ailleurs c'est la chute de quelque grandeur terrestre. Jean-Paul Richter dépeint quelque part l'impression produite par la chute d'une étoile filante sur l'âme d'un jeune homme égaré dans les sentiers du vice : « Il vit une étoile tomber du Ciel, briller un instant et s'évanouir sur la Terre. — C'est moi! s'écria l'infortuné, — Et le remords déchira son cœur saignant. »

Le nombre de ces météores visibles chaque nuit est très variable. On distingue les étoiles filantes *sporadiques*, qui apparaissent toute l'année, plus ou moins nombreuses et dans toutes les directions ; puis les étoiles filantes *périodiques*, qui apparaissent par essaims à des époques déterminées, vers le 10 août, le 13 novembre, etc. Parfois alors elles se succèdent avec tant de rapidité que le Ciel paraît tout embrasé, et qu'on a donné au phénomène le nom caractéristique de *pluie, d'averse météorique* [1].

On a exécuté de nombreuses mesures pour déterminer la distance à laquelle les étoiles filantes font leur apparition au-dessus du sol [2]. La moyenne est de 120 kilomètres pour la hauteur d'apparition, de 90 kilomètres pour celle de leur extinction. Elles se meuvent avec des vitesses qui atteignent parfois jusqu'à 70 kilomètres par seconde, c'est-à-dire avec une rapidité qui dépasse les vitesses planétaires. En général, les trajectoires sont rectilignes; mais, particularité fort remarquable, elles semblent avoir, pour une même époque, un point de fuite ou de rayonnement commun. Ce point central, qu'on appelle *radiant*, est situé dans la constellation de Persée pour les *Perséides* ou étoiles filantes du 10 août; dans le Lion, pour les *Léonides*, du 13 novembre, etc.

Outre leur périodicité annuelle, les pluies de météores offrent aussi, à des intervalles plus ou moins considérables, des maxima, des recrudescences bien marquées. Ainsi, à en juger par les averses extraordinaires de 1799, 1833 et 1866, l'essaim de novembre doit donner lieu à un maximum d'étoiles filantes à peu près tous les 33 ans.

324. **Origine cosmique des étoiles filantes, bolides, météorites.** — Qu'on admette ou non l'identité d'origine des divers mé-

---

[1] On a compté jusqu'à 316 étoiles filantes en une heure, à Bourbonne-les-Bains, en août 1836. Dans la nuit du 12 au 13 novembre 1833, un astronome de Boston en compta 650 en un quart d'heure, en circonscrivant ses remarques à une zone qui n'était pas le dixième de l'horizon visible. Remarquons du reste que jamais une averse ne se produit brusquement; mais qu'au contraire elle s'annonce toujours par une augmentation progressive des météores.

[2] Deux observateurs placés à une distance convenable l'un de l'autre peuvent, en observant l'étoile de la constellation vis-à-vis de laquelle un même météore a paru s'enflammer ou s'éteindre, obtenir la distance du météore à la Terre. De cette distance se déduit immédiatement la longueur réelle de la trajectoire décrite; car étant connues la valeur en degrés de l'arc parcouru par le météore et la durée de l'apparition, il est facile de calculer approximativement la vitesse par seconde.

téores[1], il est certain qu'ils ne prennent pas naissance dans notre atmosphère. La hauteur considérable à laquelle ils font leur apparition, leur vitesse qui dépasse souvent celle de la Terre sur son orbite, la direction commune suivie par les étoiles filantes d'une même époque, la périodicité du retour des essaims, la composition minéralogique des météorites, etc., tous ces faits mettent hors de doute l'origine *cosmique* ou extra-terrestre des différents météores.

325. **Théorie de M. Schiaparelli.** — Une découverte remarquable est venue jeter une lumière nouvelle sur l'origine et la nature des étoiles filantes. M. Schiaparelli, astronome italien, soupçonnant des relations intimes entre les essaims météoriques et les nébulosités cométaires, eut l'idée, vers 1866, de calculer les éléments paraboliques du flux du 10 août, tout comme s'il s'agissait d'une comète venant des profondeurs de l'espace, et il y reconnut, trait pour trait, l'orbite de la grande comète de 1862. Bientôt après il reconnut de même l'identité presque complète des éléments de l'essaim de novembre avec ceux de la comète de Tempel, laquelle, chose remarquable, a précisément, comme le flux du 13 novembre, une période d'environ 33 ans.

Depuis, de pareilles coïncidences ont été signalées pour d'autres essaims. Enfin, la brillante averse météorique du 27 novembre 1872 rend très vraisemblable la transformation de l'une des deux comètes de Biéla en un essaim d'étoiles filantes. Il est remarquable, en effet, que la Terre se trouvait pendant le phénomène dans le nœud de l'orbite de la comète.

En présence de ces faits, il est permis de regarder les étoiles filantes comme autant de petites comètes se mouvant par essaims dans l'espace. Ajoutons que la comparaison des spectres donnés

---

[1] Beaucoup d'observateurs ne voient aucune différence essentielle entre ces météores. Pour eux, les étoiles filantes prennent le nom de bolides, lorsqu'elles présentent des dimensions plus considérables qu'à l'ordinaire. Comme les grandes pluies d'étoiles filantes sont souvent accompagnées de quelques bolides, et que l'apparition d'un bolide est elle-même suivie de chutes d'aérolithes, il n'y a rien d'invraisemblable à ce que tous ces corps aient une même origine.

C'est seulement dans ces dernières années qu'on a rattaché définitivement aux lois générales de l'Univers les météores qui avaient tant occupé les anciens astronomes. On avait vainement cherché à expliquer ces phénomènes soit par l'action de la foudre, soit par des concrétions de substances formées, comme la grêle, au sein de l'atmosphère, soit par des parcelles de roches enlevées du sommet des montagnes par la violence des ouragans, soit par des fragments de lave projetés par les volcans de la Lune sur notre globe. « Ce satellite, disait Lichtemberg au siècle dernier, est un voisin incommode qui salue la Terre en lui lançant des pierres. »

par la lumière des comètes, et par celle des étoiles filantes, fournit une preuve de plus en faveur de la théorie qui attribue à ces phénomènes une même origine.

Qu'arriverait-il si une comète venait à rencontrer la Terre? Cette question, qui a tant de fois inquiété le public et les savants du dernier siècle, est facile à résoudre. Si pareil fait arrivait, et il s'est déjà produit, le choc serait insensible, vu la faible densité des comètes, et l'on en serait quitte pour une bonne pluie d'étoiles filantes, aussi belle qu'inoffensive.

En résumé, les étoiles filantes, les bolides, les météorites ne sont que des *astéroïdes*, des corpuscules circulant dans l'espace sous la forme d'essaims ou d'anneaux mouvants dont les diverses portions sont inégalement riches en particules matérielles. Leurs orbites coupant toujours l'écliptique à peu près aux mêmes points, la Terre rencontre ces petits astres à des intervalles périodiques et les fait tomber à sa surface, quand son attraction devient prépondérante [1].

---

[1] La Terre, dans sa course rapide autour du Soleil, ressemble assez bien à un immense boulet lancé dans l'espace au milieu d'essaims de mitraille circulant dans des directions déterminées. Elle est constamment criblée par des milliers de projectiles célestes, et sans la résistance de l'atmosphère, sorte de cuirasse qui protège le globe contre la chute des météores, nous serions exposés à un bombardement qui pourrait devenir fort dangereux, quand l'explosion d'un bolide ou une pluie météorique ferait arriver jusqu'à terre des morceaux de résistance tels que les aérolithes.

CONCLUSION

Coup d'œil sur l'Univers. — Hypothèse cosmogonique de Laplace.

326. **Structure de l'Univers visible.** — Pour résumer nos connaissances astronomiques, jetons un dernier coup d'œil sur les divers mondes que nous avons étudiés, et voyons quelle idée, d'après les données actuelles de la science, on peut se faire de la constitution générale de l'Univers.

La portion de l'Univers accessible à nos investigations paraît constituée par quelques milliers de nébuleuses, résolues ou irréductibles, stellaires ou gazeuses, groupes d'étoiles ou groupes d'atomes, irrégulièrement disséminées dans le Ciel comme des archipels dans l'océan indéfini de l'espace.

Chaque nébuleuse résoluble, immense association de corps célestes, est elle-même formée de nombreux amas stellaires, qui se partagent en groupes plus modestes, en systèmes de plusieurs soleils, et en étoiles isolées.

La Voie lactée est une nébuleuse de ce genre; c'est elle qui contient l'amas dont notre système solaire fait partie avec la plupart des étoiles éparses que nous voyons à l'œil nu.

Les dimensions et les distances mutuelles de ces vastes agglomérations de mondes sont telles, qu'il faut à la lumière, au pied de 75 mille lieues par seconde, plus de 3 ans pour franchir l'espace qui sépare, dans le même groupe, le Soleil de l'étoile la plus voisine; des siècles pour traverser la voie lactée; des milliers d'années pour courir d'une nébuleuse à une autre! Et les télescopes ne nous découvrent, pour ainsi dire, que la surface de l'Univers créé!

Et partout le mouvement règne dans les espaces célestes. Toutes ces étoiles que la distance fait d'abord paraître immobiles, se meuvent, séparément et par groupes, en des directions diverses. Le Soleil, une des étoiles de la nébuleuse lactée, qui en recèle tant de millions, s'élance, en tournant sur lui-même, vers une région du Ciel encore inconnue.

Puis, tout autour de ce globe de lumière, centre d'un monde particulier dont notre Terre fait partie, circulent à des distances différentes, avec des vitesses de plusieurs lieues à la seconde, les planètes accompagnées de leurs satellites, puis les comètes fuyant sur leurs orbites excentriques; enfin des myriades de corpuscules voyageant dans l'espace, tantôt isolés, tantôt réunis en essaims.

Et tous ces astres d'un même groupe, depuis le Soleil jusqu'à la plus petite étoile filante, se meuvent suivant les lois de la gravitation, auxquelles n'échappe sans doute aucun corps céleste, aucun monde, pas même la nébuleuse la plus lointaine.

Ainsi, en remontant de la partie au tout, la Lune gravite autour de la Terre, la Terre autour du Soleil, le Soleil autour de quelque centre inconnu [1], les étoiles d'un même groupe autour d'un foyer commun, et ainsi indéfiniment, sans que l'imagination puisse assigner de terme à ce merveilleux engrenage de systèmes subordonnés et rattachés les uns aux autres par le lien commun de l'attraction universelle.

« Que dire de ces espaces immenses et des astres qui les remplissent? Que penser de ces étoiles qui sont sans doute, comme notre Soleil, des centres de lumière, de chaleur et d'activité, destinées, comme lui, à entretenir la vie d'une foule de créatures de toute espèce? Pour nous, il nous semblerait absurde de regarder ces vastes régions comme des déserts inhabités; elles doivent être peuplées d'êtres intelligents et raisonnables, capables de connaître, d'honorer et d'aimer leur Créateur; et peut-être que ces habitants des astres sont plus fidèles que nous au devoir que leur impose la reconnaissance envers Celui qui les a tirés du néant; nous voulons espérer qu'il n'y a point parmi eux de ces êtres infortunés qui mettent leur orgueil à nier l'existence et l'intelligence de Celui à qui ils doivent eux-mêmes et leur existence et la faculté de connaître tant de merveilles. » (Le P. Secchi, *le Soleil.*)

327. **Hypothèse cosmogonique de Laplace.** — C'est ici le lieu d'exposer les idées généralement acceptées par les savants de nos jours sur l'origine de l'Univers et du monde solaire en particulier. L'étude comparative des faits géologiques et des phénomènes

---

[1] En comparant les mouvements propres du Soleil et d'un grand nombre d'étoiles, un astronome allemand a émis la supposition que notre système solaire emploie 27 millions d'années à tourner autour d'un point central appartenant au groupe des Pléiades.

C'est là une hypothèse purement conjecturale. On ne connaît encore que la tangente de la courbe suivant laquelle se meut le système solaire. Or, l'élément rectiligne de la route suivie par le Soleil vers la constellation d'Hercule n'étant qu'une très faible portion d'une immense trajectoire, la courbure de l'orbite n'est pas même déterminée, et tout ce qu'on peut conclure, c'est que le foyer inconnu est situé dans une direction perpendiculaire au mouvement de translation. Le temps seul, c'est-à-dire la suite des siècles, permettra de reconnaître la courbure de l'orbite solaire.

astronomiques a conduit Laplace à supposer qu'une loi commune a déterminé la formation des corps célestes, leur distribution dans l'espace et la direction identique de leurs mouvements. Nous laissons au P. Secchi le soin de résumer cette théorie :

« Notre système solaire est probablement dû à la condensation d'une nébuleuse extraordinairement diffuse, qui s'étendait autrefois au delà des limites occupées actuellement par les planètes les plus lointaines. Cette nébuleuse était primitivement douée d'un mouvement de rotation très lent, qui devait s'accélérer plus tard. D'après une loi mécanique connue sous le nom de loi des aires, chaque particule libre doit se mouvoir de manière que son rayon vecteur décrive des aires égales dans des temps égaux ; de là il suit que le rayon diminuant constamment par la contraction progressive (*due à l'attraction et au refroidissement*), l'arc décrit pendant l'unité de temps a dû s'accroître, afin que l'aire restât constante.

« De cet accroissement de vitesse, il résulte une augmentation de la force centrifuge, et lorsque celle-ci est devenue égale à la force de gravitation, il s'est formé des anneaux qui sont demeurés librement suspendus autour de la masse centrale. La vitesse augmentant toujours, ces anneaux se sont brisés, et les différents fragments, obéissant individuellement aux lois de l'attraction, ont à leur tour formé de nouvelles masses isolées les unes des autres, et qui sont devenues des centres d'attraction semblables au centre principal. Ces masses, à leur tour, ont pu s'environner d'anneaux de second ordre, dont quelques-uns ont persisté jusqu'à nos jours, tandis que les autres, en se brisant, ont formé des satellites.

« Cette théorie a été confirmée par les ingénieuses expériences de M. Plateau. Une masse d'huile étant mise en suspension dans un liquide de même densité, formé d'un mélange d'eau et d'alcool, on la voit prendre spontanément la forme sphérique que tend à lui donner l'attraction moléculaire. Si on la fait tourner autour de son diamètre vertical avec une vitesse croissante, on voit d'abord la sphère s'aplatir; puis il vient un moment où il se détache un anneau semblable à celui de Saturne; enfin, la vitesse croissant toujours, un moment vient où l'anneau se brise, et il se forme de petites sphères qui tournent sur elles-mêmes en tournant autour de la masse principale.

« La matière qui composait la nébuleuse primitive devait être à un état de raréfaction beaucoup plus considérable que celui que nous obtenons avec les meilleures machines pneumatiques; elle s'est énormément contractée et condensée, laissant à différentes distances des planètes et des satellites; le Soleil est le résidu encore incandescent et gazéiforme de cette masse primitive. Nous trouvons dans le monde sidéral des vestiges de cette formation : dans notre monde planétaire, ce sont les anneaux qui environnent Saturne, et dans le monde stellaire, ce sont les nébuleuses annulaires. Ces masses sont composées d'une matière encore gazeuse, et elles semblent constituer des mondes en voie de formation. » (*Le Soleil.*)

Telle est en peu de mots, avec les compléments que lui ont apportés les progrès de la science, la fameuse théorie de Laplace. Elle explique bien la plupart des phénomènes astronomiques et physiques, tels que la faible excentricité et la légère inclinaison des orbites des planètes et des satellites, l'identité du sens des mouvements de tous ces corps avec la rotation du Soleil, la formation des anneaux de Saturne, l'aplatissement des planètes, la chaleur centrale du globe terrestre, et la structure cristalline de sa première écorce, l'état igné et gazeux du Soleil, la nature des nébuleuses qui semblent en voie de condensation autour d'un noyau central, etc.

Le principe de la cosmogonie de Laplace s'accorde parfaitement avec l'unité de plan qui est le caractère des œuvres divines, avec nos livres saints et avec l'enseignement de plusieurs docteurs de l'Église [1]. Pourquoi faut-il que certains esprits, éblouis par les découvertes de la science, interprétant mal la stabilité, l'harmonie, l'ordre admirable qui règnent dans l'Univers, n'y voient que des effets sans cause, ne sachent pas reconnaître la main toute-puissante de l'Artiste infiniment sage, infiniment bon, qui a créé la matière première, communiqué l'*impulsion initiale,* établi des lois, assuré l'équilibre, suscité la vie, et donné enfin à l'homme une intelligence capable de comprendre ou d'entrevoir au moins les grandes et belles choses de la création, un cœur capable d'aimer Celui qui les a faites!

---

1 « Je crois, dit saint Grégoire de Nysse, que, par le premier acte créateur de Dieu, tous les corps reçurent le principe de l'existence, produits par un seul jet qui répandit, comme une semence, les éléments dont l'Univers devait sortir, de manière cependant que chaque chose n'existait pas encore dans sa propre essence. » On pourrait citer des paroles analogues de saint Grégoire de Nazianze, de saint Basile, de saint Jérôme, de saint Chrysostome, de saint Hilaire, de saint Augustin, etc. etc.

LIVRE SUPPLÉMENTAIRE

PRÉCIS DE L'HISTOIRE DE L'ASTRONOMIE

Nous pensons que les élèves ne liront pas sans profit cette rapide esquisse historique. C'est un tableau général des progrès que l'astronomie a faits depuis son origine jusqu'à nos jours.

L'histoire générale de l'astronomie peut se diviser en deux grandes périodes : la première s'étend depuis les origines incertaines de cette science jusqu'à Copernic (XVIe siècle) ; la deuxième embrasse les temps modernes.

Ire Période.

L'astronomie en Orient. — L'origine de l'astronomie se perd dans la plus haute antiquité. La sublime et puissante poésie du Ciel a toujours eu le don de parler à l'esprit et à l'imagination des peuples, et l'on eut besoin de bonne heure, pour l'agriculture et pour la division du temps, d'observer les astres, la Lune et le Soleil surtout, leurs révolutions périodiques, etc.

C'est en Orient, et probablement dans les vastes et magnifiques plaines arrosées par le Tigre et l'Euphrate, qu'il faut placer le berceau de l'astronomie. L'historien Josèphe raconte que l'on voyait encore de son temps les débris d'une colonne sur laquelle les descendants de Seth, bien avant le déluge, auraient gravé leurs observations célestes. Selon les traditions bibliques et orientales, Abraham, Job, les patriarches se plaisaient à étudier le firmament. Un fait certain, c'est que les Chaldéens, sous le règne d'Alexandre le Grand (IVe siècle avant Jésus-Christ), employaient des périodes astronomiques dont la connaissance suppose des siècles d'observation (par exemple, le cycle de Saros pour les éclipses).

D'autres peuples célèbres de l'Orient, les Indiens, les Chinois, les Égyptiens ont également cultivé l'astronomie dès les temps les plus reculés. On cite deux astronomes chinois condamnés à mort par *Tchoun-Kang* (1100 ans avant Jésus-Christ), pour s'être enivrés au lieu de prédire une éclipse qui devait avoir lieu dans l'année. L'orientation exacte des fameuses pyramides montre que les Égyptiens surent de très bonne heure tracer une méridienne.

Deux zodiaques découverts dans les ruines d'un temple égyptien, près de Denderah, ont donné lieu jadis à d'ardentes controverses. Le Lion y étant représenté en tête de tous les signes, des esprits superficiels et systématiquement hostiles à la religion voulaient attribuer à ces monuments une antiquité incompatible avec les données de l'histoire tant sacrée que profane. Vaine théorie qui dut bientôt s'évanouir devant les révélations de la vraie science. Ces zodiaques sont d'origine grecque et ne datent que du règne des empereurs romains.

L'astronomie chez les Grecs. — Bien que les Égyptiens eussent été les premiers maîtres des Grecs dans la plupart des sciences, ce n'est qu'avec ces derniers, cependant, que l'astronomie entra dans la voie assurée du progrès. Thalès de Milet (VIe siècle avant Jésus-Christ) fonda l'école ionienne, qui enseigna l'obliquité de l'écliptique, la sphéricité de la Terre et la cause des éclipses.

Bientôt après, Pythagore de Samos, chef d'une école bien autrement célèbre, fit tourner la Terre, les planètes et les comètes autour du Soleil, qu'il assimilait aux étoiles disséminées dans l'espace. Système trop vrai et trop extraordinaire pour ce temps-là, et qui eut d'ailleurs fort peu de succès.

Après Pythagore on vit paraître Méton, auteur du cycle lunaire de dix-neuf ans; Eudoxe, qui publia des éphémérides célestes; Pythéas, qui essaya de déterminer la latitude de Marseille, sa ville natale, et sut distinguer l'étoile polaire du vrai pôle; enfin Aristote et l'école péripatéticienne, dont les fausses hypothèses renversèrent définitivement le système de Pythagore.

Jusqu'alors, malgré ces différentes écoles, l'astronomie n'était pas encore sortie de l'état d'enfance où l'avait laissée Thalès. Ainsi, Anaxagore donnait au Soleil les dimensions du Péloponèse, et Héraclite ne lui croyait pas réellement plus d'un pied de diamètre; Épicure supposait que les astres s'éteignaient le soir à l'occident pour se rallumer le matin à l'orient; Aristote faisait tourner autour de la Terre de véritables cieux de cristal, auxquels étaient fixées les étoiles comme des clous d'or.

École d'Alexandrie. — L'astronomie, à dater de la fondation de l'école grecque d'Alexandrie par les Ptolémées d'Égypte, entra dans une voie nouvelle et féconde en résultats. Aristarque de Samos inventa une méthode assez ingénieuse pour trouver le rapport des distances de la Terre à la Lune et au Soleil; Ératosthène, son disciple, détermina l'inclinaison de l'écliptique et tenta la mesure de l'arc de méridien compris entre Syène et Alexandrie.

Hipparque, le plus grand astronome de l'antiquité, calcula la durée de l'année tropique à quelques minutes près, mesura l'excentricité de l'écliptique, donna une théorie satisfaisante des mouvements de la Lune, découvrit la précession des équinoxes, et créa, pour la position des lieux sur le globe, la méthode des longitudes et des latitudes. Enfin c'est à lui qu'on doit le premier catalogue d'étoiles fixes; entreprise digne des dieux, s'écrie Pline, qui donnait le moyen de discerner à l'avenir si ces astres pouvaient disparaître, changer de situation, de grandeur et de lumière. Entre Hipparque et Ptolémée trois siècles s'écoulèrent, durant lesquels l'école d'Alexandrie ne fit que conserver le goût et la tradition de la science, sans y ajouter aucune découverte importante.

Ptolémée. — Ptolémée vint, au IIe siècle de notre ère, réunir et mettre en ordre les matériaux épars de la science astronomique, qui jusqu'alors avait manqué d'unité et d'ensemble. Compilateur patient et habile plus qu'homme de génie, il résuma pour les âges futurs les travaux et les théories de l'antiquité. C'est dans son fameux recueil intitulé l'*Almageste* qu'il formula le premier système complet d'astronomie que l'on connaisse, système auquel il eut la gloire d'attacher son nom.

Ptolémée plaçait la Terre immobile au centre des mouvements célestes, et pour expliquer les stations et les rétrogradations, il faisait décrire aux planètes une ou plusieurs courbes plus ou moins compliquées. Cette théorie, respectée durant de longs siècles comme une vérité mathématique incontestable, pèche par la base; aussi a-t-elle été peu favorable aux progrès de l'astronomie.

De Ptolémée jusqu'aux Arabes, pendant un long intervalle de cinq siècles, l'école d'Alexandrie se contenta de commenter l'*Almageste* sans y ajouter une découverte de quelque importance; puis cette antique et célèbre institution tomba, pour ne plus se relever, sous les coups des Arabes, en 641.

L'astronomie en Europe du XIIIe au XVIe siècle. — Le peuple fanatique qui avait anéanti l'école et la fameuse bibliothèque d'Alexandrie ne tarda pas à cultiver lui-même l'astronomie avec ardeur. Cependant les Arabes, malgré les travaux et les encouragements de plusieurs califes en Orient et en Espagne, ne parvinrent jamais à franchir les étroites limites que l'*Almageste* avait données à la science. Il était réservé au génie des peuples occidentaux de concevoir enfin des doutes sur la réalité du système de Ptolémée et de préparer peu à peu la grande révolution qui devait, avec Copernic, changer la face de l'astronomie.

L'Europe chrétienne, jusqu'alors occupée d'autres soins (invasions, féodalité, guerres intérieures, croisades, etc.), commença dès le XIIIe siècle à s'adonner sérieusement à l'étude des sciences positives. Les moines Albert le Grand, Vincent de Beauvais, Roger Bacon, etc., écrivirent sur l'astronomie. Alphonse X, roi de Castille, frappé de l'extrême complication des épicycles de Ptolémée, fut un des premiers à soupçonner l'erreur fondamentale de l'ancien système.

Ce retour aux études astronomiques s'accentua de plus en plus durant les XIVe et XVe siècles. Dès 1435, le cardinal allemand de Cusa, dans un livre dédié à un autre cardinal, affirmait le mouvement de la Terre. Peurbach (1421-1461) et son disciple Regiomontanus enseignèrent avec éclat la science des astres et reconnurent les invraisemblances des hypothèses de Ptolémée. Mais la gloire de révéler au monde le véritable système astronomique était réservée à un autre.

IIe Période.

Copernic (1472-1543). — L'ère moderne de la science commence au XVIe siècle avec l'illustre Copernic. Né à Thorn, dans la Pologne prussienne, il étudia d'abord la théologie, prit ensuite le grade de docteur en médecine et put enfin s'abandonner librement à son goût pour l'astronomie.

Devenu chanoine de Frauenbourg, ce prêtre aussi pieux que savant partageait sa vie entre trois occupations principales : l'assistance aux offices divins, l'exercice gratuit de la médecine pour les pauvres, et l'étude de l'astronomie.

C'est vers 1507 qu'il commença l'étude comparative et la discussion approfondie des différents systèmes astronomiques. Mais ce n'est qu'à la fin de sa vie qu'il consentit, sur les instances du cardinal Schomberg et de l'évêque de Culm, à livrer au public son livre *De revolutionibus orbium cœlestium*, le fruit de trente-six années de savantes méditations. Il mourut le jour même où il reçut le premier exemplaire de son ouvrage.

Copernic, en reprenant les théories pythagoriciennes, les appuya d'observations et de recherches si judicieuses, il en fit un ensemble si bien coordonné qu'il peut à bon droit être regardé comme le véritable auteur du système qui porte son nom.

Tycho-Brahé (1546-1601). — Le Danois Tycho-Brahé, surnommé le *Grand observateur,* découvrit la diminution de l'obliquité de l'écliptique et certaines inégalités du mouvement lunaire. Il étudia très attentivement les mouvements des planètes et tint compte, le premier, des effets de la réfraction dans les calculs astronomiques. Enfin, à l'occasion de l'étoile temporaire de 1572, il dressa un catalogue d'étoiles avec une précision étonnante pour une époque antérieure à l'observation télescopique.

Tycho, pour ne pas contredire certains textes de la Bible alors mal interprétés, eut la singulière idée de tenter une conciliation entre Ptolémée et Copernic en faisant tourner les planètes autour du Soleil, et celui-ci autour de la Terre. Ce système n'eut pas et ne pouvait avoir de succès.

Képler (1571-1630). — Né à Weil-la-Ville en Wurtemberg, Képler parvint, après vingt ans de recherches opiniâtres, à formuler les grandes lois des mouvements planétaires, lois qui sont le fondement de toute l'astronomie. Nous n'avons pas à faire ici l'historique des travaux de Képler; mais nous tenons à faire ressortir le caractère éminemment religieux de ce génie original et profond.

Lorsqu'on étudie Képler, dit Cantu, on est frappé du sentiment religieux qui anime toutes ses recherches. Ses écrits sont parsemés de prières, d'aspirations sublimes par lesquelles il commence ou termine ses travaux, ou s'interrompt dans la joie d'une découverte. Képler voyait autre chose que le hasard dans la disposition organique de l'Univers. Persuadé qu'il règne entre toutes les parties du monde une parfaite harmonie, convaincu de la vérité de cette parole biblique : *Omnia in mensura, numero et pondere disposuisti* (Sap. XI, 21), il déduisit précisément ses grandes conceptions de ces causes finales que rejette avec dédain certaine école scientifique.

Nous ne prétendons certes pas que le *mysticisme* de Képler ait été nécessaire à la découverte de ses belles lois. Nous reconnaissons que son imagination ardente et rêveuse l'a jeté souvent dans de vaines spéculations. Mais c'est sa foi, vive et inébranlable, qui l'a entraîné vers la recherche des causes, qui l'a soutenu dans ses longues et nombreuses déceptions. Képler priait, il cherchait Dieu à travers la nature, il demandait instamment la grâce de faire quelque grande découverte qui tournât à la gloire du Créateur. S'il n'avait été qu'un contemplateur matérialiste des œuvres de la création, peut-être n'eût-il pas surpris le secret si longtemps et si ardemment désiré; peut-être la science attendrait-elle encore Newton et la découverte du principe de la gravitation implicitement contenu dans les lois de l'astronome allemand.

Galilée (1564-1642). — Il naquit à Pise et fut tout à la fois mathématicien, physicien et astronome. Après avoir deviné les propriétés du pendule, il découvrit les lois de la chute des corps et établit la théorie du mouvement accéléré qui aida Newton à reconnaître le principe de la gravitation universelle.

C'est Galilée qui, le premier, dirigea le télescope vers la voûte céleste, et bientôt apparurent à ses yeux étonnés les montagnes de la Lune, les satellites de Jupiter, les innombrables étoiles de la Voie lactée, les nébuleuses, les taches du Soleil, les phases de Vénus, enfin les singulières apparences de Saturne.

Il déduisit de ses découvertes de nouvelles probabilités en faveur du système de Copernic, dont il se fit l'ardent propagateur en Italie. Nous avons parlé ailleurs de ses démêlés avec les partisans d'Aristote (livre IV, chap. VI).

Newton (1642-1727). — Ce grand homme naquit en Angleterre l'année même de la mort de Galilée. C'est lui qui devait saisir la cause immédiate, le principe général des mouvements célestes. La Providence, en le douant d'un profond génie, prit encore soin de le placer dans les circonstances les plus favorables. Grâce aux progrès toujours croissants des sciences physiques et mathématiques, la mécanique céleste n'attendait plus, pour éclore, qu'une puissante intelligence qui, rapprochant et généralisant les découvertes antérieures, sût en tirer la loi de gravitation (Laplace). C'est ce que Newton exécuta dans son célèbre ouvrage des *Principes mathématiques*, publié en 1687.

La théorie de l'attraction permit à Newton d'ébaucher celle d'un grand nombre de phénomènes étonnants, tels que la perturbation des astres, la forme elliptique de la Terre, la précession des équinoxes, le flux et le reflux de la mer, etc.

Newton, protestant par le malheur de sa naissance, n'en était pas moins doué, comme Képler, d'une âme profondément religieuse. Il voyait des preuves de l'existence de Dieu dans les belles lois qui régissent la nature, et il termina ses découvertes par un hymne au Créateur du monde.

Académie des sciences de Paris; Société royale de Londres. — Pendant que Newton se livrait à ses profondes méditations, l'abbé Picard, les

Cassini, Richer, le Hollandais Huyghens, le Danois Rœmer illustraient par leurs travaux l'Académie des sciences fondée par Louis XIV. Alors, pour la première fois, un degré du méridien fut mesuré avec précision, la diminution de la pesanteur constatée par les oscillations du pendule, la propagation de la lumière démontrée par l'observation d'un satellite de Jupiter, la parallaxe du Soleil calculée avec quelque approximation, la libration lunaire expliquée d'une manière satisfaisante, etc. etc.

Dans le même temps, la Société royale de Londres, digne émule de notre Académie des science, avait aussi des astronomes de mérite, tels que Flamsteed et Halley. Ce dernier donna son nom à la comète dont il prédit le retour pour 1759; il eut de plus l'heureuse idée de faire servir les passages de Vénus à la détermination de la parallaxe solaire.

Bradley, Lacaille, etc. — Le XVIIIe siècle devait mettre à l'abri de toute discussion le système de la gravitation universelle qui, dans les premiers temps, rencontra une assez vive opposition.

En 1727, l'Anglais Bradley découvrit l'aberration des étoiles et la nutation de l'axe terrestre. Vers 1735, des savants français allèrent vérifier près du pôle et à l'équateur l'exactitude de la théorie newtonnienne sur la figure de la Terre. En 1751, l'abbé Lacaille fut envoyé au cap de Bonne-Espérance pour mesurer la parallaxe de la Lune, tandis que Lalande en faisait autant à Berlin. En 1769, l'abbé Chappe, le chanoine Pingré, le P. Hell, le capitaine Cook, etc., appliquèrent la méthode de Halley à la détermination de la parallaxe solaire.

W. Herschell (1738-1822). — Cet habile observateur sut reculer les limites du monde solaire et de l'Univers visible. *Il rompit les barrières des cieux* en découvrant Uranus, et sonda le premier la profondeur de la Voie lactée, à laquelle il rattacha notre monde solaire. Puis il dirigea son puissant télescope sur les nébuleuses, sur les étoiles doubles et sur les étoiles fixes, dont il étudia les mouvements.

Contemplateur patient et hardi des merveilles du firmament, Herschell savait tirer de ses observations les conclusions les plus grandioses sur la constitution de l'Univers. Mais il n'était pas assez versé dans les sciences mathématiques pour marcher sur les traces de Newton et compléter la théorie de l'attraction universelle. C'est aux géomètres français que sont dus la plupart des dévoloppements qui exigent une analyse mathématique rigoureuse. Clairaut, d'Alembert, Lagrange ont résolu avec une admirable sagacité certaines questions à peine abordées par Newton. Mais c'est au génie de Laplace qu'on doit le commentaire le plus magnifique et le plus complet du livre des *Principes.*

Laplace (1749-1827). — Cet illustre géomètre, de tous le plus profond peut-être, entreprit de fixer la théorie des mouvements célestes, et de démontrer que la loi même de gravitation maintient l'ordre dans la variété et assure la stabilité du monde.

Il expliqua les grandes inégalités de Saturne et de Jupiter, l'équation séculaire de la Lune et l'invariabilité des distances moyennes des planètes au Soleil, problèmes qu'on n'avait pas su résoudre avant lui. Il perfectionna la théorie des marées, ramena la libration de la Lune à la pesanteur universelle, expliqua pourquoi notre satellite tourne toujours la même face vers la Terre, etc. etc.

Tels sont les principaux résultats des belles recherches du géomètre français, à qui l'on doit l'étonnante perfection des théories modernes. Pourquoi faut-il être obligé d'ajouter que l'illustre auteur de la *Mécanique céleste* et de l'*Exposition du système du monde,* sacrifiant aux préjugés de son siècle, n'a pas su lire et proclamer le nom de Dieu écrit dans le livre du firmament! *Opera manuum ejus annuntiat firmamentum.* (Ps. XVIII.)

Dix-neuvième siècle. — De nos jours, la science, appuyée sur d'incontestables certitudes, en possession des grandes théories, marche d'un pas assuré dans la voie du progrès et multiplie ses découvertes d'une manière étonnante. Il n'est pas une région de l'espace qu'elle n'ait explorée, pas un phénomène céleste dont elle n'ait cherché l'explication. Elle a interrogé les nébuleuses, épié les mouvements des étoiles doubles, saisi les déplacements annuels de plusieurs milliers d'étoiles fixes, constaté le rapprochement du système solaire de la constellation d'Hercule, etc.; et des faits observés elle a tiré de nouvelles preuves en faveur de l'universalité de la loi d'attraction.

Elle a mesuré la distance de la Terre aux étoiles les plus voisines, reculé les limites du monde planétaire, peuplé d'astéroïdes l'espace compris entre Mars et Jupiter, reconnu l'origine cosmique et la périodicité des étoiles filantes, déterminé avec plus d'exactitude la parallaxe du Soleil, étudié la constitution physique et chimique des corps célestes même les plus lointains.

Pour arriver à ces brillants résultats, elle a su perfectionner les anciens instruments et en inventer de nouveaux : le spectroscope en particulier, en faisant lire dans un rayon de lumière la nature du corps qui l'émet, a permis d'aborder certains problèmes que le télescope le plus parfait est impuissant à résoudre.

On a établi, dans les différentes parties du monde, de nombreux observatoires dirigés par des hommes qui joignent au talent d'observation la puissance d'analyse et de conception. Nous citerons parmi les savants contemporains qui ont le plus contribué aux progrès de l'astronomie :

Poisson († 1840); Bessel († 1846); Arago († 1853); Gauss († 1855); Biot († 1862); Struve († 1865); Foucault († 1868); Maedler († 1874); Argelander († 1875); Leverrier († 1877); le P. Secchi († 1878), etc. etc.

Ces savants sont les derniers dont les noms appartiennent à l'histoire. Mais quelle que soit la hauteur à laquelle s'élève aujourd'hui l'édifice de la science astronomique, il est loin d'être achevé; l'avenir doit avoir la noble ambition d'y ajouter encore, sans qu'il puisse espérer d'en poser jamais le faîte. *Omnia ad majorem Dei gloriam!*

FIN

TABLE DES MATIÈRES

LIVRE III

LE SOLEIL

LIVRE IV

LA TERRE

LIVRE V

LA LUNE

LIVRE VI

LES PLANÈTES

LIVRE VII

LES COMÈTES ET LES MÉTÉORES COSMIQUES

LIVRE SUPPLÉMENTAIRE

TABLE DE L'ÉQUATION DU TEMPS

DATES	Temps moyen à midi vrai.	DATES	Temps moyen à midi vrai.	DATES	Temps moyen à midi vrai.
1er janvier.	0h 3m 45s	1er mai. . .	11h 57m 1s	1er octobre .	11h 49m 45s
11 —	0 8 7	15 —	11 56 9	11 —	11 46 50
21 —	0 11 32			21 —	11 44 45
		1er juin. . .	11 57 32		
1er février .	0 13 50	11 —	11 59 17	1er novemb.	11 43 42
11 —	0 14 28	15 —	0 0 7	11 —	11 44 8
21 —	0 13 51	21 —	0 1 25	21 —	11 45 59
1er mars . .	0 12 35	1er juillet. .	0 3 30	1er décemb.	11 49 8
11 —	0 10 14	11 —	0 5 10	11 —	11 53 21
21 —	0 7 22	21 —	0 6 8	21 —	11 58 13
				25 —	0 0 13
1er avril. . .	0 4 1	1er août. . .	0 6 7		
11 —	0 1 7	11 —	0 5 2		
15 —	0 0 5	21 —	0 3 3		
21 —	11 58 42				
		1er septemb.	11 59 58		
		11 —	11 56 38		
		21 —	11 53 8		

Nota. D'une année à l'autre, il y a si peu de différence dans l'équation du temps, que la table ci-dessus peut servir pour 1879 et les années suivantes.

ERRATA

Le lecteur est prié de corriger les fautes suivantes, dues à la rapidité avec laquelle il nous a fallu revoir les épreuves.

Page 18, ligne 6, *au lieu de* proportionnelles, *lire* proportionnels.

Page 21, ligne dernière du n° 15, *au lieu de* du corps, *lire* des corps.

Page 22, ligne 16, *au lieu de* sans, *lire* sous.

» ligne 22, *au lieu de* trajection, *lire* trajectoire.

Page 31, ligne 8 du n° 26, *au lieu de* se trouve, *lire* se trouvent.

Page 32, ligne 4 du n° 29, *au lieu de* manière, *lire* matière.

Page 44, ligne 24, *au lieu de* a, b, c, *lire* a, c, b.

» ligne 25, *au lieu de* aob, *lire* aOb.

Page 51, ligne 5 du 2e alinéa, *au lieu de* $\frac{AZ + AZ}{2}$, *lire* $\frac{AZ + A'Z}{2}$.

Page 79, ligne 7 du n° 92, *au lieu de* BCA, *lire* BAC.

Page 80, ligne 2, *au lieu de* complémentaire, *lire* complémentaires.

Page 82, ligne 5, *au lieu de* distance AS, *lire* distance TS.

Page 84, lignes 6 et 7 du n° 98, *rétablir ainsi le texte :* En effet, les angles ATB, *a*S*b* (fig. 47), qui mesurent les diamètres apparents du Soleil *vu de la Terre,* et de la Terre *vue du Soleil,* sont assez petits pour que...

Page 91, ligne dernière du n° 111, *au lieu de* cet, *lire* cette.

» lignes 1 et 15 du n° 112, *au lieu de* 1re, *lire* 2e.

» ligne 1 du n° 113, *au lieu de* 2e loi de Képler, *lire* loi des aires.

Page 97, ligne 18 du n° 122, *au lieu de* pas, *lire* par.

Page 103, ligne 10 du n° 128, *au lieu de* connue, *lire* connues.

Page 127, ligne 15 du n° 161, *au lieu de* homolographique, *lire* homalographique.

Page 146, ligne 14, *au lieu de* Mars, *lire* mars.

Page 157, ligne 1 au-dessous de la figure, *supprimer le mot* deuxième.

9416. — Tours, impr. Mame.

www.ingramcontent.com/pod-product-compliance
Ingram Content Group UK Ltd.
Pitfield, Milton Keynes, MK11 3LW, UK
UKHW020546180726
13838UKWH00001B/67

9 782329 408811